U0156787

“十四五”国家重点出版物出版规划重大工程

进出口食品风险溯源预警关键技术及平台建设

主　编　包先雨　蔡伊娜
副主编　郑文丽　吴共庆　章建方
编　委　李俊杰　周长春　杨捷琳　马群凯　黄孙杰
章建方　龙　海　李　珺　赵碧君　何俐娟
冯　涛　吴绍精　柯培超　程立勋　王　歆
蔡　屹　仲建忠　陈枝楠　巴哈提古丽·马那提拜

中国科学技术大学出版社

内 容 简 介

为提升口岸现场执法工作智能化、标准化和规范化水平，推动口岸食品“快检、快验、快放”，加快通关速度，本书提出了多种技术方案：通过搭建进出口食品风险监控数据湖，实现了多源信息融合、实时态势理解、食品风险评估、态势分析预测以及追溯信息管理等功能；完成了真值推理和发现方法、时间序列分类和聚类方法等多项研究；研发了国家级进出口食品风险信息云平台，打造了具有多源采集、追溯管理、快速检索、预警提示、决策技术支持诸多功能的食品安全智慧保障平台。

本书可供广大科研工作者、专家学者、学生朋友们阅读，可为口岸通关检验提速度、降成本提供参考。

图书在版编目(CIP)数据

进出口食品风险溯源预警关键技术及平台建设/包先雨，蔡伊娜主编．—合肥：中国科学技术大学出版社，2023.5
(前沿科技关键技术研究丛书)
“十四五”国家重点出版物出版规划重大工程
ISBN 978-7-312-05590-4

Ⅰ.进… Ⅱ.①包… ②蔡… Ⅲ.进出口商品—食品安全—风险管理—中国 Ⅳ.TS201.6

中国国家版本馆CIP数据核字(2023)第038716号

进出口食品风险溯源预警关键技术及平台建设
JIN-CHUKOU SHIPIN FENGXIAN SUYUAN YUJING GUANJIAN JISHU JI PINGTAI JIANSHE

出版 中国科学技术大学出版社
安徽省合肥市金寨路96号，230026
http://press.ustc.edu.cn
https://zgkxjsdxcbs.tmall.com
印刷 合肥华苑印刷包装有限公司
发行 中国科学技术大学出版社
开本 787 mm×1092 mm 1/16
印张 14.25
字数 319千
版次 2023年5月第1版
印次 2023年5月第1次印刷
定价 188.00元

前　　言

近年来，海关作为对外贸易的重要门户，一直在不断提升自身硬件设施水平，通关运行效率得到了明显提升。2021 年 12 月，我国进口、出口货物整体通关时间分别压缩至 32.97 小时、1.23 小时，比 2017 年分别压缩了 66.14%、89.98%。然而，随着进出口贸易规模的扩大，海关所涉及的业务数据愈加复杂，数据量激增，且各部门之间存在“信息孤岛”“数据壁垒”等现象。所以，通过科技手段打造“放得开、管得住、效率高”的国门安全防线已经成为了当务之急。

在此背景下，为响应“智慧海关、智能边境、智享联通”号召，本书提出了海关数据湖处理构架方案，实现了海关各系统数据的全量汇聚入湖存储，消除了“数据烟囱”和“信息孤岛”，使数据真正在海关部门内部流动和流转起来，带动了业务和应用的快速创新，有效支持了海关系统的数字化转型和网络重构战略；提出了建设海关数据湖的基本流程，并给出了应用案例分析，认为海关数据湖的建设过程应与海关业务工作紧密结合，与海关数据仓库以及数据中台有所区别，海关数据湖建设可采用更敏捷的方式——“边建边用，边用边治理”来构建；提出了基于路径表示的多源 Web 信息实体解析方法、基于图嵌入的真值推理方法、基于多层图注意力网络的事件检测等关键数据挖掘方法，设计了大量的实验验证了这些方法的可行性，有助于口岸在查验过程中高效、自动、准确地处理海量信息，助力食品风险监控数据湖的构建工作；采用 Java、云服务模式与技术，研发了进出口国家级食品风险信息云平台，可实现重要食品贸易国（地区）风险监控数据溪流的标准化，智能化采集、汇聚、加工，信息追溯及风险预警等服务，可为监管部门开展国家食品风险管理决策提供科学依据和数据支撑，实现针对重要食品贸易国(地区)的风险监控数据云服务。

本书在编写过程中得到了多方的支持,在此向各位作者、专家表达最诚挚的感谢。虽然笔者竭力追求表达精准,但限于自身水平,力有未逮之处请读者见谅,若有讹误,还请不吝指正。

包先雨

2022 年 10 月

目　　录

第1章　海关数据湖构建及应用研究

随着大数据、5G、云计算、移动计算、人工智能(AI)、物联网等技术的快速发展,全国海关各业务系统每天产生海量数据,这些数据都蕴藏着丰富的利用价值。如何将海关部门的海量数据充分集成,打破部门间信息壁垒,使数据真正在海关部门内部流动和流转起来,从而更好地服务上层业务系统是海关部门关注的重点问题;怎么样以更少的投入发挥更大的价值,是海关部门在数据管理方面面临的重大挑战。近年来数据处理技术得以广泛发展和应用,最基础的数据库是"按照数据结构来组织、存储和管理数据的仓库",是一个长期存储在计算机内的、有组织的、共享的、统一管理的数据集合。数据集市是企业级数据仓库的一个子集,它主要面向部门级业务,并且只面向某个特定的主题,按照多维的方式进行存储。而数据仓库是一个面向主题的、集成的、相对稳定的、反映历史变化的数据集合,用于支持管理决策。数据仓库是一个优化的数据库,用于分析来自事务系统和业务线应用程序的关系数据。对于来自业务系统和数据库的传统关系型海关数据,数据仓库可以满足其数据管理和存储的要求。然而,随着海关信息化的发展,来自于物联网、互联网等领域的非关系型数据越来越多,传统数据仓库的成本高、响应慢、格式少等问题日益凸显,数据仓库难以满足数据管理需求。近年来出现的数据湖技术能同时满足关系型数据和非关系型数据的存储,它能存储来自业务线应用程序的关系型数据,以及来自移动应用程序、IoT 设备和社交媒体的非关系数据,同时在性价比、数据质量、适用用户类型、数据分析、灵活性等方面也优于数据仓库。

1.1　数据湖概念

数据湖最早是由Pentaho的创始人兼CTO詹姆斯·迪克森(James Dixon)于2010年在纽约Hadoop World大会上提出来的。他把数据集市、数据仓库比喻成瓶装的水,它们是清洁的、打包好的、摆放整齐方便取用的;数据湖是原生态的水,是未经处理的、原汁原味的。2011年,福布斯杂志文章《Big Data Requires a Big New Architecture》中报道了"Data Lake"这个词,并给出了数据仓库与数据湖的对比。2014年,福布斯杂志上刊登了一篇名为《The

Data Lake Dream》的文章，文章作者Edd Dumbill描述了数据湖的愿景：融合所有数据，解决系统间数据孤岛、各类应用统一访问问题；数据可获取性提高，应用部署时间缩短；具有弹性的分布数据处理的平台，能同时支撑批量和实时数据操作处理和分析；数据湖增加安全和管控层面的功能；重视集中、自动的元数据管理和入湖标准，避免成为没有价值的数据。云计算的“XaaS”风潮助推了数据湖的兴起，如软件即服务（SaaS）、平台即服务（PaaS）、基础设施即服务（IaaS），从这个时候开始，单纯的数据湖就朝向一个“平台级的方案”而演进。下面是维基等组织给出的数据湖的早期定义：

维基：数据湖是一类存储数据自然/原始格式的系统或存储库，通常是对象块或者文件。数据湖通常是企业中全量数据的单一存储。全量数据包括原始系统所产生的原始数据拷贝以及为了各类任务而产生的转换数据，各类任务包括报表、可视化、高级分析和机器学习。数据湖中的数据包括来自于关系型数据库的结构化数据（行和列）、半结构化数据（如CSV、日志、XML、JSON）、非结构化数据（如e-mail、文档、PDF等）和二进制数据（如图像、音频、视频）。数据沼泽是一种退化的、缺乏管理的数据湖，数据沼泽对于用户来说要么不可访问，要么无法提供足够的价值。

亚马逊AWS：数据湖是一个集中式存储库，允许您以任意规模存储所有结构化和非结构化数据。您可以按原样存储数据（无需先对数据进行结构化处理），并运行不同类型的分析——从控制面板和可视化到大数据处理、实时分析和机器学习，以指导做出更好的决策。

微软：Azure数据湖包括一切使得开发者、数据科学家、分析师能更简单地存储、处理数据的能力，这些能力使得用户可以存储任意规模、任意类型、任意产生速度的数据，并且可以跨平台、跨语言做所有类型的分析和处理。数据湖在帮助用户加速应用数据的同时，消除了数据采集和存储的复杂性，也能支持批处理、流式计算、交互式分析等。数据湖能同现有的数据管理和治理的IT投资一起工作，保证数据的一致、可管理和安全。它也能同现有的业务数据库和数据仓库无缝集成，帮助扩展现有的数据应用。

现在，数据湖已经有了一个较为完整的定义：数据湖是指大规模可扩展的存储库，它以原本格式保存大量原始数据，而无需先对数据进行结构化处理，直到需要时再进行处理，该系统可以在不损害数据结构的情况下摄取数据，然后运用不同类型的引擎进行分析，包括大数据处理、可视化、实时分析、机器学习等，以指导做出更好的决策。构建数据湖通常是为了处理大量且快速产生的非结构化数据（与数据仓库的高度结构化数据相反），并做进一步的分析处理。因此，数据湖使用动态（不像数据仓库的预制静态）分析应用程序，湖中的数据一旦创建就可以访问（与缓慢更改数据的数据仓库相反）。

1.2　数据湖的技术特点及架构演进

1.2.1　数据湖的技术特点

数据湖创建了一个适用于所有格式数据的存储库,可以存储包括结构化数据、半结构化数据、非结构化数据以及二进制数据。用户可以根据自身的不同需求,在数据湖进行数据分析、数据挖掘,发掘数据价值,并在不同场景开展应用。数据湖技术作为大数据环境下产生的一种新技术、新架构,已被初步应用于商业、交通、气象等领域,并取得了一定的成效。作为能有效处理大数据的数据湖技术,数据湖具备的特点及优势如下:

1. 存储成本低

数据湖一般采用分布式文件系统来存储数据,因此具有很高的扩展能力,特别适合业务扩充需要,开源技术的使用也大大降低了存储成本。理论上,数据湖本身应该内置多模态的存储引擎,以满足不同的应用对数据访问的需求(综合考虑响应时间、并发、访问频次、成本等因素)。但是,在实际的使用过程中,数据湖中的数据通常并不会被高频次地访问,而且相关的应用也多是进行探索式的数据应用。为了达到可接受的性价比,数据湖建设通常会选择相对便宜的存储引擎(如S3、OSS、HDFS、OBS),并且在需要时可与外置存储引擎协同工作,以满足多样化的应用需求。

2. 数据保真性

与数据仓库不同的地方在于,数据湖中必须要保存一份原始数据,数据格式、数据模式、数据内容都不应该被修改,数据湖强调的是对业务数据“原汁原味”的保存。这便于进行合规性和内部审计,如果数据经历了转换、聚合和更新,将很难在需求出现时将数据拼凑在一起,而且无法确定清晰的出处。数据仓库只使用了数据的部分属性,而数据湖保留了数据的所有最原始、最细节的信息,所以它可以回答更多的问题,允许组织中的各种角色通过自助分析工具(MR、Spark、SparkSQL等)对数据进行分析,以及利用AI、机器学习的技术从数据中发掘更多的价值。

3. 数据灵活性

“写入型schema”是指数据在写入之前,就需要根据业务的访问方式确定数据的schema,并完成数据导入,这意味着数据仓库的前期投入成本会比较高,特别是当业务模式不清晰、还处于探索阶段时,数据仓库的灵活性不够。而数据湖采用的“读取型schema”是在准备使用数据时定义数据,因此,数据湖提高了数据模型的定义灵活性,更能满足不同业务的需求。这可以让基础设施具备使数据"按需"贴合业务的能力,即当业务需要时,可以根据需求对数据进行加工处理。因此,数据湖更加适合业务高速变化发展的组织/企业。

4. 数据追溯性

数据湖是一个组织/企业中全量数据的存储场所,需要对数据的全生命周期进行管理,包括数据的定义、接入、存储、处理、分析、应用的全过程。一个强大的数据湖能做到对其中任意一条数据的接入、存储、处理、消费过程进行追溯,能够清楚地重现数据完整的产生过程和流动过程。

1.2.2 数据湖技术的架构演进

数据湖要解决的核心问题是高效地存储各类数据并支撑上层应用,传统的数据湖一般以HDFS为存储引擎,但在实际应用中存在着难以克服的问题。这直接催生了Delta、Iceberg和Hudi三大开源数据湖方案,虽然它们开始的时候是为了解决特定的应用问题,但实现的思路和提供的能力却非常相似,最终促成了数据湖特征的统一,因此可以总结出数据湖技术需要具备的能力:同时支持流批处理,支持数据更新,支持事务(ACID),可扩展的元数据,支持多种存储引擎,支持多种计算引擎。

1. 数据湖技术架构的演进过程

数据湖技术架构的演进过程如图1.1所示。

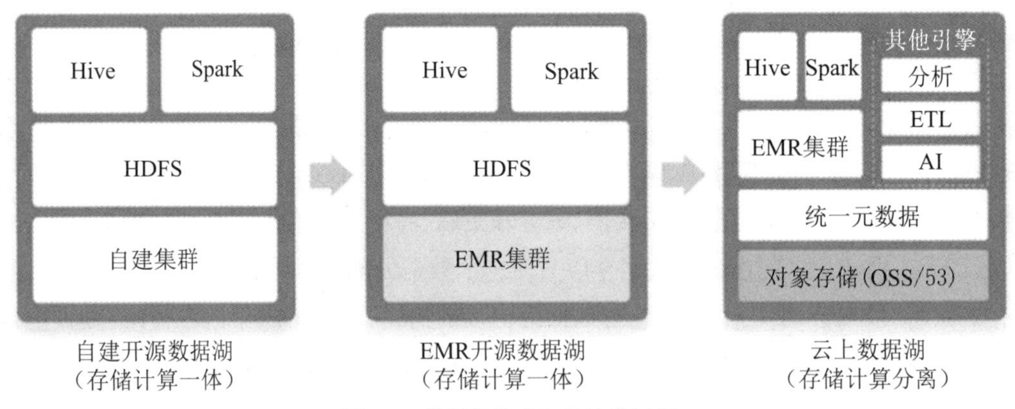

图1.1 数据湖技术架构演进过程

(1) 自建开源Hadoop数据湖架构

此数据湖架构的原始数据统一存放在HDFS系统上,引擎以Hadoop和Spark开源生态为主,存储和计算一体。其缺点是需要企业自己运维和管理整套集群,成本高且集群稳定性差。

（2）云上托管Hadoop数据湖架构（即EMR开源数据湖）

此数据湖架构的底层物理服务器和开源软件由云厂商提供和管理，数据仍统一存放在HDFS系统上，引擎以Hadoop和Spark开源生态为主。这个架构通过云上IaaS层提升了机器层面的弹性和稳定性，使企业的整体运维成本有所下降，但企业仍然需要对HDFS系统以及服务运行状态进行管理和治理，即应用层的运维工作。因为存储和计算耦合在一起，稳定性不是最优，两种资源无法独立扩展，使用成本也不是最优。

（3）云上数据湖架构（无服务器）

云上数据湖架构即云上纯托管的存储系统逐步取代HDFS，成为数据湖的存储基础设施，并且引擎丰富度也不断扩展。除了Hadoop和Spark的生态引擎之外，各云厂商还发展出面向数据湖的引擎产品，如分析类的数据湖引擎有AWS Athena和华为DLI，AI类的有AWS Sagemaker。这个架构仍然保持了一个存储和多个引擎的特性，所以统一元数据服务至关重要。该架构相对于原生HDFS的数据湖架构的优势在于：

① 帮助用户摆脱了原生HDFS系统运维困难的问题。HDFS系统运维有两个困难：一是存储系统相比计算引擎有更高的稳定性要求和更高的运维风险；二是由于与计算混布在一起，带来的扩展弹性问题。存储计算分离架构帮助用户解耦存储，并交由云厂商统一运维管理，解决了稳定性和运维问题。

② 分离后的存储系统可以独立扩展，不再需要与计算耦合，可降低整体成本。

③ 当用户采用数据湖架构之后，客观上也帮助客户完成了存储统一化，解决了多个HDFS数据孤岛的问题。

2. 数据湖技术架构演进趋势

（1）以Hadoop为代表的离线数据处理基础设施

如图1.2所示，Hadoop是以HDFS为核心存储，以MapReduce（简称MR）为基本计算模型的批量数据处理基础设施。

（2）lambda架构

随着数据处理能力和处理需求的不断变化，越来越多的用户发现，批处理模式无论如何提升性能，也无法满足一些实时性要求高的处理场景，流式计算引擎应运而生，例如Storm、Spark Streaming、Flink等。如图1.3所示，整个数据流向自左向右流入平台，进入平台后一分为二，一部分走批处理模式，一部分走流式计算模式，无论哪种计算模式，最终的处理结果都通过服务层向应用提供，以确保访问的一致性。

（3）Kappa架构

Lambda架构解决了应用读取数据的一致性问题，但是“流批分离”的处理链路增加了研发的复杂性。因此，有人就提出能不能用一套系统来解决所有问题。目前比较流行的做法就是采用流计算。流计算天然的分布式特征，注定了它的扩展性更好。通过加大流计算的并发性，加大流式数据的“时间窗口”，来统一批处理与流式处理两种计算模式。Kappa架构如图1.4所示。

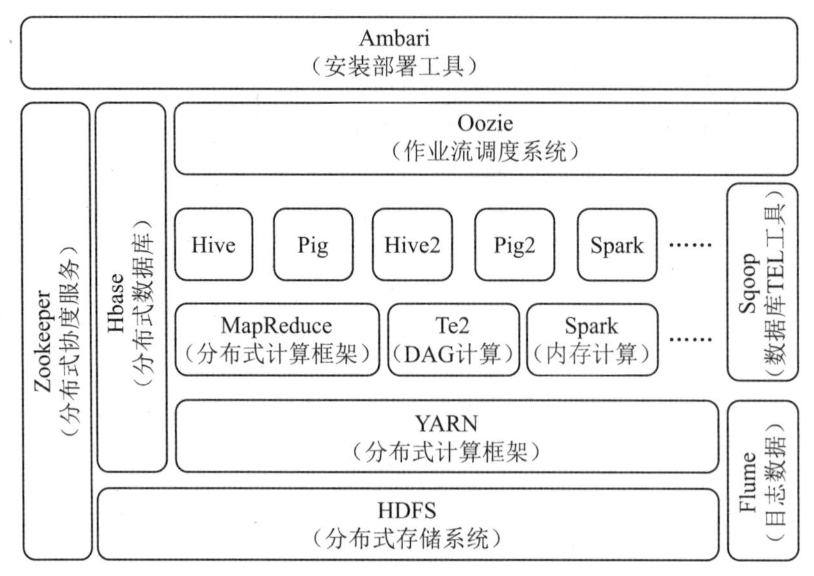

图1.2　以Hadoop为代表的离线数据处理基础设施

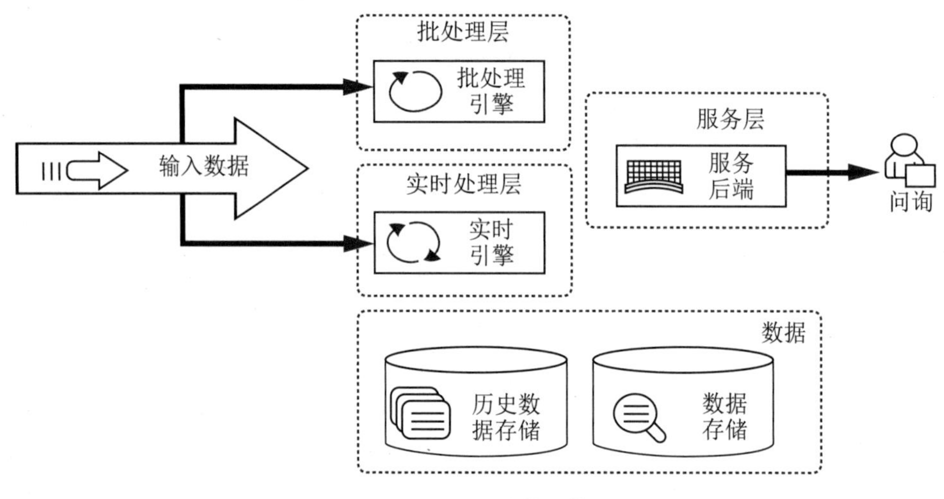

图1.3　流式计算引擎

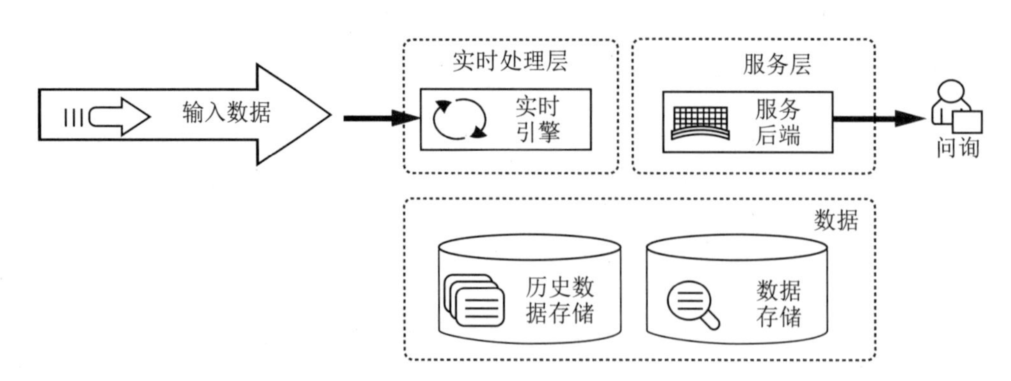

图1.4　Kappa架构

（4）湖仓一体的演进趋势

数据仓库的设计强调计划，而数据湖强调市场，更具灵活性，因此对于处于不同阶段的企业来说，它们产生的效用是不一样的，如图1.5所示。

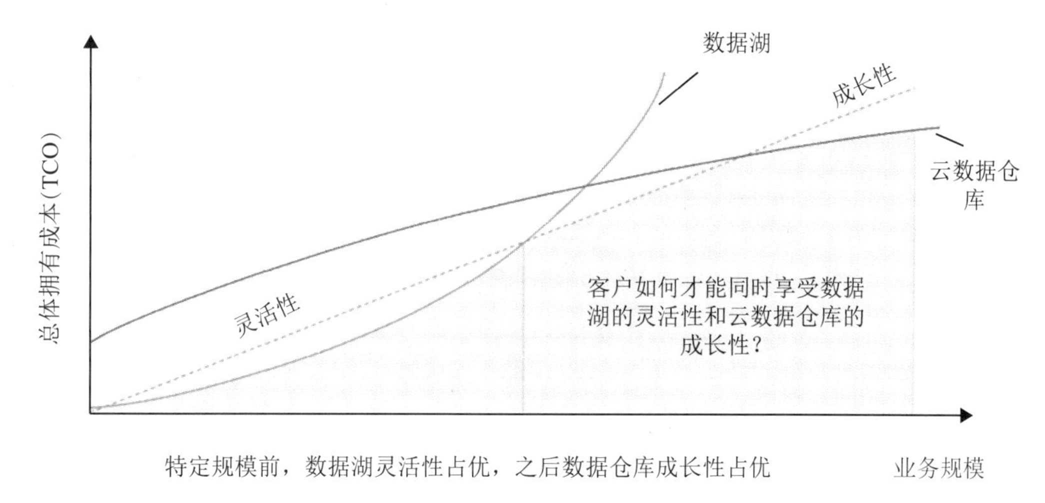

图1.5 湖仓成本对比

当企业处于初创阶段，数据从产生到消费需要一个创新探索的阶段才能逐渐沉淀下来，那么用于支撑这类业务的大数据系统具有灵活性就显得更加重要。此时，数据湖的架构更适用。

当企业逐渐成熟起来后，已经沉淀了一系列数据处理流程，问题开始转化为数据规模不断增长，处理数据的成本不断增加，参与数据流程的人员、部门不断增多，那么用于支撑这类业务的大数据系统的成长性的好坏就决定了业务发展的好坏。此时，数据仓库的架构更适用。

对企业来说，是否有一种方案能将数据湖的灵活性和数据仓库的成长性有效结合起来，为用户实现更低的总体拥有成本呢？为此，逐渐发展形成了大数据架构新概念——湖仓一体。一方面，它通过上云的方式，持续增强数据仓库的核心能力，实现数据仓库现代化；另一方面，数据仓库和数据湖是大数据架构的两种设计方式，两者在功能上可以相互补充，这意味着双方需要实现交互和数据共享，使两者的数据/元数据无缝对接。数据仓库的模型反哺到数据湖，成为原始数据的一部分，数据湖的结构化应用知识可以沉淀到数据仓库。数据湖和数据仓库有统一的开发体验，存储在不同系统的数据可以通过一个统一的开发管理平台操作。对于数据湖与数据仓库的数据，系统可以根据规则自动决定哪些数据放在数据仓库，哪些保留在数据湖，进而形成一体化。湖仓一体如图1.6所示。

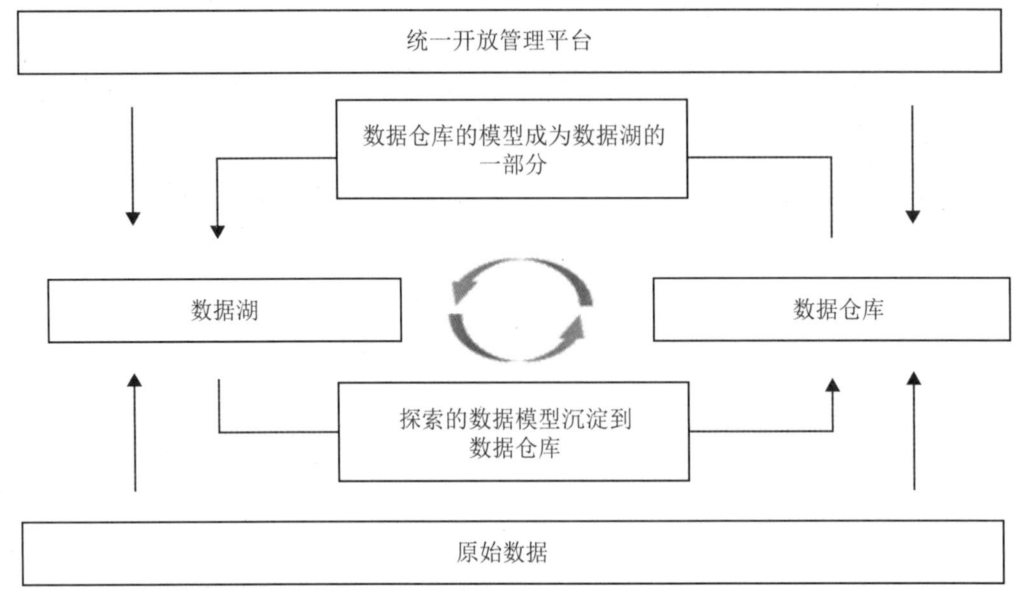

图1.6 湖仓一体

1.3 云计算厂商数据湖构建方案

1.3.1 亚马逊AWS数据湖

AWS数据湖基于AWS Lake Formation构建,AWS Lake Formation本质上是一个管理性质的组件,它与其他AWS服务互相配合,来完成整个企业级数据湖的构建。图1.7自左向右体现了亚马逊AWS数据湖的数据沉淀、数据流入、数据处理、数据分析等步骤。

1. 数据沉淀

它采用Amazon S3作为整个数据湖的集中存储,包含结构化和非结构化的数据,按需扩展,按使用量付费。

2. 数据流入

AWS将元数据抓取、ETL和数据准备抽象出来,形成了一个产品叫AWS GLUE,GLUE基本的计算形式是各类批处理模式的ETL任务,任务的触发方式分为手动触发、定时触发、事件触发三种。

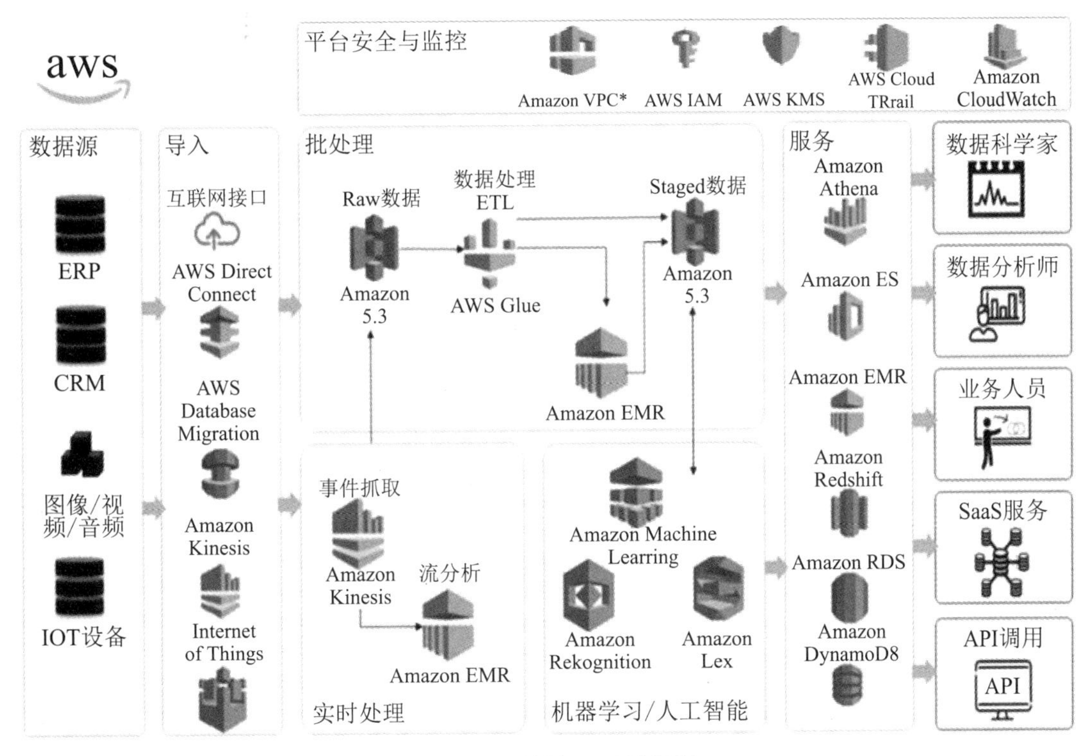

图1.7 亚马逊AWS数据湖

3. 数据处理

利用AWS GLUE进行批处理计算模式之外，也可以使用Amazon EMR进行数据的高级处理分析，或者基于Amazon EMR、Amazon Kinesis来完成流处理任务。

4. 数据分析

数据通过Athena/Redshift来提供基于SQL的交互式批处理功能，通过Amazon Machine Learning、Amazon Lex、Amazon Rekognition进行深度加工。

1.3.2 微软Azure数据湖

Azure数据湖解决方案包括数据湖存储、接口层、资源调度与计算引擎层，如图1. 8所示(来自Azure官网)。存储层是基于Azure object Storage构建的，依然是为结构化、半结构化和非结构化数据提供支撑。接口层为WebHDFS，比较特别的是在Azure object Storage实现了HDFS的接口，Azure把这个能力称为“数据湖存储上的多协议存取”。在资源调度上，Azure是基于YARN实现的。在计算引擎上，Azure提供了U-SQL、Hadoop和Spark等多种处理引擎。Azure的特别之处有：基于Visual studio提供了客户开发的功能，包括开发工具的支持与Visual studio的深度集成；多计算引擎的适配，如SQL、Apache Hadoop和Apache

Spark;具有不同引擎任务之间的自动转换能力。

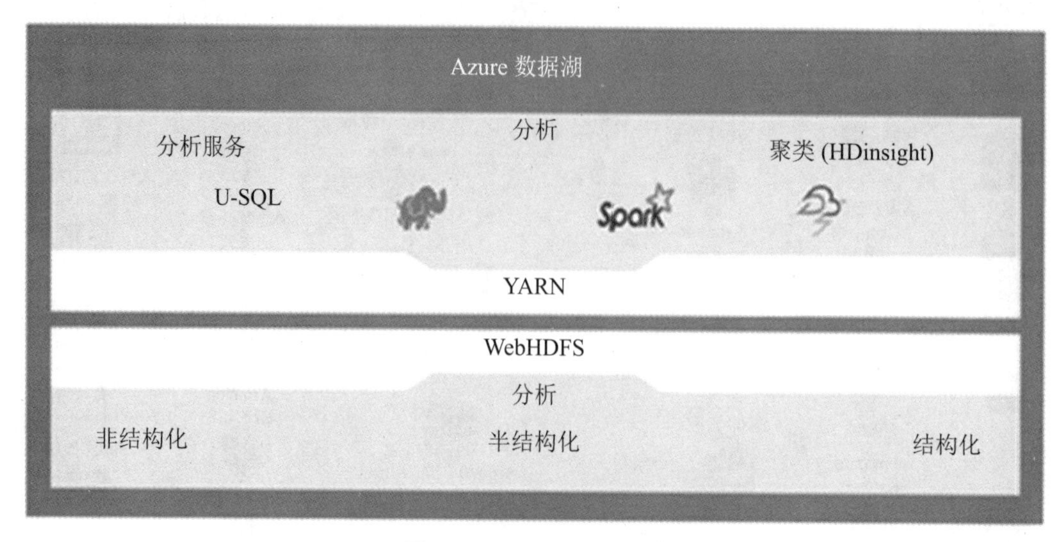

图1.8 Azure数据湖架构

1.3.3 华为数据湖

华为数据湖基于DLI Serverless构建,DLI完全兼容Apache Spark、Apache Flink的生态和接口,是集实时分析、离线分析、交互式分析为一体的Serverless大数据计算分析服务平台。可以看到,DLI相当于AWS的Lake Formation、GLUE、EMR(Flink&Spark)、Athena等的集合,具有所有的数据湖构建、数据处理、数据管理、数据应用的核心功能。华为数据湖架构如图1.9所示。

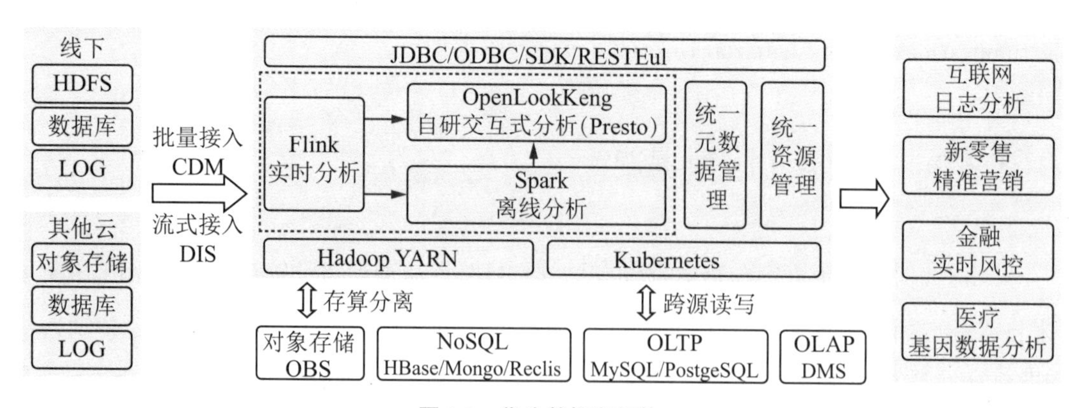

图1.9 华为数据湖架构

为了更好地支持数据集成、规范设计、数据开发、数据质量监控、数据资产管理、数据服务等数据湖高级功能,华为云提供了DAYU智能数据湖运营平台,DAYU涵盖了整个数据湖治理的核心流程,并提供了相应的工具支持,如图1.10所示。

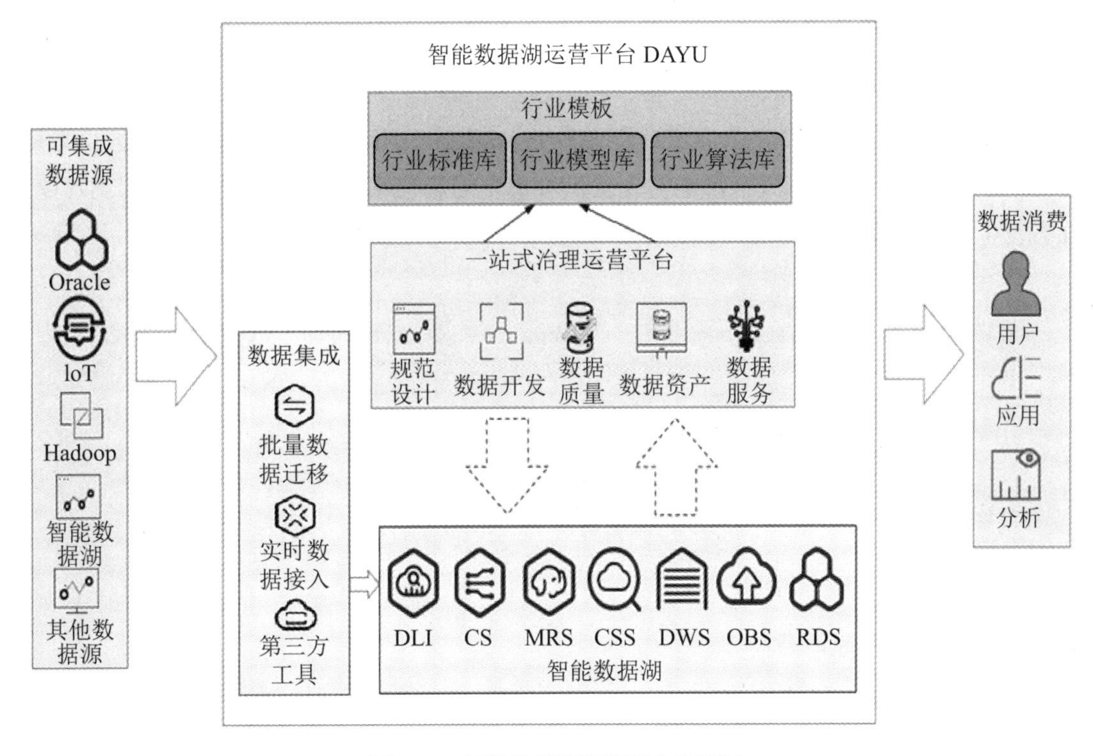

图1.10　智能数据湖运营平台DAYU

1.3.4　阿里云数据湖

阿里云DLA数据湖解决方案如图1.11所示，DLA的核心在于打造云原生的服务与引擎，端到端解决基于OSS的管理、分析、计算问题。其核心关键点如下：

1. 数据存储

采用OSS作为数据湖的集中存储，可以支撑EB规模的数据湖，客户无需考虑存储量扩容，各类型数据可以统一存储。

2. 数据湖管理

面对OSS数据开放性带来的管理及入湖困难，DLA的Formation组件具备元数据发现和一键建湖的能力。DLA提供Meta data catalog组件对数据湖中的数据进行统一管理，比如利用元数据爬取功能，可以一键创建OSS上的元数据信息，轻松自动识别csv、json、parquet等格式，建立好库表信息，方便后续计算引擎使用。

3. 数据分析和计算

DLA提供了SQL计算引擎和Spark计算引擎两种。无论是SQL还是Spark引擎，都和Meta data catalog深度集成，能方便地获取元数据信息。基于Spark的能力，DLA解决方案支持批处理、流计算和机器学习等计算模式。

4. 在数据集成和开发

阿里云的数据湖解决方案提供两种选择：一种是采用DataWorks完成；另一种是采用DMS来完成。无论选择哪种，都能对外提供可视化的流程编排、任务调度、任务管理功能。在数据生命周期管理上，DataWorks的数据地图功能相对更加成熟。

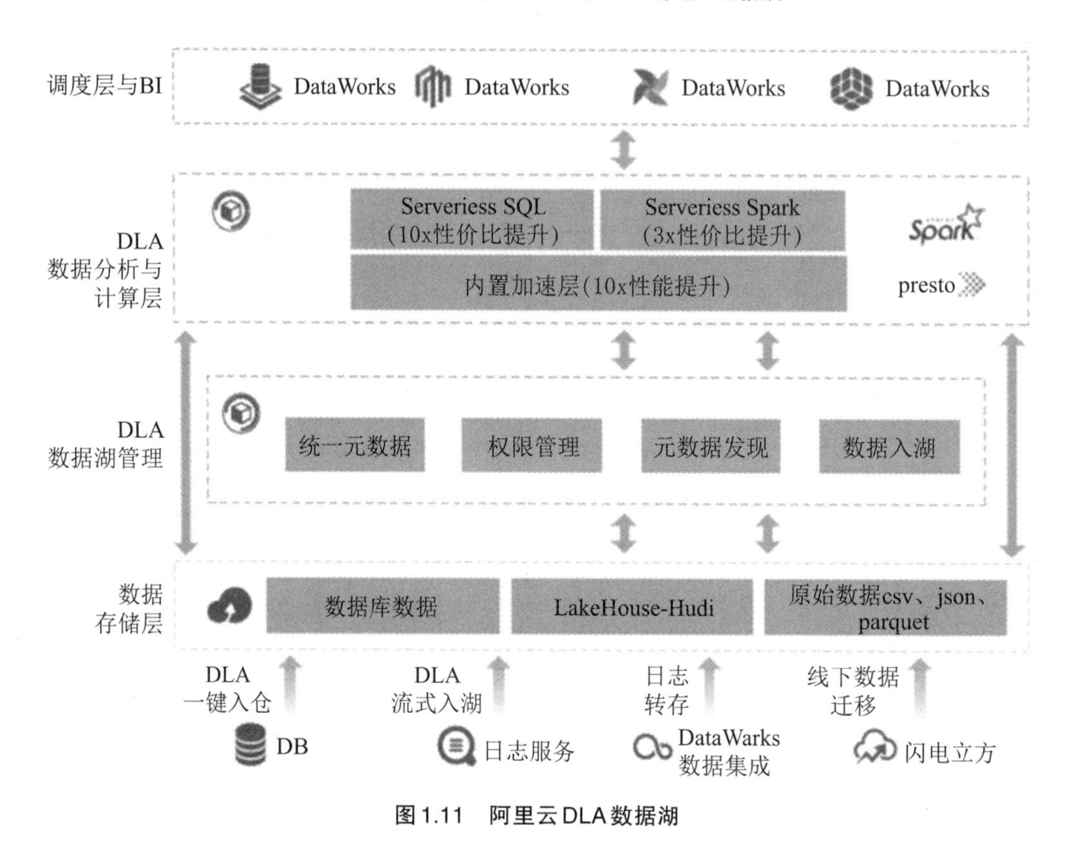

图1.11　阿里云DLA数据湖

1.4　海关数据湖处理构架方案

目前，海关在大力推动实施“智慧海关、智能边境、智享联通”建设，不断研究深化、丰富完善“三智”内涵，深入推进科技兴关和“单一窗口”建设，对海关大数据发展提出了新的要求。传统的海关信息化系统侧重于功能开发，以数据分析和应用为辅，基本实现了业务数据化。然而，如何加快以数据为中心的信息技术转型，实现数据业务化，消除海关内外信息壁垒，提供高质量、高可用性、高实时性的数据，使数据真正在海关部门内部流动和流转起来，带动业务和应用的快速创新，有效支持海关系统的数字化转型和网络重构战略，是海关部门关注的重点问题。

通过构建海关数据湖，实现对海关各系统数据全量汇聚入湖存储，消除“数据烟囱”和“信息孤岛”，并通过数据的复杂关联计算和深度分析与挖掘，结合先进的数据科学与机器学习技术，完成数据汇总、模型搭建运行，以及将计算和汇总结果生成特定项目标签、指标库等，为上层系统提供海量数据的预测分析、即时查询、复杂计算、数据挖掘等功能，从而提升海关科技化管理水平。

海关数据湖将数据与应用脱钩，强调原生数据入湖，业务系统模型和主数据标准化配合，兼顾传统数据架构（层次化）和数据湖架构（扁平化）的优势，读写并存，统一支持海关系统实时、准实时、离线数据应用的快速创新，是海关实现以数据为中心的IT架构向DT转型的有效途径。数据湖作为所有 IT 系统共享的基础设施，是数据存储和访问的唯一出口，统一存储全系统 IT 和网络数据，通过开放架构支撑智慧运营，并可作为信息化系统集约化演进的纽带。海关数据湖处理构架主要包括数据存储（“建湖”）、数据汇聚（“引水”）、数据治理（“管理”）、数据计算（“利用”）、数据服务（“价值”）等五个部分，如图1.12所示。

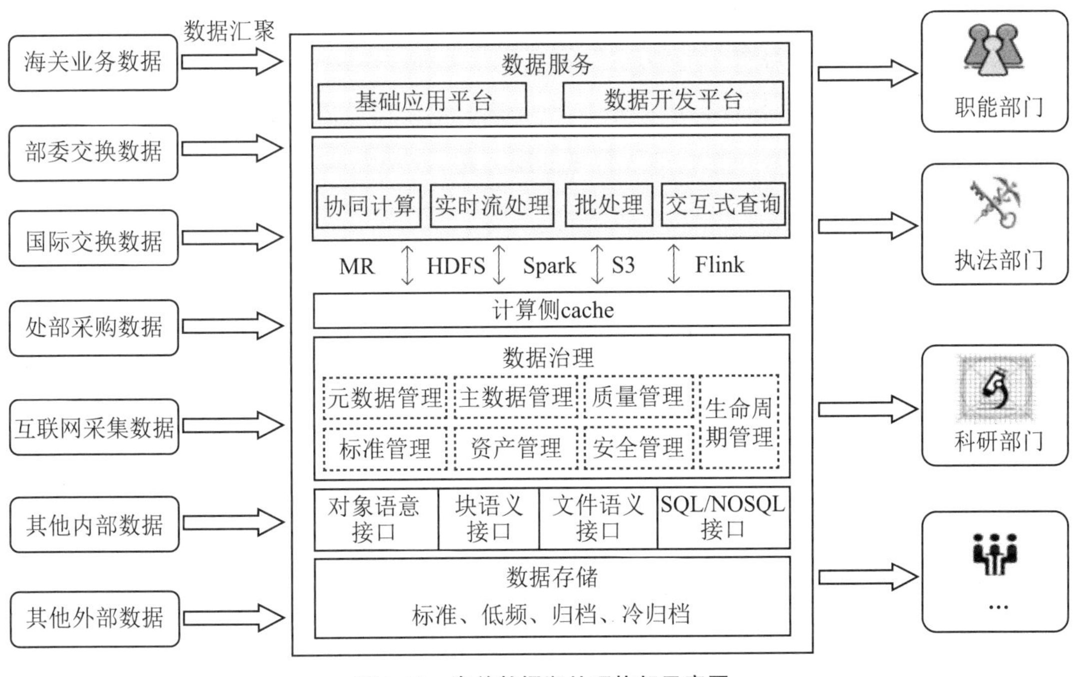

图1.12　海关数据湖处理构架示意图

1.4.1　数据存储（“建湖”）

海关数据湖存储以分布式存储作为数据存储架构，分布式存储有多种技术方案，但是目前大多利用Hadoop这种低成本技术实现。HDFS作为存储层，可以接受Kafka、FLume、Sqoop或其他数据工具的任意格式的数据输入，HDFS的高拓展性、可靠性、安全性和高吞吐性可以满足大数据处理的要求。HBase作为NoSQL数据库的典型代表，是一个高可靠性、高性能、面向列、可伸缩的分布式存储系统。HBase又是一个数据模型，利用Hadoop提供的容错能力，可以实现快速随机访问海量结构化数据。数据导入到数据湖后，可以选择标准存储(Standard)作为主要存储方式，也可以选择成本更低、存储期限更长的低频访问存储(Infrequent Access)、归档存储(Archive)、冷归档存储(Cold Archive)作为不经常访问数据的存储方式，数据湖的数据资源支持按主题、组织、专题等维度编目数据，保障数据的可检索性。

针对海关大数据的规模特点，采用逻辑统一、物理分散的集约数据湖架构，有效解决“数据烟囱”问题，采用统一的命名空间、多协议互通访问方式，实现数据资源的高效共享。例如：海关监管现场使用的X光机、CT机及各类传感器等IOT设备产生的文件，通过离线批量导入或者高速访问网络进入存储集群后通过Hadoop(HDFS)进行分析处理，再进入HPC集群(NFS)进行仿真计算，也可以读取到GPU集群进行训练(S3)。整个过程中，数据不需要复制和移动，实现了高效的数据共享。数据集中存储和共享实际上是将存储资源池化，将存储与计算分离(如Spark技术和AWS、华为云、阿里云等云服务产品)，大大降低了存储成本，有效提高了计算资源的利用率，增强了计算和存储集群的灵活性。例如：业务部门向数据平台部门单独申请计算或存储资源，采用分离架构可以更灵活地分配资源。应当注意的是，存储和计算分离往往伴随大数据的服务化，需要从云化、资源弹性调度的角度管理资源。

1.4.2 数据汇聚(“引水”)

数据需要从海关系统的各个方面持续地汇聚存储，才有可能基于这些数据挖掘出价值信息，指导业务决策，驱动海关业务发展。海关数据湖汇聚来自海关各业务系统数据、外部交换数据(部委交换、国际交换等)、外部采购数据、互联网采集数据以及系统内外部其他数据，数据类型包括结构化数据、半结构化数据和非结构化数据。对于属于潜在挖掘需求的数据，采取原生生产数据导入方式入湖；对于属于明确需求的统计分析型数据，采取统一模型转换后入湖。数据入湖的方式主要有物理入湖和虚拟入湖两种，根据数据消费的场景和需求，一个逻辑实体可以有不同的入湖方式。两种入湖方式相互协同，共同满足数据连接和用户数据消费的需求。海关数据湖入湖的技术手段主要有批量集成、数据复制同步、消息集成、流集成、虚拟化集成等方式，可以主动从数据源以拉(PULL)的方式导入数据湖，也可以采用数据源主动向数据湖推(PUSH)的方式入湖。将海关数据资源原生全量入湖，统一存储、整合、关联和共享，减少海量数据的重复采集、重复存储和带宽消耗，从而形成一个容纳海关所有数据形式的海关数据湖。

1.4.3　数据治理("管理")

数据不仅要存下来,更要治理好,否则数据湖将变成数据沼泽,浪费大量的IT资源。数据治理是对数据的全生命周期进行管理,海关数据湖能否推动海关业务的发展,数据治理至关重要。海关系统内部收集的数据以及从其他行业中采集的数据种类多样、格式不一,多数以原始格式存储,需要不断对这些原始数据进行整合加工,根据各业务组织、场景、需求形成容易分析的干净数据,让更多的人访问分析数据。数据治理包括元数据管理、数据标准管理、数据质量管理、主数据管理、数据资产管理、数据安全管理、数据生命周期管理等方面,通过数据治理可以提高数据的质量(规范性、完整性、准确性、一致性、时效性和可访问性),确保数据的安全性(保密性、完整性及可用性),实现数据资源在各部门的共享,推进数据资源的整合、服务和共享,充分发挥数据资产作用。

数据湖作为海关的核心数据资产,数据的安全管理是重中之重。数据安全标准和策略如果未被正确纳入治理流程中,可能会导致无法访问受隐私法规和其他类型的敏感数据保护的个人数据。海关数据湖的关键组成部分是隐私和安全性,包括基于角色的访问控制、身份验证、授权以及静态和动态数据加密等。从单纯数据湖和数据管理的角度来看,最重要的是数据混淆,包括标记化和数据屏蔽,应该使用这两个概念来帮助数据遵守最小特权的安全概念。尽管数据湖旨在成为相当开放的数据源,但仍需要安全性和访问控制措施。数据治理和数据安全团队应携手完成数据湖设计和加载过程,数据访问只能在服务模式或经过身份验证的数据共享和分发模式下执行。数据湖应具备大数据安全事件闭环管控能力,以及数据安全事件的应急处置能力。

1.4.4　数据计算("利用")

前述的大量工作实际上都是为了加速数据计算分析的过程。海关数据湖采用分布式计算框架,数据快速计算分析需要借助多种数据分析引擎,如借助于Spark、MR、SparkSQL、Flink等多模态高性能分析计算引擎可以对海量的原始数据进行分析、抽取、计算、利用。快速分析能直接访问海量存储中的数据,无需数据抽取,减少了数据转换,支持高并发读取,提升了实时分析效率,可支持自助式的数据探索式分析。

计算和数据分离后必然会带来一定的网络I/O开销,计算侧Cache可有效减少频繁的网络I/O次数。同时万兆网络已经得以普及,甚至有更高速度的网络,网络对计算影响已经非常有限。计算侧Cache采用多种算法,将数据缓存在计算侧,使得很多场景下计算与数据分离方案的性能高于一体化方式。

通过完善、丰富数据分析及建模工具,促进数据共享和应用开放,根据各类数据特点和数据应用需求，集成各类数据开发、自主分析、可视化、应用部署工具，使数据湖能够提供一站式的数据开发和应用服务，形成数据应用生态的良性循环。

1.4.5 数据服务（“价值”）

数据湖的价值需通过提供数据服务以及与业务的深度融合与集成来体现。海关数据湖服务提供数据基础应用平台和数据开发平台，平台包括数据源管理、数据报表、数据报告以及数据运算和展示等多种分析组件，同时支持第三方的数据分析工具。通过自助分析、数据可视化等多种方式提供给数据需求部门（包括业务职能部门、执法部门等）进行数据消费，自由发掘数据的潜能和价值。另外，通过数据湖将业务数据脱敏后存储到数据湖，开放给系统内外科研机构进行研究性探索，研究成果可反馈应用于海关业务工作，从而有效促进基于海关数据的产学研合作。借助数据湖提供的数据集成和数据开发能力，基于对数据模型的理解，可以定制数据处理过程，不断对原始数据进行迭代加工，从数据中提炼有价值的信息，最终获得超越原有数据分析服务的价值。

1.5 海关数据湖建设流程及应用实践

1.5.1 海关数据湖建设流程

海关数据湖的建设应与海关业务工作紧密结合，与海关数据仓库以及数据中台有所区别，海关数据湖可采用“边建边用，边用边治理”的方式来构建。以进出口食品风险监控数据湖为例，其建设的基本流程如图1.13所示。

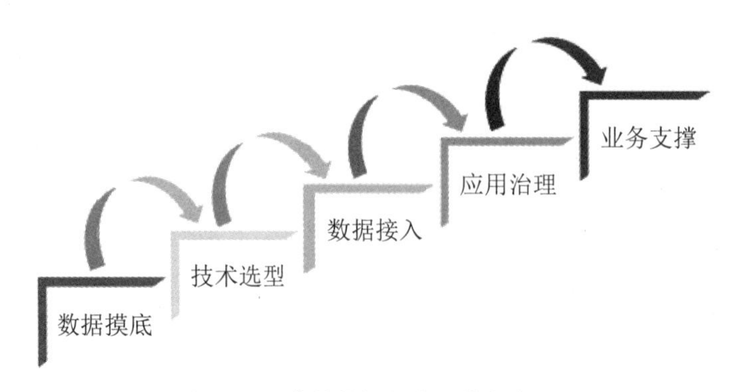

图1.13 海关数据湖建设基本流程

1. 数据摸底

构建数据湖的初始工作就是对系统内部的数据做一个全面的摸底和调研，包括数据来源、数据类型、数据形态、数据模式、数据总量、数据增量等。借助数据摸底工作，进一步梳理明确数据和组织结构之间的关系，为后续明确数据湖的用户角色、权限设计、服务方式奠定基础。

2. 技术选型

根据数据摸底的情况，确定数据湖建设的技术选型，如存储选型采取分布式对象存储系统（如S3/OSS/OBS），计算引擎重点考虑批处理需求和SQL处理能力，后续可以在应用中逐步演进，若需要独立资源池，则要考虑构建专属集群。

3. 数据接入

根据第一步的摸排结果，确定要接入的数据源。根据数据源，确定所必需的数据接入技术能力，完成数据接入技术选型，接入的数据至少包括数据源元数据、原始数据元数据、原始数据。

4. 应用治理

利用数据湖提供的各类计算引擎对数据进行加工处理，形成各类中间数据、结果数据，并妥善管理保存。数据湖应该具备完善的数据开发、任务管理、任务调度的能力，详细记录数据的处理过程。数据湖的治理过程需要更多的数据模型和指标模型。

5. 业务支撑

在通用模型基础上，各个业务部门定制自己的细化数据模型、数据使用流程、数据访问服务，以支撑海关业务发展需要。

1.5.2　海关数据湖应用实践

以构建进出口食品风险监控数据湖为例（如图1.14所示），针对目前重要食品贸易国（地区）风险监控数据来源单一、格式多样化等问题，分析关键风险词库并梳理其规律与特点，采用基于关键风险词库驱动的统计与规则相结合的无序非结构化数据溪流识别算法进行数据摸底，进而开展六源数据溪流的标准化采集技术研究，包括H2018海关业务监管数据库、LIMS实验室检测信息数据库、境外预检信息数据库、国际物流供应链组织信息数据库、互联网风险信息监测数据库、贸易国（地区）政府通报信息数据库等。进出口食品风险监控数据湖以Gbase原生数据架构格式存储，采用集成HANA计算、MapReduce分布式数据溪流清洗、多维度关联规则挖掘、CNN卷积神经网络等技术。六源数据标准化采集之后，及时以Gbase原生数据架构格式来汇聚存储食品风险监控数据。借助GBase存储架构，可方便地对大量进出口食品风险监控数据和相关信息进行快速、多角度分析，及时发现安全隐患，为食品风险监控云服务平台提供数据支持。

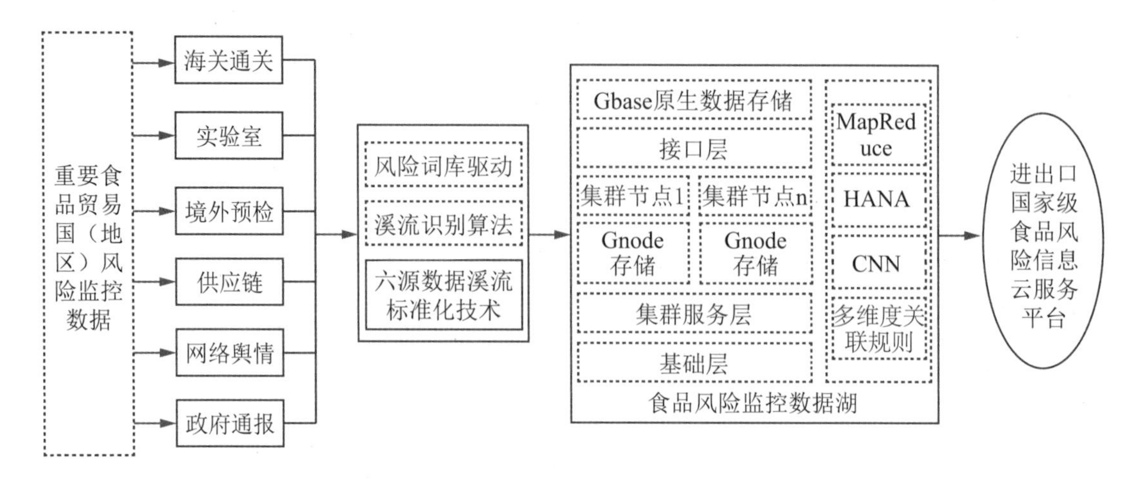

图1.14　进出口食品风险监控数据湖应用实践

进出口食品风险信息数据湖由20个数据节点组成，采用GBase大规模分布式并行数据库集群系统（简称GBase 8a MPP Cluster）。它是在GBase 8a列存储数据库基础上开发的一款Share Nothing架构的分布式并行数据库集群，具备高性能、高可用、高扩展特性，可支撑进出口食品风险信息云平台超大规模数据存储，并提供高性价比的通用数据计算平台。

进出口食品风险信息数据湖具备以下技术特征：

① 低硬件成本。它完全使用x86架构的PC Server，不需要昂贵的小型机和磁盘阵列。

② 分布式架构。它使用完全并行的MPP＋Share Nothing的分布式架构，采用多活Coordinator节点、对等数据节点的两级部署结构。Coordinator节点最多可扩容到64个，数据节点最多可扩容部署300个，数据量最大可支撑15 PB的数据存储。

③ 海量数据分布压缩存储。它可处理PB级别以上的结构化数据，采用hash或random分布策略进行数据分布式存储，同时采用先进的压缩算法，减少存储数据所需的空间，并相应地提高了I/O性能。

④ 数据加载高效性。基于策略的数据加载模式，集群整体加载速度随节点数增加而线性增长。

⑤ 高扩展、高可靠。支持集群节点的在线扩容和缩容，效率更高，对平台业务的影响更小。

⑥ 高可用、易维护。数据湖业务数据有2个副本提供冗余保护，可自动故障探测和管理，自动同步元数据和业务数据。

⑦ 高并发。读写没有互斥，支持简化模式多版本并发控制MVCC，支持数据的边加载边查询，单个节点并发能力大于300用户。

⑧ 行列转换存储。提供行列转换存储方案，从而提高了数据湖特殊查询场景的查询响应耗时。

⑨ 标准化。支持SQL92标准,支持ODBC、JDBC、ADO.NET等国际接口规范。

⑩ 数据节点多分片。在一个数据节点上可同时部署最多10个数据分片。

⑪ 灵活的数据分布。按照云平台数据湖的数据存储特点,可以自定义数据分布策略,从而在性能、可靠性和灵活性间获得最佳匹配。

⑫ 异步消息。Coornator默认采用异步消息模式与数据节点通信,支持高达300节点的集群规模。

海关数据湖与传统大数据平台相同的地方在于具备处理超大规模数据所需的存储和计算能力,能提供多模式的数据处理能力,同时海关数据湖的增强点在于数据湖提供了更为完善的数据管理能力,具体体现在:

① 更强大的数据接入能力。数据接入能力体现在对于各类外部异构数据源的定义管理能力,以及对于外部数据源相关数据的抽取迁移能力。抽取迁移的数据包括外部数据源的元数据与实际存储的数据。

② 更强大的数据管理能力。管理能力具体可分为基本管理能力和扩展管理能力。基本管理能力包括对各类元数据的管理、数据访问控制、数据资产管理,是一个数据湖系统所必需的;扩展管理能力包括任务管理、流程编排以及与数据质量数据治理相关的能力。

③ 可共享的元数据。数据湖中的各类计算引擎会与数据湖中的数据深度融合,而融合的基础就是数据湖的元数据。好的数据湖系统,其计算引擎在处理数据时,能从元数据中直接获取数据存储位置、数据格式、数据模式、数据分布等信息,然后直接进行数据处理,而无需进行人工或编程干预。

小　　结

数据湖的本质是一种系统的架构方案,它使用低成本技术来捕获、提炼和探索大规模、长期的原始数据存储方法和技术,是一种解决大数据问题的思路、一种数据治理的方案、一种大规模数据集中存储并利用的架构思想。本章基于数据湖技术特点,提出了数据湖思想的大数据应用构架,初步分析了数据存储、数据汇聚、数据治理、数据计算、数据服务等解决思路,并提出了建设海关数据湖的基本流程及应用案例分析。在海关积极推进“三智”建设与合作的背景下,为海关现代化治理、打造高效协同的智能边境、促进全球供应链互联互通提供了一种数据处理和共享的思路。

第2章 一种基于最优化的带有claim关系的真值发现方法

随着大数据时代的来临,错误和虚假的信息不可避免,多源的信息经常发生冲突。因此,如何获得人们需要的最可信的或最真实的信息(即真值)成为了一个棘手的问题。针对这一问题,一种名为真值发现的新技术,可以在无监督的情况下推断出真值并估计数据源的可靠性。但是,现有的大多数真值发现方法仅考虑信息是否相同,而不考虑它们之间的细粒度关系,例如包含、支持、互斥等。事实上,这种情况经常出现在实际应用中。为了解决上述问题,本章提出了一种新的真值发现方法——OTDCR,该方法可以处理信息之间的细粒度关系,并且可以通过对这种关系进行建模来更有效地推断真值。另外,一种处理异常值的新方法被应用于真值发现的预处理中,该方法是专门为带有关系的分类数据而设计的。在真实数据集中的实验表明,我们的方法比现有的几种方法更有效。

2.1 概 述

在大数据时代,人们可以更轻松地获取有关事物(称为对象)的信息。但是,来自不同数据源的信息(称为claim)经常彼此冲突。这种冲突无处不在。在知识图的数据融合过程中,由于手工记录的数据存在错误等原因,导致合并不同的数据库时经常会遇到数据冲突。在众包任务和社会感知任务中,由于个人能力和传感器质量的差异,对于相同的任务,会收到多个结果和观察值。人们在搜索一本书的作者时,不同的网站可能会提供不同的信息,很难找到正确的作者。因此,如何找到或计算出关于对象的可靠信息是一个至关重要的问题,这促进了真值发现研究的兴起。

实际上,一些传统的方法在一定程度上也可以处理这个问题。对于分类数据,最直观的方式是多数投票,即将有最多数据源提供的claim视为事实。对于数值数据,一般使用均值和中位数。但是,这些方法并没有考虑数据源的可靠性,而是将所有数据源平等对待,这在实际中是不合理的。由于个人能力存在差异,他们对众包任务的完成质量有很大的影响。许多恶意网站经常故意提供虚假或劣质的信息。面对这些问题,一系列真值发现方法被提出来了。这些方法基于一个重要原则:将提供更多真实信息的源赋予更高的可靠性,将那些由可靠的源支持的信息视为真值。根据这一原则,这些真值发现方法可以对数据源的可靠性进行建模,来计算信息源的可靠性并迭代地推导出真值,取得了较好的效果。

但是,上述大多数方法都没有考虑数据之间的细粒度关系,尤其是对于分类数据而言。对于任何两条数据,它们仅具有相同或不同的关系,这意味着,如果它们完全相同,则它们之间的距离被视为0,否则为1。这对于那些明确标记数据是可行的或可以独立分类的,例如天气数据集中的天气状况。但是,对于某些具有包含关系的数据(例如书的作者),需要考虑细粒度的关系,例如《Bluetooth Application Programming with the Java APIs (The Morgan Kaufmann Series in Networking)》一书的作者从多个数据源中得到了不同的claim,包括"Kumar, C Bala";"Kumar, C Bala""Kline, Paul""Thompson, Tim"等,如果前者是可靠的,则后者很有可能也是可靠的,因为某些网站提供的作者信息可能不完整。虽然Yin等人提出的TruthFinder算法在某种程度上考虑了这种关系,但是当claims之间不存在这种关系时,它在真值发现过程中就不起作用,并且迭代过程也不会收敛。

为了解决上述问题,本章提出了一种基于优化的带有数据关系的真值发现方法(OTD-CR)。该方法构造了一个支持度函数来描述包含关系,该支持度函数被集成到计算真值的步骤中。源的可靠性被视为源的权重,通过最小化claims与所识别真值之间的总加权距离,我们可以推断出对象的真值和源的权重。此外,本章提出了一种处理异常值的新方法,该方法可以有效地删除带有claims关系的分类数据中的重复数据和错误数据。在真实数据集中的实验表明,此方法比现有的一些方法具有更好的性能。

2.2　问题定义

在本节中,我们首先介绍一些将在书中使用的必要术语和符号,然后给出关于真值发现问题的正式定义。

定义1:对象o是我们感兴趣的事物,它可以是实体或事件。我们用O表示所有对象的集合(即$o \in O$)。

定义2:源s可以提供有关对象的信息。它可以是网站、传感器,也可以是工人。我们用S表示所有源s的集合。

定义3:声明c_o^s是指源s提供的关于对象o的claim。C_O是这些声明的集合。由于不同数据源提供的claim可能相同,因此我们假设一个对象接收了K个不同的claim,于是c_o^k表示对象o的第k个claim,而C_O^K是所有c_o^k的集合。

定义4:对象o的估计真值表示为t_o,T表示所有估计真值的集合。

定义5: 源s的权重对应于源s的可靠性,用w_s表示,W表示w_s的集合。

真值发现问题: 给定一个数据集,其中包含一组对象O、一组提供信息的源S和一组声明C_O。真值发现任务的目标是估计源W的权重,并通过真值发现方法推断真相T。图2.1展示了真值发现问题的形式化描述,我们需要从对象o收到的所有cliams中找到最可靠的claim作为真值。

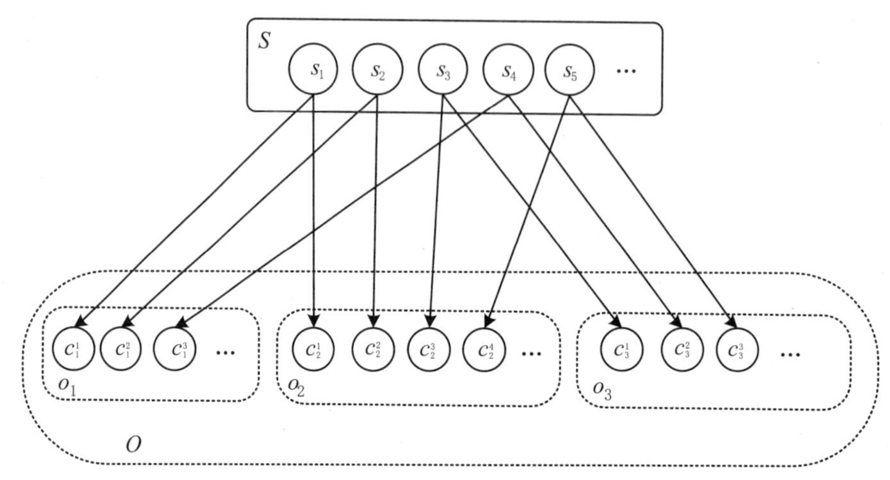

图2.1 真值发现问题的输入

2.3 真值发现方法

在本节中,我们首先介绍一种处理带有关系的分类数据异常值的方法,将其作为真值发现的预处理阶段。接下来,引入基于优化的真值发现模型,该模型可以估计源权重并同时推断真值。然后,我们根据claims之间的关系来构建支持度函数,并将这个函数集成到真值发现模型中。最后,我们对算法进行一些描述。

2.3.1 异常值处理

在介绍基于优化的真值发现模型之前,我们首先讨论如何处理带有关系的分类数据中的异常值的问题。由于信息抽取中的错误,claims中经常会出现一些明显的错误和冗余数据。这些异常值分为外部异常和内部异常两个方面。

1. 外部异常

外部异常主要是指claims中的重复信息。以一本书的作者为例,由于信息提取阶段和动态更新阶段存在错误,获得的数据集经常有一些重复的数据,如一个数据源多次在同一对象上提供相同或不同的信息。图2.2所示为原始书作者数据集中的重复数据。这些重复的数据对真值发现有很大的影响。解决此问题的一种简单有效的方法是直接删除完全相同的数据以及过时或不完整的信息。

2. 内部异常

内部异常是指claims内部的错误和冗余信息。最常见的是一些乱码和特殊符号，例如“*”“&”等这些字符不应该出现在人的名字中。在书的作者数据中，同一作者姓名可能会重复出现，如图2.3所示。对于claims中的冗余信息，删除多余的重复信息是一种简单的解决方案。对于那些错误消息，可以通过定义一些正则表达式将它们很好地过滤掉。

Books Down Under	0201853949	The Art of Computer Programming, Volume 4, Fascicle 3: Generating All Combinations and Partitions	KNUTH, DONALD E.
SWOOP	0201853949	ART OF COMPUTER PROGRAMMING	KNUTH, DONALD E.
TheBookCom	0201853949	The Art Of Computer Programming Fascicle 3 : Generating All Combinations And Partitions - V. 4	Knuth, Donald E.
THESAINTBOOKSTORE	0201853949	The Art of Computer Programming, Volume 4, Fascicle 3: Generating All Combinations and Partitions (Art of Compi	
Mellon's Books	0201853949	ART OF COMPUTER PROGRAMMING	KNUTH, DONALD E.
TheBookCom	0201853949	The Art Of Computer Programming Fascicle 3 : Generating All Combinations And Partitions - V. 4	Knuth, Donald E.
Blackwell Online	0201853949	The Art of Computer Programming	Donald E. Knuth
Stratford Books	0201853949	ART OF COMPUTER PROGRAMMING FASCICLE 3 GENERATING ALL COMBINATIONS AND PARTITIONS	KNUTH, DONALD E.
The Book Depository	0201853949	Art of Computer Programming: v. 4	Donald E Knuth
Englishbookservice.com GTI GmbH	0201853949	Art of Computer Programming, The: Generating All Combinations and Partitions	Knuth, Donald E.

图2.2　外部异常

Books2Anywhere.com	1558606483	Distributed Systems Architecture	Puder, Arno/ Romer, Kay/ Pilhofer, Frank
COBU GmbH & Co. KG	1558606483	Distributed Systems Architecture	Puder, Arno; Römer, Kay; Pilhofer, Frank
AHA-BUCH	1558606483	Distributed Systems Architecture	Arno Puder, Kay Römer, Frank Pilhofer
paperbackworld.de	1558606483	Distributed Systems Architecture	Arno Puder, Kay Romer, Frank Pilhofer
A1Books	0750677953	Risk Management for Computer Security : Protecting Your Network and Information Assets	Andy Jones, Debi Ashenden, DEBI ASHENDEN
The Book Depository	0750677953	Risk Management for Computer Security	Andy Jones
Papamedia.com	0750677953	Risk Management for Computer Security : Protecting Your Network & Information Assets	Andy Jones
Revaluation Books	0750677953	Risk Management For Computer Security Protecting Your Network and Information Assets	Jones, Andy/ Ashenden, Debi
Books Down Under	0750677953	Risk Management for Computer Security: Protecting Your Network and Information Assets	Jones,Andy; Ashenden,Debi
Bobs Books	0750677953	Risk Management for Computer Security	Andy Jones
Bobs Books	0750677953	RISK MANAGEMENT FOR COMPUTER SECURITY	JONES, ANDY ASHENDEN, DEBI
Gunter Koppon	0750677953	Risk Management for Computer Security - Protecting Your Network and Informatio..	Jones,Andy
WorldOfBooks	0750677953	Risk Management for Computer Security - Protecting Your Network and Informatio..	Jones,Andy
MildredsBooks	0750677953	Risk Management for Computer Security, First Edition : Protecting Your Network & Information Assets	Andy Jones, Debi Ashenden
DVD Legacy	0750677953	Risk Management For Computer Security: Protecting Your Network and Information Assets	Jones, Andy; Ashenden, Debi; Debi Ashenden

图2.3　内部异常

2.3.2　基于最优化的真值发现模型

真值发现的基本原则是将提供更多真实信息的源赋予更高的可靠性，将由更可靠的源提供的信息视为真值。这个原则意味着真值更接近可靠的源提供的claims，而与不可靠的源提供的claims相距更远，这驱使我们最小化真值与claims之间的总加权距离。因此，我们引入基于优化的框架，并将其形式化为

$$\min_{\{t_o\},\{w_s\}} \sum_{s\in S} w_s \sum_{o\in O} d\left(t_o, c_o^s\right) \quad \text{s.t.} \sum_{s\in S} w_s = 1 \tag{2.1}$$

在此框架中，$d\left(t_o, c_o^s\right)$是真值t_o与c_o^s之间的距离，其中可以插入不同的损失函数。$\sum\limits_{s\in S} w_s = 1$是一个约束，可以确保目标函数在最小化过程中收敛。0-1损失函数通常用于分类

数据，而归一化绝对偏差更适合于数值数据。这两个损失函数分别表示为

$$d\left(t_o, c_o^s\right)=\begin{cases}0, & t_o=c_o^s \\ 1, & \text{其他}\end{cases} \tag{2.2}$$

$$d\left(t_o, c_o^s\right)=\frac{\left|t_o-c_o^s\right|}{std\, c_o^s} \tag{2.3}$$

此时真值发现问题被转换为了最优化问题。为了解决该优化问题，可采用块坐标下降法来进行其中的迭代过程。块坐标下降法属于非梯度优化方法，它沿坐标方向连续最小化以找到函数的最小值。在每次迭代中，该算法确定一个坐标块，然后通过固定其他坐标块，使沿着该坐标块方向的目标函数最小化。迭代过程分为两个步骤：更新源权重和更新真值。

在更新源权重这一步中，首先需要固定真值，然后根据公式(2.4)(Li et al., 2014a)计算源权重。

$$w_s=-\ln \frac{\sum_{o \in O} d\left(t_o, c_o^s\right)}{\sum_{s' \in S} \sum_{o \in O} d\left(t_o, c_o^{s'}\right)} \tag{2.4}$$

同样，在更新真值这一步，我们根据公式(2.5)固定源权重来更新真值。

$$t_o=\arg \min_{c_o} \sum_{s \in S} w_s \cdot d\left(c_o, c_o^s\right) \tag{2.5}$$

2.3.3 支持度函数

在许多实际应用中，由不同数据源提供的claims除具有相互排斥关系外，通常还具有包含关系。例如，从互联网上检索某本书的作者信息从不同的网站可能获得不同的信息，例如claim1、claim2等。如图2.4所示，claim1中只有一位作者，并且完全包含在claim2中。考虑到许多网站台能提供的是不完整的作者信息，所以claim1可对claim2产生积极影响。

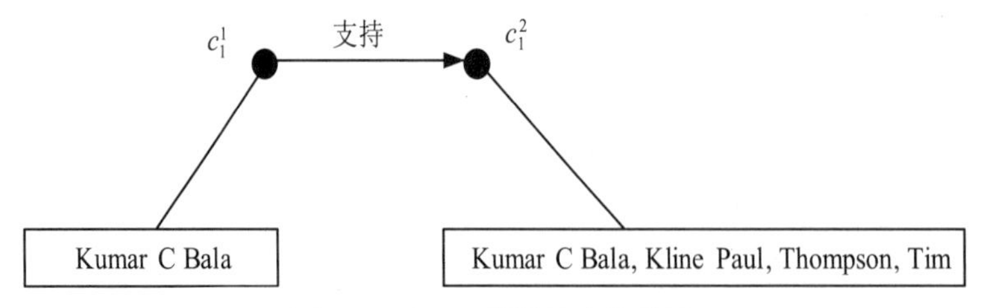

图2.4 claims直接的支持关系

为了描述这种关系，我们将每个claim表示为一组细粒度的单元。例如，关于图书作者的claim可以表示为作者列表，每个作者都是一个单元。基于这些单元，我们提出*adjust-distance*函数，如果真值支持该claim，则这个函数可以缩短claims与对象真值之间的总加权

距离。*adjust-distance*函数定义如下：

$$adjust\text{-}distance\left(t_o, c_o^k\right)=\begin{cases}-\dfrac{t\_size}{c\_size}, & t_o \subseteq c_o^k \\ 1-\dfrac{c\_size}{t\_size}, & c_o^k \subseteq t_o \\ 0, & \text{其他}\end{cases} \tag{2.6}$$

式中c_size是c_o^k中的单元数，t_size是t_o中的单元数。如果真值t_o包含在c_o^k中，即t_o中的所有单元全部包含在c_o^k中的单元集合中，则用$-t_size/c_size$表示需要减小的距离。t_size越接近c_size，t_o和c_o^k之间的*adjust-distance*值越小，总距离越短。如果c_o^k中的所有单元都包含在t_o中，则可以用$1-c_size/t_size$来表示需要增加的距离。当claim是传统分类数据时，t_o和c_o^k之间没有任何关系，并且*adjust-distance*值为0，这对原始距离函数没有任何影响，真值发现过程可以继续进行。

因此，在固定源权重时，通过最小化claims与真值之间的总加权距离，将调整距离函数集成到更新真值的过程中。更新真值的过程重新定义如下：

$$t_o \leftarrow \arg\min_{c_o^k}\left[\sum_{s\in S} w_s \cdot d\left(c_o^k, c_o^s\right)+\alpha \cdot adjust\ distance\left(t_o, c_o^k\right)\right] \tag{2.7}$$

式中，超参数α用于根据实际应用场景控制调节距离函数的范围。

在公式(2.7)中，如果源权重固定，最小化前一项可以转换成选择通过加权投票获得最高分数的claim作为真值。同时，后一项可以更改为更易于理解的函数——支持度函数，如果t_o恰好包含在c_o^k中，则可以提高c_o^k的得分。

$$support\left(t_o, c_o^k\right)=\begin{cases}\dfrac{t\_size}{c\_size}, & t_o \subseteq c_o^k, \\ \dfrac{c\_size}{t\_size}-1, & c_o^k \subseteq t_o, \\ 0, & \text{其他}\end{cases} \tag{2.8}$$

因此，公式(2.7)可以转换为

$$t_o \leftarrow \arg\max_{c_o^k}\left[\sum_{s\in S} w_s \cdot l\left(c_o^k, c_o^s\right)+\alpha \cdot support\left(t_o, c_o^k\right)\right] \tag{2.9}$$

其中，如果$x=y$，则$l\left(x, y\right)$为1，否则为0。

2.3.4　OTDCR算法

通过将处理异常值的方法和支持度函数集成到基于优化的真值发现模型中，我们给出了真值发现方法OTDCR。

如图2.5所示，在OTDCR算法中，步骤1通过多数投票获得的真值来初始化所有对象的初始真值。步骤2～5使用处理异常值的方法分别解决了每个对象数据的外部异常和内部异常问题，然后采用块坐标下降法迭代求解优化问题。步骤7～9根据公式(2.2)来计算claims与真值之间的距离，当确定所有对象的真值时，这个距离将被应用到步骤10更新源权重的过程中。步骤13通过计算支持度函数来提高可信的claim的得分。步骤15通过固定每个数据源的权重来更新每个对象的真值。如果达到收敛条件或最大迭代次数，这个迭代过程将会停止。

根据公式(2.4)和公式(2.9)，算法的运行时间与观测数据总数是线性相关的。因此，时间复杂度为$O(|S|\times|O|)$，其中$|S|$是数据源的数量，$|O|$是对象的数量。

Input: The sets of sources, claims and objects
Output: A set of truths T, a set of sources weight W

1: Initialize truths of all objects
2: **for** *each object* **do**
3:     Process outer anomaly through filtering duplicate data
4:     Process inner anomaly through regular expressions
5: **end for**
6: **Repeat**
7:     **for** *each claim* **do**
8:         Calculate the distance between the truth and the claim according to Eq. 2.2
9:     **end for**
10:     Update source weights according to Eq. 2.4
11:     **for** *each object* **do**
12:         **for** *each claim* **do**
13:             Calculate the support degree between claim and truth according to Eq. 2.8
14:         **end for**
15:         Update the truth according to Eq. 2.9
16:     **end for**
17: **Until** the convergence condition or the maximum number of iterations is reached
18: **return** the set of truths T and the set of source weights W

图2.5　OTDCR算法

2.4　实验与分析

本节首先介绍实验中的真实数据集，并将现有的一些方法用作该实验的基准，然后给出实验设置和评估措施，最后展示实验结果和分析结果。

2.4.1 数据集

实验中使用的数据集主要是带有claims关系的分类数据，而图书作者数据集是一个不错的选择。图书作者数据集总共包含1265本已出版的图书，并提供了每本书的书名和ISBN。该数据集中有894家在线书店，可以为上述图书提供33971位作者的信息。

但是，数据集中的数据格式不一致，即使这两本书是同一本书，它们的书名也不是完全一致的。因此，为了确保对象的一致性，我们使用此数据集中每本书的ISBN作为对象的唯一标识符。此外，作者的全名可以写成"名+姓"和"姓+名"两种格式，我们选择使用前者的格式来描述作者，并用分号均匀地间隔。应该注意的是，为了保持一致性，所有字母都必须转换为小写字母。

为了展现实验的效果，此数据集提供了标准数据，其中包含1265个对象的真值。作者信息的标准真值是通过观察每本书的封面获得的。每个真值也都用分号分开，例如"David D makofske; Michael J Donahoo; Kenneth L Calvert"。

2.4.2 基准

为了证明该算法的有效性，我们使用一些经典的真值发现方法来处理分类数据，并将其作为基准。

1. 多数投票(Majority Voting, MV)

它是根据少数服从多数的原则来解决冲突的传统且简单的方法。在真值发现任务中，可以通过对每个对象收到的claims进行多数投票来获得真值。

2. TruthFinder

Yin等人提出了一种称为TruthFinder的方法，该方法可以迭代地计算源可靠性和每个claim的可信度，直到满足收敛条件，然后选择具有最高可信度的claim作为每个对象的真值。

3. CRH

CRH是用于解决异构数据真值发现问题的优化框架，它根据真值发现的基本原则将真值发现问题转换为最优化问题。通过解决该最优化问题，推断出对象真值和源权重。

4. CATD

CATD是专为长尾数据而设计的。它利用数据源的置信区间来反映源的可靠性，并基于CRH推导出了一种新的计算源权重的方法。

2.4.3 数据处理和衡量标准

为了实验的客观性，我们随机选择100本书作为实验对象，并重复选择3遍。同时，使用OTDCR方法和基准方法进行两组实验。一种基于上述原始图书作者数据集，另一种基于采用异常值处理方法处理的数据集进行，这可以证明异常值的影响以及OTDCR方法的效果。

我们使用精确度来衡量实验效果。真值发现的精确度是指通过真值发现方法获得的估计真值和标准真值相等的数量与标准真值对象数量的比值，即

$$Accuracy=\frac{N_{\text{est - right}}}{N_{\text{com}}} \tag{2.10}$$

式中，$N_{\text{est-right}}$是等于标准真值的估计真值的数量，N_{com}是估计真值和标准真值公共对象的数量。在这里，考虑到每个claim中单元顺序可能不同，我们使用每本书的单元集来确定估计真值和标准真值是否相等。

一些传统的测量方法（如召回率，$F1$得分）不适合衡量我们的实验结果，因为我们的实验结果没有负样本。因此，可以使用准确率，这种情况下等于我们上述定义的精确度。

2.4.4 实验结果

我们的实验是在8 G内存的一体机上进行的，代码在Python 3上运行，并且为了方便使用了IDE JetBrains PyCharm。在实验中，超参数α设置为0.6，可以根据不同的应用场景进行调整。

表2.1所示为没有使用异常值处理方法时，OTDCR方法和其他方法在处理图书作者数据集上的结果。可以看到，多数投票的结果比其他方法差，这是合理的，因为它忽略了不同数据源可能具有不同可靠性的事实。当一个对象中出现大量相同的伪造信息时，多数投票不可避免地会根据相同claim的数量而做出错误的选择。在该实验中，CRH和CATD具有相似的准确性，这表明数据集没有或只有很少的长尾现象。尽管TruthFinder在某种程度上也考虑了claims之间的关系，但是，如果claims没有上述细粒度关系（相当于多数投票），则它无法取得更好的效果。但是，OTDCR方法基于优化的框架，即使该关系不存在，该框架仍能够推断真值和数据源的可靠性，且效果不比CRH差。

为了体现异常值处理方法的效果，还进行了其他实验。表2.2所示为处理异常值之后每个方法的真值发现结果。大多数方法会进一步提高其精确度。

表2.1　原始数据集上的结果

方法	*Accuracy*		
	1th sample	2th sample	3nd sample
Majority Voting	0.67	0.67	0.59
TruthFinder	0.69	0.73	0.67
CRH	0.78	0.76	0.70
CATD	0.78	0.77	0.69
OTDCR	0.80	0.81	0.71

表2.2　处理了异常值的结果

方法	*Accuracy*		
	1th sample	2th sample	3nd sample
Majority Voting	0.69	0.73	0.63
TruthFinder	0.76	0.75	0.71
CRH	0.79	0.81	0.73
CATD	0.80	0.82	0.73
OTDCR	0.83	0.84	0.74

此外,我们还计算了达到收敛条件时每种方法的迭代次数,以此来比较各个方法的收敛速度。表2.3所示为上述方法的收敛速度。多数投票没有迭代的过程。TruthFinde具有相当多的迭代次数,因为它在每次迭代中都是进行细微调整。OTDCR中的迭代次数几乎等于CRH和CATD中的迭代次数,这表明使用OTDCR方法的收敛速度不会比其他方法慢。

综上所述,通过与现有的一些真值方法进行比较,OTDCR方法对包含细粒度关系的真实数据集具有更好的效果,同时,该方法的收敛速度很快。另外,我们提出的异常值处理方法在一定程度上也表现良好。

表2.3　收敛速度

方法	迭代次数		
	1th sample	2th sample	3nd sample
Majority Voting	NAN	NAN	NAN
TruthFinder	27	31	26
CRH	4	4	4
CATD	3	3	3
OTDCR	4	4	3

小　结

尽管目前互联网上有海量丰富的知识，但仍然不可避免地会出现一些错误和虚假信息。面对这些问题，真值发现逐步成为解决多源信息冲突的关键技术，它可以在无监督的同时估计源的可靠性并推断出事实。但是，冲突的信息不是完全独立的，包含或支持的关系经常存在。大多数真值发现方法都没有考虑细粒度的关系。因此，我们提出了一种新的基于优化的带有claim关系的真值发现方法(OTDCR)来处理这种关系，从而形式化了该关系并调整了真值与claims之间的距离。另外，一种用于处理异常值的新方法被应用于改善数据集的质量。真实数据集上的实验证明了OTDCR方法相对于其他方法在处理带有claim关系的数据上的优势。将来，我们计划对包含语义的信息(例如文本信息)进行真值发现研究。

第3章　基于图嵌入的真值推理方法研究

利用众包平台解决那些计算机难以处理的问题是一种低成本且流行的方法。由于众包工人的能力存在差异，现有研究采用聚合策略来处理不同工作者的标签，以提高众包数据的效果。然而，这些研究大多基于概率图模型，存在初始参数设置困难等问题。本章针对众包单选问题提出了一种新的基于图嵌入的众包方法TIGE。该方法借鉴图自编码器的思想，为每个众包任务构造特征向量，将众包任务与工人之间的关系嵌入到图中，然后使用图神经网络将众包问题转化为图节点预测问题，特征向量在卷积层不断优化从而得到最终结果。与真实数据集上的6种传统先进算法相比，我们的方法在准确性和$F1$分数方面具有显著优势。

3.1　概　　述

近年来，众包平台的出现给人们带来了一种新的解决问题的方式。比如全球最大的众包平台Amazon Mechanical Turk，有来自190个国家的50多万人在该平台上工作，这使得很多问题更容易得到解决。像实体解析、情感分析等计算机难以处理的问题，研究人员可以将其作为标注任务发布在众包平台上，只需支付很少的费用就可以通过众包工人来完成。然而，由于众包平台的开放性，众包工人的个人能力和任务的完成质量都难以保证。这一问题引出了从多个工人的标签推断真正的标签的核心任务。

为了解决这个问题，人们通常使用冗余的策略，即将同一个任务分配给不同的工人来完成，然后对这些工人标注的标签进行整合，从而推导出每个任务的真实标签。这就是众包标注任务中的真值推理问题。然而，对于某一众包任务，并非每个工人都是该领域的专家，工人的工作质量是多样化的，给出答案的可信度也存在很大差异。

最简单最常用的真值推理方法是多数投票，即将工人提供的标签值中占大多数的视为真值。但是，该方法有一个很严重的问题，那就是认为所有工人完成标注任务的能力相同。但是，不同众包工人的能力往往差异很大，而在完成众包任务之前，人们很难确定工人的能力。如果将一些带有标准标签选项的任务放在标注任务中来计算众包工人的质量，往往会过多地增加成本。

因为基础算法MV存在着诸多问题,一系列无监督的新的众包标注任务的真值推理方法被提出。虽然这些方法都取得了不错的效果,但它们大多数是基于概率图模型的,通过设置先验参数对不同的场景进行建模,再进行概率推理,这也导致了其计算的复杂性和场景的不普适性。典型的几种用于多类推理的算法,如经典DS、ZC和最新的Spectral DS全部基于EM算法求解的最大似然估计。这些模型仍然存在问题,如初始参数难以设置、方法普适性差、真实场景下的建模复杂度过高等。

为此,张静等人首次针对众包中单选任务提出了一种基于聚类的真值推理方法GTIC。众包标注的单选任务中,每个问题可以收到来自不同工人的答案选项,即噪声标签。GTIC将这些噪声标签当作来自不同数据源的信息,从这些噪声标签中抽取特征来描述每一个任务,然后通过这些特征发现模式,再根据这些模式来确定每个任务归属于哪一类,从而将该类的选项作为对应任务的真值。但是在这一过程中,GTIC仍没有考虑众包工人本身的可信度。

为了解决这个问题,我们提出了一种新的基于图嵌入算法的真值推理方法。该方法首次尝试将众包任务和工人之间的关系嵌入到图中,使用图神经网络来解决真值推理问题。该方法将众包任务和工人构建为图节点,将连接任务和工人的声明构建为边,优化模型计算节点的特征向量,然后通过卷积核将潜在的关系信息映射到高维特征向量,将真值推理问题转化为图神经网络的节点预测问题,再利用图卷积和图池化不断优化特征向量,最终根据任务节点的特征向量决定任务属于哪个类。与传统方法相比,该方法可以获得更准确的预测结果。

3.2 基于图神经网络的图嵌入真值推理方法研究

3.2.1 问题定义

一般众包数据集由问题、众包工人、众包工人的答案这一三元组组成。以更加一般性的词汇来描述数据集,众包问题可以被视为一类对象,众包工人是对该对象进行观测的数据源,众包工人的答案即为数据源对此对象提供的观测值。显然,每个对象与复数数据源之间存在一对多的关系,这些关系彼此间是独立且一对一的,传统的众包真值推理方法仅利用了表面关系。TIGE方法将对象与数据源之间的关系构建为图,通过卷积核将潜在的关系信息映射在高维度的特征向量中,得到比传统方法更准确的预测结果。在建图过程中,每一个众包问题都是一个独立的对象节点，并将其作为子图的核心，所有回答过此众包问题的众包工人将作为关联的数据源节点成为对象节点的复数一阶邻接点之一，每个邻接点和对象节点由一条独立的边连接。由于众包工人的答案代表了对象节点与数据源节点之间一对一的观测关系，所以可将观测值映射为边的属性并参与训练过程。

众包真值推理与图神经网络相关定义如表3.1所示。真值发现数据集$T=\{O,S,C\}$，其中，$O=\{o_1,o_2,\cdots,o_N\}$、$S=\{s_1,s_2,\cdots,s_M\}$、$C=\left\{c_{mn}\middle|\left(s_m,o_n,c_{mn}\right)\right\}$分别为对象、数据源、观测值的集合，其中三元组$\left(s_m,o_n,c_{mn}\right)$表示数据源$s_m$为对象$o_n$给出的观测值为$c_{mn}$。显然，三元组给出了对象与数据源之间存在的关系，即对任意对象$o_n\in O$，可能收到S中多个数据源给出的不同观测值。

表3.1　众包真值推理与图神经网络相关定义

符号	定义
T	众包数据集，由O，S，C组成
O	对象节点集合，元素数目等同于众包问题的数目
N	对象节点的总数
K	对象节点的类别数目，等同于众包问题答案类别数目
θ	对象节点的特征
S	数据源节点集合，元素数目等同于众包工人的数目
M	数据源节点的总数
w	数据源节点的权重
W	w的集合
C	观测值集合，即众包工人对问题给出的答案集
G	子图集合，元素数目等同于对象节点的数目
V	子图的顶点集
E	子图的边集
X	子图的特征矩阵
A	子图的邻接矩阵

3.2.2　模型框架

在训练图池化模型之前，需要对原始数据进行预处理使之满足子图构建与图池化模型的输入要求。

每个子图由子图核心对象节点、邻接数据源节点构成，如何定义对象节点的特征和数据源节点权重是重中之重。采用众包真值推理的优化模型可以计算每个众包工人的可信度，它对应每一个数据源节点的权重值；对象节点的特征则由所有邻接的数据源节点共同决定，结合数据源节点权重、数据源节点与对象节点的关系可以得到对象节点的特征。

3.3 数据源节点权重生成

数据源节点的权重值等同于众包工人的可靠性，因此数据源节点权重的生成过程就是求解众包工人可靠性的过程。

众包真值推理的基本原则：一个回答了更多正确答案的众包工人的可靠性应当更高，可靠性高的众包工人的答案更可能是正确的。根据真值推理的优化方法的基本思想，即真值更接近于可靠的工人提供的答案，而与不可靠的工人提供的答案距离更远，通过最小化真值集合与答案集合之间的总加权距离即可确定真值。我们将优化方法形式化为如下框架，迭代真值与众包工人可信度直至收敛为止：

$$\begin{aligned} &\min f(x^*, W)=\sum_{m=1}^{M}\sum_{n=1}^{N} w_m^* d\left(c_n^*, c_{mn}\right) \\ &\text{s.t.} \sum_{m=1}^{M} w_m=1, \quad 0 \leqslant w_m \leqslant 1 \end{aligned} \tag{3.1}$$

为了防止出现权重无限大的情况，设置权重值总和为1，进行归一化。函数$d\left(c_n^*, c_{mn}\right)$是损失函数，此函数表示第$n$个众包任务的真实答案$c_n^*$与第$m$个众包工人给出的答案$c_{mn}$之间的距离。距离函数有多种选择，对于连续型数据，归一化平方损失函数是更好的选择；众包领域单选问题属于分类问题，一般会选择0-1损失函数。

损失函数如公式(3.2)所示，当众包工人选择了错误答案时，d会输出距离1；众包工人回答正确时，则输出距离0。

$$d\left(c_n^*, c_{mn}\right)=\begin{cases} 0, & c_n^*=c_{mn} \\ 1, & c_n^* \neq c_{mn} \end{cases} \tag{3.2}$$

为了最小化公式(3.2)中的总加权距离函数，将所有众包工人的权重设置为同等的平均值$1/N$，以此为起点迭代执行以下两个步骤直到达到收敛次数为止（N为众包工人的数量）。

(1) 更新真值。此步骤根据众包工人的可信度与答案来确定每个众包任务的真值。具体方法是计算哪一项答案可以最小化真值集合与众包工人答案之间的总加权距离：

$$l_i^* \leftarrow \arg\min_{l} \sum_{j=1}^{N} w_j \cdot d\left(l, l_{ij}\right) \tag{3.3}$$

(2) 更新众包工人的可靠性。根据真实答案与众包工人的答案之间的差异计算可信度，这些众包工人的可信度应当使公式(3.3)中的目标函数最小化：

$$\begin{aligned} &w \leftarrow \arg\min_{w} f\left(\chi^*, w\right) \\ &\text{s.t.} \sum_{j=1}^{N} w_j=1, \quad 0<w_j<1 \end{aligned} \tag{3.4}$$

由于在上一步更新真值后，答案集和真值集都已确定，损失函数输出的距离也随之确定，由此可以得到每一个众包工人的可靠性：

$$w_j = -\ln\left(\frac{\sum_{i=1}^{M} d\left(l_i^*, l_{ij}\right)}{\sum_{j'=1}^{N}\sum_{i=1}^{M} d\left(l_i^*, l_{ij'}\right)}\right) \tag{3.5}$$

由此我们得到了众包工人的可靠性，也就是数据源节点的权重。得到数据源节点权重后，接下来着手获取对象节点的特征。对象节点的特征是对象节点的向量化表示，对对象节点的类别预测有很大影响，因此对象节点特征应该符合以下原则：能够代表对象节点属于各类别的潜在可能性；符合子图构建的输入条件。对于一个有K种答案的众包问题，对应的对象节点特征应为一个K维特征向量，每个维度的元素应能代表对象节点属于这一维度对应类别的可能性。定义θ_k^i作为节点t_i的第k维特征，θ_k^i的一般性公式如下：

$$\theta_k^i = \sum_{j \in I_k} w_j^* \tag{3.6}$$

式中，I_k表示将该任务标注为第k个类别的工人集合；θ_k可以表示为在一个任务中答案真值是类别c_k的可能性，由于每个工人都需要对该任务进行标注，根据

$$\sum_{k=1}^{K} \theta_k^i = \sum_{k=1}^{K}\sum_{j \in I_k} w_j^* = 1 \tag{3.7}$$

在计算完所有K类类别的特征值后，我们就可以得到任务t_i的特征集合$\left\{\theta_1^i, \theta_2^i, \cdots, \theta_k^i, \cdots, \theta_K^i\right\}$。

3.4　子图构建

在获得数据源节点权重并生成对象节点特征后，下面回到数据集与图的关系映射上。

真值发现数据集$T=\{O, S, C\}$，其中O、S、C分别为对象、数据源、观测值的集合。显然，三元组给出了对象与数据源之间存在的关系，对任意对象$o_n \in O$，可能收到S中多个数据源给出的不同观测值，每个观测值代表一组对象与数据源之间的一对一关系。

根据以上关系，针对每个对象构建一个“对象-数据源”关系图，如关于o_n的关系图$G_n = \left(V_n, E_n\right)$，点集$V_n = \left\{o_n, s_m \middle| \left(s_m, o_n, c_{mn}\right),\ m \in [1, M]\right\}$。在此基础上进一步考虑如何将观测值映射到$G_n$上。由于观测值$c_{mn}$仅在对象$o_n$与数据源$s_m$产生联系的情况下才会出现，因此可将其以边的标签的形式表现出来。基于以上设计，将三元组集$\left\{\left(s_m, o_n, c_{mn}\right),\ m \in [1, M]\right\}$转化为如图3.1所示的关系图$G_n$。将所有的三元组都做转化后，可以得到一个图集合$V_n = \left\{G_n = \left(V_n, E_n\right) \middle| n = 1, 2, \cdots, N\right\}$。

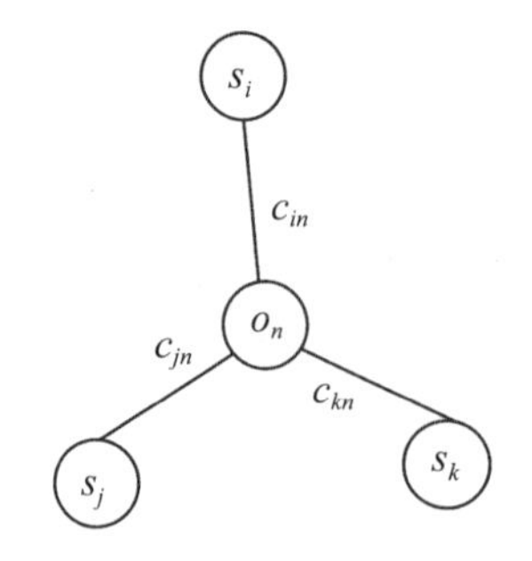

图3.1 “对象-数据源”关系图

子图构建的算法如图3.2所示。在该算法中,首先通过最优化的真值发现模型来估计每个工人的工作质量,也就是权重w_j^*;然后针对每个任务,通过公式(3.5)来获取每个类别的可信度并将每个类别的可信度,作为该类别的特征值,从而得到每个任务的特征向量。

Inputs: Crowdsourcing dataset T
Outputs: Set of graph G with feature matrices X_n
1: Initialize the reliability of each crowdsourced worker to $1/N$
2: **repeat**
3: **for** $i \leftarrow 1$ to M **do**
4: Update the truth of the i-th task according to the reliability and the answers of the workers according to Eq (2.3)
5: **end for**
6: Update the reliability of workers based on the truth x^* according to Eq (3.5)
7: **until** reaches the convergence criterion
8: Calculate the feature vectors $\vec{\beta}_n$ and $\vec{\alpha}_m$ of each node
9: Concatenate feature vectors into matrices X_n

图3.2 子图构建算法

3.5 图神经网络嵌入模型

对图集合中每个G_n,需要通过图嵌入的手段将其向量化。根据将观测值作为边标签的构图规则,可以设计一个基于图自编码器(GAE)的无监督推理模型,主要流程如图3.3所示。在GAE中,两个节点的初始特征向量$\vec{\alpha}_i$、$\vec{\alpha}_j$通过若干图卷积层的重编码操作后,获得新的特征向量$\vec{\beta}_i$和$\vec{\beta}_j$,并将$\vec{\beta}_i^{\mathrm{T}} \times \vec{\beta}_j$的结果作为两个节点间存在边的概率。具体图嵌入算法如图3.4所示,主要包括图卷积、图池化与边预测三个部分。

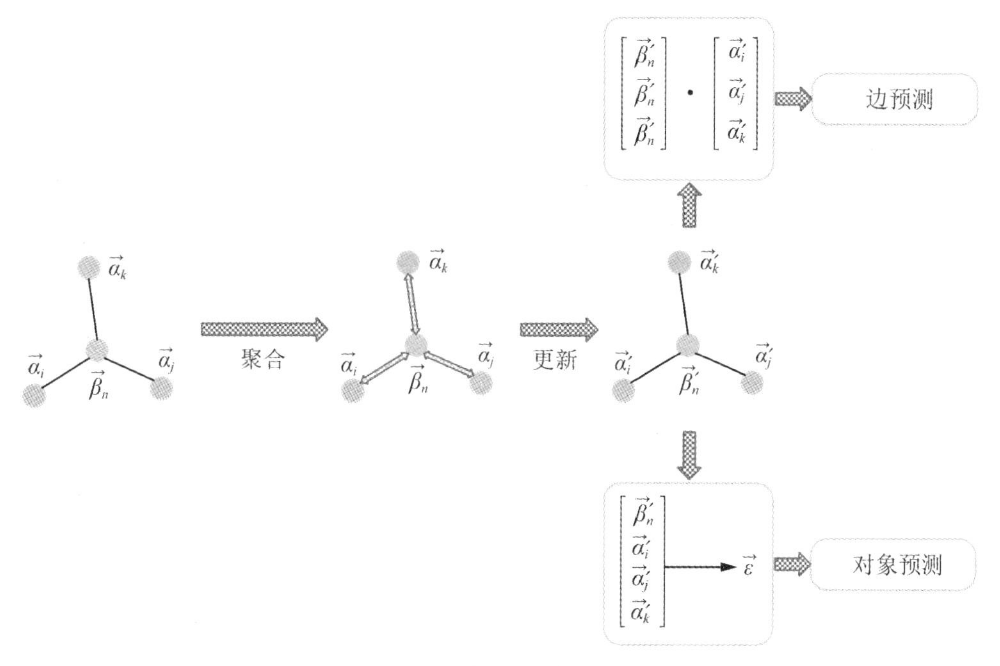

图3.3　图神经网络嵌入模型

Inputs: Set of graph $G=\{G_n=(V_n,E_n)|n=1,2,...,N\}$; The set of node feature, adjacency and degree matrix of $G=\{G_n=(X_n\widetilde{A}_n,\widetilde{D}_n)|n=1,2,...,N\}$; Convolution kernel Θ; Set of claims **C**

Outputs: Prediction class of object node t_n

1: **repeat**

2: 　**for** n←1 to N do

3: 　　$X_n' \leftarrow aggre(X_n\widetilde{A}_n,\widetilde{D}_n)$

4: 　　$H_n \leftarrow update(X_n', \Theta)$

5: 　　For edges in E_n, select the feature vector of the source nodes and object node in H_n, then divide them into two matrices H_n' and H_n''

6: 　　Use softmax($H_n' \cdot H_n''$) as prediction of edge and calculate loss with corresponding claim in **C**

6: 　　Backpropagate the loss to the model to optimize the Θ parameter

7: 　end for

8: 　Take $max\_pool(\{H_1, H_2, ..., H_N\})$ as the prediction result of the object

10: 　Update the feature matrices of all nodes with $\{H_1, H_2, ..., H_N\}$

11: **until** reaches the convergence criterion

12: Get the truth of each graph through (2.13)

图3.4　图嵌入算法

1. 图卷积

图卷积操作主要分为聚合(aggregate)与更新(update)两个步骤。对图G_n中任意节点$v_i \in V_n$的聚合操作可定义为

$$\vec{h}_i = x_i + \sum_{v_j \in neighbor(v_i)} \vec{x}_j \tag{3.8}$$

即对 v_i 与其所有邻接点的特征向量求和，则 G_n 中所有节点各自做聚合操作后的结果就是

$$\left(\vec{h}_1, \vec{h}_2, \cdots, \vec{h}_i, \cdots\right)^{\mathrm{T}} = \widetilde{A}_n X_n \tag{3.9}$$

式中，$\widetilde{A}_n$ 和 X_n 分别为 G_n 中带自环的邻接矩阵与节点特征矩阵。

通常在对 G_n 做聚合的过程中还需要考虑每个节点度数的分布，因此需要对邻接矩阵进行归一化处理，则最终的聚合函数可表示为

$$aggre\left(X_n, \widetilde{A}_n, \widetilde{D}_n\right) = \widetilde{D}_n^{-0.5} \widetilde{A}_n \widetilde{D}_n^{-0.5} X_n \tag{3.10}$$

式中，$\widetilde{D}_n$ 为 G_n 中带自环的度矩阵。

然后，需要用一个投影矩阵对聚合结果做高维度映射，以便提取深度的关系信息，并将其作为更新的节点特征矩阵参与下一次聚合操作。具体的更新操作为

$$update(X_n', \Theta) = \sigma(X_n' \Theta') \tag{3.11}$$

X_n' 是根据公式(3.10)获得的矩阵；σ 为激活函数，一般使用ReLU；卷积核 Θ 为投影矩阵，我们将通过训练 Θ 参数使模型的预测结果更接近真实值。

2. 边预测

相较于GAE中判断两点之间是否有边的二分类模式，真值发现中可能存在多分类情况，因此需要将边预测扩展到向量级别。通过调整卷积核Θ的大小，获取特定维度的特征向量，可获得对应边的预测标签。例如对于节点 v_i、v_j，通过图卷积得到的特征向量 $\vec{\beta}_i$ 与 $\vec{\beta}_i$，将 $softa\max\left(\vec{\beta}_i \cdot \vec{\beta}_j\right)$ 作为边预测结果，并参与模型训练。

3. 图池化

该部分主要处理图卷积后的节点特征向量。根据建图的思想，对象 O_n 与图 G_n 一一对应，因此还需要将 G_n 的节点特征矩阵映射到一个图级别的向量，并将其作为对象最终的特征向量参与真值预测。使用图池化操作，选择 G_n 中所有节点特征向量各维度上的最大值，组成新的特征向量，将其通过激活函数处理后作为对象的预测值。图池化过程公式为

$$max\_pool(X_n) = \max_{j=1,2,\cdots,K} X_n^{(j)} \tag{3.12}$$

式中，$X_n^{(j)}$ 表示矩阵 X_n 的第 j 维。

经过图池化过程，我们得到最终的特征向量 $\left\{\varepsilon_1, \varepsilon_2, \cdots, \varepsilon_n\right\}$，预测结果为

$$t_n = \arg\max_n \left\{\varepsilon_n\right\} \tag{3.13}$$

3.6　实验与分析

为了展示TIGE算法的优越性，下面将其与几个现有的最先进的众包真值推理算法进行比较。首先介绍实验中使用的数据集，然后列出比较算法，说明实验结果的度量和一些细节，最后对实验结果进行分析和总结。

3.6.1　数据集及评估标准

本实验使用的数据集是随机选取的6个众包标注任务的数据集。下面分别对这些数据集进行介绍。

1. Duck数据集

该数据集是决策型任务的数据集，每个任务包含一张图片，众包工人根据图片信息判断其中是否包含鸭子，从而选择"T"或"F"。

2. Trec2010数据集

该数据集为众包标注者提供了预先设定的专门的评价界面和相关主题的描述信息，众包工人判断页面文档之间的相关性，有"高度相关""相关""不相关"3个选项。该数据集共有3267个任务，722个众包工人提供了18475个标签。

3. Face Sentiment Identification(FSI)数据集

这项任务是识别一个特定的面部图像的情绪，有"中性的""高兴的""悲伤的""生气的"4个选项。该数据集共有584个任务，5242个标签答案。

4. Product数据集

该数据集的每个任务包含两个产品的描述，每个工人对这两个产品是否为同一产品进行判断，选择"T"或者"F"。该数据集共有8135个任务，其中有1101个任务有标准答案。

5. Valence7数据集

该数据集是张静等人从Valence数据集中划分出来的。Valence数据集是新闻标题的情感标注任务，每个标注者需要对每个新闻标题给出[-100,100]的评分。张静等人将这个评分区间等分成7个更细额情感类别，分别是strong negative，negative，weak negative，neutral，weak positive，positive，strong positive。该数据集共有100个任务和1000个标签，由10个标注者标注。

6. Valence5数据集

该数据集同样是张静等人从Valence数据集中划分出来的，与Valence7数据集不同的是评分区间被分为5个情感类别而不是7个。

这些数据集的详细信息如表3.2所示。

表3.2　6个真实世界众包数据集

数据集	classes	tasks	workers	labels	labels/tasks
Duck	2	108	39	4212	39.0
Trec2010	3	3267	722	18475	5.65
Valence5	5	100	38	1000	10.0
Valence7	7	100	38	1000	10.0
FSI	4	584	27	5242	8.98
Product	2	8315	176	24945	3.0

由于研究的众包任务主要是单项选择任务，因此准确率是分类算法最常见和最有效的指标。然而，仅以准确率作为度量标准并不能很好地衡量算法的真实水平，当数据异常不平衡时，准确率的缺陷尤为显著。比如产品数据集中的8315个任务中只有1101个是“T”，任何算法都可以通过对所有任务回答“F”来获得86.76%的准确率，这不是我们想要的结果。在这种情况下需要引入另一个常用的度量标准$F1$，它是精确度和召回率的调和平均值，回到上面提到的例子，如果一个算法简单地回答“F”，虽然它可以获得很高的准确率，但它的$F1$将为0。$F1$用于决策任务，它的变种*weighted*-$F1$适用于单项选择任务。得到每个类别的$F1$值后，可以计算*weighted*-$F1$值来反映算法的有效性。

3.6.2　对比算法

为了证明算法的有效性，下面将该方法与以下算法进行性能比较。

1. MV

无论是真值发现还是众包真值推理，多数投票都是最简单最快速得出真值的有效办法。

2. PM

它是由Li等人提出的基于最优化的真值发现模型，该算法的主要思想是通过最小化所有标签与估计真值之间的总加权距离，来使估计真值在分布上更接近于真值，从而推断出每个数据源的权重并估计真值。

3. CATD

CATD同样也是基于优化的模型，它除了考虑可靠性之外，还考虑了工人的置信度。它使用卡方分布将工人回答的问题数量的置信区间设为 95% 作为工人的信心,并随着回答问题数量的增加而增加。

4. ZenCrowd

ZenCrowd是由Gianluca等人在2012年的www会议上发表的利用概率推理和众包技术进行大规模实体链接的算法。该算法是基于概率图模型的众包真值推理算法,概率图模型包含众包工人的质量、任务的真值和工人为任务提供的标签。ZenCrowd算法推导出了它们的似然函数,并通过EM算法进行求解。

5. GLAD

GLAD算法是ZenCrowd算法的一种扩展,与ZenCrowd算法不同的是,它并不假定每一个任务都是相同的。为此,该算法为每一个任务的困难程度进行建模。

6. GTIC

它是由张静等人提出的基于聚类的真值推理算法,与传统的基于概率图方法的区别是,它无需设置复杂的参数,更具有通用性。

3.6.3 实验结果分析

TIGE算法与以上提到的算法进行比较的实验结果如下:

1. 精确度

精确度测试结果如表3.3所示。经过对数据集和平均结果进行分析,得出了以下结论:TIGE方法在一半的数据集上取得了最好的结果,在Valence5、Valence7和Trec2010数据集上的优越性使得平均精确度远远超过其他方法。虽然MV算法在任何数据集上都没有取得最好的结果,但也不是最差的结果,它在所有数据集上的效果都处于中等水平。PM和CATD是基于优化模型的算法。PM作为通用算法,它的平均精确度排名第二;CATD尽管使用了额外的置信度,但仅在2个数据集上超过了MV,其平均精确度甚至不如MV。ZenCrowd和GLAD是基于概率图形模型的算法。ZenCrowd在不同数据集上的效果相对较差。它仅在Product数据集上击败了MV,而且它的平均精确度是最低的。ZenCrowd的扩展算法GLAD在每个数据集上的精确度与MV基本相同。GTIC作为一种新颖的基于聚类的算法,在除**Product**外的其他数据集上表现良好,在**Product**数据集上的表现相当糟糕,导致其平均效果最终排名第三。

表3.3 6个不同方法的精确度对比

数据集	MV	PM	CATD	GLAD	ZenCrowd	GTIC	TIGE
Duck	0.7593	0.7870	0.7778	0.7593	0.7222	0.8055	0.7870
Trec2010	0.4597	0.4946	0.4212	0.4463	0.4025	0.4787	0.5323

续表

数据集	MV	PM	CATD	GLAD	ZenCrowd	GTIC	TIGE
Valence5	0.3300	0.3400	0.3300	0.3300	0.3200	0.4800	0.5400
Valence7	0.2100	0.2400	0.1600	0.2000	0.1800	0.2800	0.4100
FSI	0.6387	0.5976	0.6164	0.6284	0.6284	0.6524	0.6061
Product	0.8966	0.8981	0.9266	0.9224	0.9280	0.6469	0.8784
平均值	0.5491	0.5596	0.5387	0.5477	0.5302	0.5573	0.6256

2. 加权 $F1$ 分数

加权$F1$分数的实验结果如表3.4所示。基于概率图模型的方法在加权$F1$分数上表现不佳，ZenCrowd和GLAD算法在任何数据集上都没有取得最好结果。ZenCrowd的平均结果仍然是最差的，在精确度上与MV区别很小的GLAD在加权$F1$分数上与MV的差距变大了很多。CATD的效果也很差，平均成绩只比ZenCrowd好一点。TIGE、GTIC、PM表现出更强的不平衡数据处理能力。在平均结果方面，TIGE略微领先其他两种算法，GTIC和PM也表现出很强的稳定性。值得注意的是，GTIC算法在4个数据集上均领先，说明聚类算法在处理不平衡数据方面具有一定潜力，但在产品数据集上的糟糕表现降低了其平均效果，说明该算法的稳定性不如TIGE和PM。

3. 运行时间

最后，我们简单分析一下时间结果。大部分算法在1 s内完成，MV、PM、ZenCrowd和GTIC的平均运行时间分别为0.04 s、0.38 s、0.77 s和0.80 s。CATD因为额外的计算置信度需要几秒，GLAD需要计算梯度，其成本非常昂贵，平均时间接近900 s。TIGE方法在平均精确度和平均$F1$值上都取得了最好的结果，由于图神经网络需要进行大规模的矩阵运算，平均需要40 s来计算。

表3.4　6个不同方法的$F1$值对比

数据集	MV	PM	CATD	GLAD	ZenCrowd	GTIC	TIGE
Duck	0.7493	0.7773	0.7667	0.7392	06913	0.8078	0.7778
Trec2010	0.4716	0.5058	0.4248	0.4569	0.3932	0.4709	0.4554
Valence5	0.2659	0.2950	0.2010	0.2564	0.2225	0.4758	0.3845
Valence7	0.1763	0.2223	0.0575	0.1395	0.1211	0.2912	0.2736
FSI	0.6199	0.5779	0.5934	0.6090	0.6096	0.6636	0.5878
Product	0.8982	0.8994	0.9225	0.9127	0.9206	0.5850	0.8225
平均值	0.5302	0.5463	0.4943	0.5190	0.4931	0.5491	0.5503

小　　结

本章提出了一种基于标签可信度的众包真值推理方法。随着众包平台的兴起,研究人员逐渐将研究的难点通过众包平台借助廉价的众包工人来完成。对于众包标注任务,由于工人工作能力的不同,由不同工人标注的任务标签经常会出现冲突,如何找出真值标签成为众包聚合的关键问题之一。传统的方法大多是基于概率图模型的真值推理,其建模的复杂性、参数的设定、求解的难度以及不同场景的不稳定性,都约束此类真值推理算法的大规模应用。本章提出的基于标签可信度聚类的真值推理方法,将收到的标签可信度作为每个任务的特征值,通过聚类的方法发现每一簇中的特征模式,并将其对应到相应的类别标签中,从而得到每个任务的真实标签。TIGE方法无需设置先验参数,运行速度较快,在好几个真实数据集上都比传统的真值推理算法有更好的效果,说明该算法具有优越性。

第4章　基于Kullback-Leibler散度的高斯模型多变量时间序列分类

当数据被赋予时间属性或顺序属性时,数据分类问题就变成了时间序列分类问题,而多变量时间序列(MTS)分类是机器学习和数据挖掘领域中一个重要且有趣的研究方向。本章提出了一种基于模型分类的新方法,即基于Kullback-Leibler散度的高斯模型分类(Kullback-Leibler Divergence-based Gaussian Model Classification, KLD-GMC)。KLD-GMC将原始多变量时间序列数据转化为多变量高斯模型的两个重要参数——均值和逆协方差。为了使Kullback-Leibler散度适应时间序列分类问题,首先用一般均值求解方法获得每个子序列的均值;然后用Graphical Lasso求解每个子序列的稀疏逆协方差。由于Kullback-Leibler散度能够有效描述不同分布之间的相似性,因此,可用其作为各子序列之间的相似性度量,以实现测试样本的分类。

4.1　概　　述

随着物联网、大数据和人工智能技术的发展,时间序列数据呈现爆发式的增长,这使得时间序列分类(TSC)成为机器学习和数据挖掘领域中最具挑战性的问题之一。从本质上来说,当数据具有时间属性或顺序属性时,任何分类问题都可以转换为TSC问题。TSC被广泛应用于食品安全、疾病诊断、人类活动识别、声学场景分类以及网络安全等领域。

早期研究人员主要针对单变量时间序列(Univariate Time Series,UTS)进行分类,目前至少有数百篇关于该主题的论文出现在相关文献中。由于UTS是关于一个变量的数据,仅描述了对象的一个方面,并且无法满足大部分应用领域,因此,近期研究人员更加关注多变量时间序列(Multivariate Time Series,MTS)分类。MTS是对多个变量在一段时间内按照一定频率采样的一组有序观测值。MTS可以被视为多个UTS的集合。但是,如果MTS实例被分解为多个UTS,则变量之间的相关性将丢失。MTS样本的属性之间的关系复杂且随时间变化,这也是使MTS分类更具挑战性的原因。

MTS分类方法可以分为四类:基于距离的方法、基于特征的方法、基于深度学习的方法和基于模型的方法。基于距离的方法根据测试样本与训练样本的相似性来预测测试样本。

基于特征的方法依赖于从原始MTS数据中提取特征，在时间特征上构建模型。基于深度学习的方法通过构造神经网络结构自动学习样本的特征来实现分类。基于模型的方法将原始MTS样本转换成模型参数，从而得到相应的模型用于分类。基于模型的方法利用了数据统计学上的特性，比前三类方法更具信息性和可解释性，所以越来越受研究人员的重视。本章主要研究基于模型的MTS分类方法，旨在提出一种精确的MTS分类方法，该种方法可以标记具有可变长度和相位的多变量时间序列。

KLD-GMC假设MTS数据服从高斯分布，明确定义用于分类的模型为多变量高斯模型，再求解模型参数用于MTS分类。从本质上讲，这些模型参数就是用于判别时间序列的特征。

KLD-GMC用于判别MTS特征的模型参数是均值和稀疏逆协方差，两者构成了多变量高斯模型。相比较而言，稀疏逆协方差参数比均值参数更为重要。一方面，逆协方差参数将MTS映射到一个与序列长度无关的固定大小的向量空间中；稀疏的图形表示是防止过度拟合的有用方法；稀疏逆协方差显示了变量之间的条件独立结构，这为分类结果提供了可解释的见解。另一方面，相比于其他分类算法，基于模型的方法非常适合处理MTS高维样本，样本维数越高，稀疏逆协方差表征样本的能力越强。通过在多个MTS数据集上进行的比较实验，以及与最新方法的比较，验证了KLD-GMC方法的有效性。

图4.1所示为KLD-GMC方法的研究原理图。表4.1所示为一些符号的定义说明。

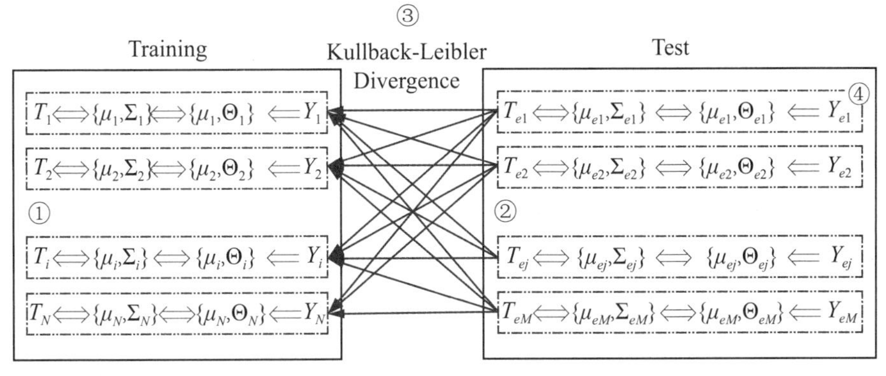

图4.1 KLD-GMC方法研究原理图

基于Kullback-Leibler散度的高斯模型分类首先将MTS的训练样本转换为多变量高斯模型的参数——均值和逆协方差；其次应用Graphical Lasso对每个逆协方差进行稀疏化求解，得到稀疏逆协方差；然后，将MTS的测试样本也转换为多变量高斯模型的参数——均值和稀疏逆协方差，利用均值和稀疏逆协方差计算每个测试子序列与训练子序列之间的Kullback-Leibler散度；最后，利用Kullback-Leibler散度得到的相似性度量对每个测试子序列进行分类。

表4.1 KLD-GMC方法符号定义

符号	定义
T_i	表示第 i 个训练集子序列样本，$i\in[1,N]$，共有 N 个训练子序列
μ_i	表示第 i 个训练集子序列的均值
Σ_i	表示第 i 个训练集子序列的协方差
Θ_i	表示第 i 个训练集子序列的稀疏逆协方差，为 $D\times D$ 维的矩阵
Y_i	表示第 i 个训练集子序列的类别标签
T_{ej}	表示第 j 个测试集子序列样本，$j\in[1,M]$，共有 M 个训练子序列
μ_{ej}	表示第 j 个测试集子序列的均值
Σ_{ej}	表示第 j 个测试集子序列的协方差
Θ_{ej}	表示第 j 个测试集子序列的稀疏逆协方差，为 $D\times D$ 维的矩阵
$Y_?$	表示某一个类标签
D	时间序列变量个数(维数，属性数)

4.2 Kullback-Leibler散度介绍

Kullback-Leibler散度(Kullback-Leibler Divergence，KLD)，也称为相对熵(Relative Entropy)，用来量化两个概率分布之间的差异，能有效描述不同分布之间的相似性，利用这种相似性度量可以实现对数据的聚类和分类。

假设统计模型P_1和P_2分别表示两个N维概率分布函数，这两个模型之间的KLD在离散和连续随机变量的情形下分别定义为

$$KL(P_1\|P_2)=\sum_{x\in X}P_1(x)\ln\frac{P_1(x)}{P_2(x)} \tag{4.1}$$

$$KL(P_1\|P_2)=\int_{x\in X}P_1(x)\ln\frac{P_1(x)}{P_2(x)}\mathrm{d}x \tag{4.2}$$

上式的物理意义是：在给定参照统计模型的条件下，计算统计模型与它之间的差异程度。

Kullback-Leibler散度具有非负性及不对称性。以式(4.2)为例，由于对数函数是凸函数，所以根据相对熵以及吉布斯不等式的定义有

$$\begin{aligned}KL(P_1\|P_2)&=\int_{x\in X}P_1(x)\ln\frac{P_1(x)}{P_2(x)}\mathrm{d}x\\&=\int_{x\in X}-\ln\frac{P_2(x)}{P_1(x)}P_1(x)\mathrm{d}x\end{aligned}$$

$$
\begin{aligned}
&\geqslant -\ln \int_{x\in X} \frac{P_2(x)}{P_1(x)} P_1(x)\mathrm{d}x \\
&= -\ln \int_{x\in X} P_2(x)\mathrm{d}x \\
&= -\ln 1 \\
&= 0
\end{aligned}
\tag{4.3}
$$

因此，Kullback-Leibler散度具有非负性。同时，Kullback-Leibler散度具有不对称性，Kullback-Leibler散度是两个概率分布的不对称性度量，即

$$
KL(P\|Q) \neq KL(Q\|P) \tag{4.4}
$$

在优化问题中，若P表示随机变量的真实分布，Q表示理论或拟合分布，则$KL(P\|Q)$被称为前向KL散度(Forward KL Divergence)，$KL(Q\|P)$被称为后向KL散度(Backward KL Divergence)。在前向KL散度中拟合分布是KL散度公式的分母，因此在随机变量的某个取值范围中，若拟合分布的取值趋于0，则此时KL散度的取值趋于无穷。因此使用前向KL散度最小化拟合分布和真实分布的距离时，拟合分布趋向于覆盖理论分布的所有范围。前向KL散度的上述性质被称为“0避免”。相反地，当使用后向KL散度求解拟合分布时，由于拟合分布是分子，其0值不影响KL散度的积分，反而是有利的，因此后向KL散度是“0趋近”的。KLD-GMC采用的是后向KL散度，在理论上更合理，实验也证明采用后向KL散度结果更好。

4.3　基于Kullback-Leibler散度的多变量高斯模型计算

由于时间序列数据是离散的，下面计算在离散情况下的多变量高斯模型之间的Kullback-Leibler散度。

给定两个子序列T_1和T_2，假设T_1和T_2的概率分布分别为P_1和P_2，其对应的高斯模型参数分别为$\{\mu_1, \Sigma_1\}$和$\{\mu_2, \Sigma_2\}$，对应的稀疏逆协方差分别为Θ_1和Θ_2。则多变量高斯分布之间的Kullback-Leibler散度计算公式为

$$
D_{KL}(P_1 \| P_2) = \frac{1}{2}\left[\ln\frac{|\Sigma_2|}{|\Sigma_1|} - n + \mathrm{tr}(\Sigma_2^{-1}\Sigma_1) + (\mu_2-\mu_1)^{\mathrm{T}}\Sigma_2^{-1}(\mu_2-\mu_1)\right] \tag{4.5}
$$

利用公式(4.5)可以计算每个测试子序列与每个训练子序列之间的Kullback-Leibler散度，来表示每个测试子序列与每个训练子序列之间的差异度，从而对每个测试子序列进行分类。

4.4 基于Kullback-Leibler散度的多变量高斯模型多变量时间序列算法描述

表4.2说明了一些符号的定义，以方便算法描述。

表4.2 相关符号定义

符号	定义
T	a subsequence of MTS
$mean$	the empirical mean of T
S	the empirical covariance of T
Θ	the sparse inverse covariance of T
$Train\_X$	the training set of MTS, $Train\_X=\{Train\_X_1, \cdots, Train\_X_i, \cdots, Train\_X_n\}$
$Train\_Y$	the labels corresponding to $Train\_X$, $Train\_Y=\{Train\_Y_1, \cdots, Train\_Y_i, \cdots, Train\_Y_n\}$
$Test\_X$	the test set of MTS, $Test\_X=\{Test\_X_1, \cdots, Test\_X_j, \cdots, Test\_X_m\}$
$Test\_Y$	the labels corresponding to $Test\_X$, $Test\_Y=\{Test\_Y_1, \cdots, Test\_Y_j, \cdots, Test\_Y_m\}$
$Train\_mean$	the empirical mean of each subsequence in training set, $Train\_mean=\{Train\_mean_1, \cdots, Train\_mean_i, \cdots, Train\_mean_n\}$
$Test\_mean$	the empirical mean of each subsequence in test set, $Test\_mean=\{Test\_mean_1, \cdots, Test\_mean_j, \cdots, Test\_mean_m\}$
$Train\_\Theta$	the sparse inverse covariance of each subsequence in training set, $Train\_\Theta=\{Train\_\Theta_1, \cdots, Train\_\Theta_i, \cdots, Train\_\Theta_n\}$
$Test\_\Theta$	the sparse inverse covariance of each subsequence in test set, $Test\_\Theta=\{Test\_\Theta_1, \cdots, Test\_\Theta_j, \cdots, Test\_\Theta_m\}$
$results$	the predicted classification results of $Test\_X$
d	the dimension of MTS
k	the hyperparameter of KNN classifier

对数据集中的一个样本子序列求解一个逆协方差，用该逆协方差和均值对应的多变量高斯模型表示该子序列。

如图4.2所示，S是求解得到的经验协方差矩阵，λ为控制惩罚函数大小的超参数，$Graphical\ Lasso(S, \lambda)$函数用于求解稀疏逆协方差，$mean()$是计算均值的函数，$cov()$为计算协方差的函数。

Input: The multivariate time series dataset T and sparseness parameter λ

Output: Θ and *mean*

1. Initializing *mean* be a $1 \times d$ zero matrix
2. $mean \leftarrow mean(T)$
3. $S \leftarrow \mathrm{cov}(T)$
4. $\Theta \leftarrow Graphical\ Lasso(S, \lambda)$

图4.2 求解稀疏逆协方差算法

对训练集和测试集中的每个样本进行求解，得到每个样本的逆协方差和均值，从而构造多变量高斯模型。然后使用Kullback-Leibler散度作为相似性度量，并采用KNN分类器对测试集的样本子序列进行分类。KNN分类器的思路是：如果一个样本在特征空间中的k个最相似(即特征空间中最邻近)的样本中的大多数属于某一个类别，则该样本也属于这个类别。由于KNN方法主要靠周围有限的邻近的样本，而不是靠判别类域的方法来确定所属类别，因此对于类域的交叉或重叠较多的待分样类本集来说，KNN方法较其他方法更为适合。因此，使用多变量高斯模型之间的KL散度公式(4.5)可得到每个测试样本与每个训练样本之间的差异度，然后使用KNN分类器为每个测试样本选择出它所属的类别。其求解算法如图4.3所示。

Input: $Train\_X = \{Train\_X_1, Train\_X_2, \cdots, Train\_X_n\}$ $Train\_Y = \{Train\_Y_1, Train\_Y_2, \cdots, Train\_Y_n\}$, $Test\_X = \{Test\_X_1, Test\_X_2, \cdots, Test\_X_m\}$, and k

Output: results

1. for $i = 1$ to n do
2. $(Train\_\Theta_i, Train\_mean_i) \leftarrow Solving\_Inverse\_covariance\_matrix(Train\_X_i)$
3. by using Algorithm 1
4. end
5. for $j = 1$ to m do
6. $(Test\_\Theta_j, Test\_mean_j) \leftarrow Solving\_Inverse\_covariance\_matrix(Test\_X_j)$
7. by using Algorithm 1
8. end
9. Let KL be a $m \times n$ matrix
10. for $j = 1$ to m do
11. for $i = 1$ to n do
12. $KL_{j,i} \leftarrow KLD(Test\_\Theta_j, Test\_means_j, Train\_\Theta_i, Train\_means_i)$
13. by using equation (4.5)
14. end
15. end
16. *result* be a $m \times 1$ vector
17. for $j = 1$ to m do
18. $result_j \leftarrow KNN(KL_j, k)$ by using KNN classifier
19. $result \leftarrow result \cup result_j$
20. end

图4.3 KNN分类算法

4.5 实验与分析

本节将KLD-GMC方法与这些数据集上最显先进的方法进行对比,通过实验分析该方法的性能,说明该方法所适合的应用场景。所有实验均在Pycharm 2018.3.2(Community Edition)上运行,使用Intel(R) Xeon(R) CPU E5-2620 @ 2.00 GHz CPU、64 GB RAM和Ubuntu 16.04操作系统的计算机,实验具有可复现性。

从UCI机器学习库、Robert T. Olszewski的主页和CMU的Graphics Lab Motion Capture Database中选择了7个真实数据集,如表4.3所示。

UCI机器学习库提供了2个数据集,即日语元音(JapaneseVowels)数据集角色轨迹(CharacterTrajectories)数据集。日语元音数据集收集了九名男性连续发出的两个日语元音/ae/。对于每个话语,应用12度线性预测分析以获得具有12个LPC倒谱系数的离散时间序列。这意味着说话者的一个话语形成的时间序列的长度在7~29的范围内,并且时间序列的每个点具有12个特征(12个系数)。时间序列的总数为640,其中的270个时间序列作为训练集,370个时间序列作为测试集。角色轨迹数据集由2858个字符样本组成,使用WACOM平板电脑捕获数据。每个字符样本是三维笔尖速度轨迹。数据集中记录了坐标信息(x,y)、笔尖力三个属性。角色轨道数据集中有20个类,每个样本的长度从109到205不等。

Robert T. Olszewski的主页提供了Wafer和ECG两个数据集。Wafer数据集收集在半导体微电子制造过程中由六个真空室传感器记录的测量序列。每个Wafer都有指定的正常或异常类别。异常Wafer代表半导体制造过程中常遇到的一系列问题。该数据库有327个MTS实例,其中200个样本正常,127个样本异常。MTS样本的长度在104到198之间。ECG数据集收集心跳期间两个电极记录的测量序列。ECG数据集中有正常和异常两类数据。所有异常心跳都代表称为室上性早搏的心脏病理学。ECG数据集包含200个MTS样本,其中133个样本正常,67个样本异常。MTS样本的长度在39到152之间。

CMU (2012)建立了一个Graphics Lab Motion Capture Database,我们从中选择WalkvsRun数据集、KickvsPunch数据集和CMUsubject16数据集用于实验。

表4.3　多元时间序列分类数据集及其特征

名称	属性	类	长度	实例	训练集	测试集
JapaneseVowels	12	9	7~29	640	270	370
CharacterTrajectories	3	20	109~205	2858	300	2558
ECG	2	2	39~152	200	100	100
Wafer	6	2	104~198	1194	298	896
CMUsubject16	62	2	127~580	58	29	29

续表

名称	属性	类	长度	实例	训练集	测试集
KickvsPunch	62	2	274～841	26	16	10
WalkvsRun	62	2	128～1918	44	28	16

针对上述7个数据集，我们将所提出的算法与一些目前最先进的MTS分类算法和常见MTS分类方法进行对比，其中包括2种基于距离的方法：EDTW、LBM；2种基于特征的方法：2dSVD、LPP；1种基于模型的方法：IHMM-B；7种基于深度学习的方法：MLP、Encoder、MCNN、t-LeNet、MCDCNN、Time-CNN、TWIESN。

表4.4　与基于距离的方法比较

数据集	KLD-GMC	EDTW	LBM
JapaneseVowels	0.981	0.963	0.919
CharacterTrajectories	0.884	0.956	0.857
ECG	0.82	0.825	0.690
Wafer	0.96	0.984	0.936

表4.5　与基于特征的方法比较

数据集	KLD-GMC	2dSVD	LPP
JapaneseVowels	0.981	0.954	0.935
ECG	0.82	0.731	0.710
Wafer	0.96	0.986	0.993

表4.6　与基于深度学习的方法比较

数据集	KLD-GMC	MLP	Encoder	MCNN	t-LeNet	MCDCNN	Time-CNN	TWIESN
JapaneseVowels	0.981	0.972	0.976	0.092	0.238	0.944	0.956	0.965
CharacterTrajectories	0.884	0.969	0.971	0.054	0.067	0.938	0.96	0.92
ECG	0.82	0.748	0.872	0.67	0.67	0.5	0.841	0.737
Wafer	0.96	0.894	0.986	0.894	0.894	0.658	0.948	0.949
CMUsubject16	1	0.6	0.983	0.531	0.51	0.514	0.976	0.893
KickvsPunch	0.7	0.61	0.61	0.54	0.5	0.56	0.62	0.67
WalkvsRun	1	0.7	1	0.75	0.6	0.45	1	0.944

表4.7　与基于模型的方法比较

数据集	KLD-GMC	IHMM-B
JapaneseVowels	0.981	0.923

表4.4、表4.5、表4.6、表4.7分别列出了KLD-GMC与不同类型方法进行对比的实验结

果，评价标准为精确度。根据EDTW、LBM的实验结果，2dSVD、LPP的实验结果，MLP、Encoder、MCNN、t-LeNet、MCDCNN、Time-CNN、TWIESN的实验结果，可以看出，KLD-GMC方法在大部分数据集上都取得了较好的结果。

通过表4.4，我们能得到一些有趣的结论。第一，KLD-GMC方法在变量较多的数据集上表现很好，甚至在部分数据集上取得了最好的效果，如在JapaneseVowels、CMUsubject16、KickvsPunch、WalkvsRun数据集上时。造成这种现象的原因很明显：KLD-GMC方法通过计算MTS样本的均值和逆协方差，将MTS样本转换为多为变量高斯模型的参数，从而可以构造多变量高斯模型。其中，最重要的参数逆协方差能够很好地度量样本中变量与变量之间的关系，所以样本的变量越多，逆协方差越能获取更多的信息，所构造的多变量高斯模型也就能更好地表征样本，从而取得更好的效果。第二，KLD-GMC方法不是非常善于处理异常数据，在部分数据集上不能达到所有方法中最好的性能。一般来说，一个类中的数据点分布比较集中，但是现实环境中存在着一个类的异常点可能更接近于另一个类的情况。所以通过计算测试样本和每个训练样本之间的KL散度来判断它们之间的差异度大小，如果使用最小分类器的话，异常点会极大地影响结果。于是我们选择使用KNN分类器，实验证明KNN分类器确实能提升效果。第三，KLD-GMC方法和目前效果非常好的基于神经网络的方法对比，不仅在效果上能超过大部分方法，并且更具有可解释性。另外，在小样本数据集的情况下，基于神经网络的方法没有足够的数据，可能无法很好地训练模型。而由于KLD-GMC方法主要考虑的是如何更好地表征数据本身，直指数据本身的特性——多变量之间的关系，没有训练模型的过程，也不存在过拟合的情况，不受训练数据集大小的影响，能够保持较好的效果。所以，KLD-GMC方法非常适用于多变量的情况，如食品安全大数据中的多源数据等。

4.6 时间复杂性分析

本章所提算法主要由两大部分组成，第一部分是使用Graphical Lasso求解训练集和测试集所有子序列的稀疏逆协方差；第二部分是计算每个测试样本与每个训练样本之间的Kullback-Leibler散度，将Kullback-Leibler散度作为相似度度量，采用KNN分类器对测试样本进行分类。同样地，算法复杂度也主要由这两部分构成，因此，分析这两部分即可得出算法的时间复杂度。

第一部分使用Graphical Lasso求解稀疏逆协方差。稀疏逆协方差的时间复杂度为$O(K \cdot D^3)$，其中K为最大迭代次数，实际逆协方差达到稀疏条件时的迭代次数小于K，D为时间序列中多变量的个数（维度）。因此，第一部分整体的时间复杂度为$O\left[(M+N) \cdot K \cdot D^3\right]$。$N$为MTS训练集的样本数量，$M$为MTS测试集的样本数量。

第二部分是计算每个测试样本与每个训练样本之间的Kullback-Leibler散度，将Kullback-Leibler散度作为相似度度量，使用KNN分类器对测试样本进行分类。其中，一个测试样本与一个训练样本之间Kullback-Leibler散度的时间复杂度为$O(D^3)$，其中D为时间序列中多变量的个数(维度)。所以，第二部分整体的时间复杂度为$O(M\cdot N\cdot D^3)$。

因此，我们所提算法总的时间复杂度为$O\left[(M+N)\cdot K\cdot D^3\right]+O(M\cdot N\cdot D^3)$。

4.7　参数对性能的影响

在KLD-GMC方法中，有两个参数可能对MTS分类性能有影响：第一个是控制惩罚函数大小的超参数λ，第二个是KNN分类器中K的选择。图4.4以JapaneseVowels数据集为例，描述了在不同大小的λ下，分类结果的准确度随K值变化的曲线。λ会控制惩罚函数大小。图4.5描述了在K值固定的情况下($K=6$)分类结果的准确度随λ值变化的曲线。

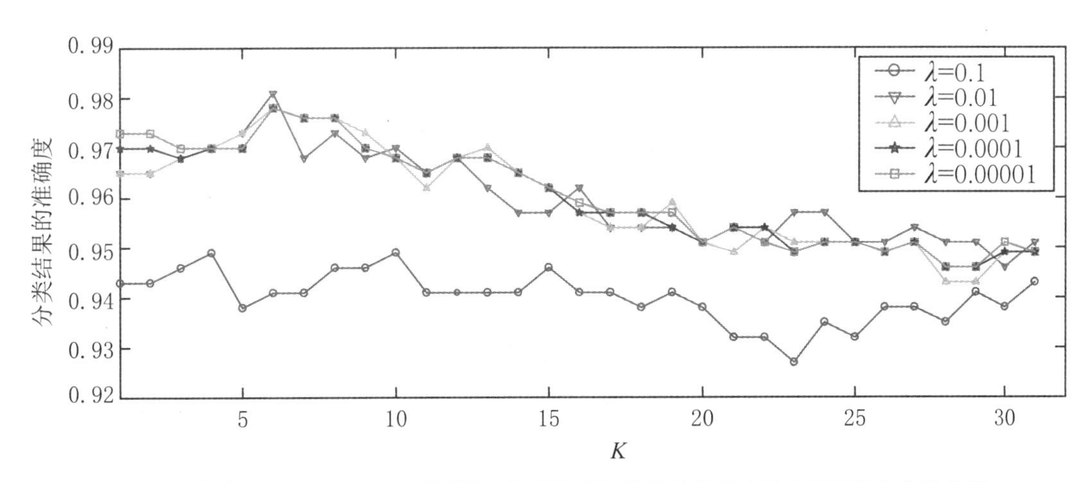

图4.4　针对JapaneseVowels数据集，在不同λ下，分类结果的准确度随K值变化的曲线

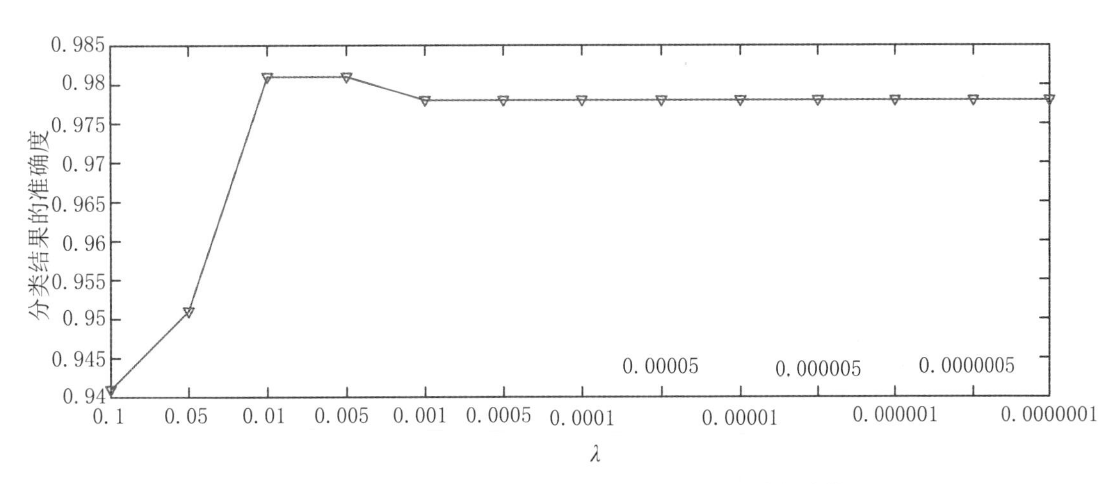

图4.5　在K=6的情况下，分类结果的准确度随λ值变化的曲线

对于λ的取值，一方面，如果λ太大，惩罚函数将对稀疏逆协方差的求解产生过大的影响，从而不能准确地表征数据；另一方面，如果λ非常小，惩罚函数对稀疏逆协方差求解产生的影响就会很小甚至没有，对求解过程的修正不够，也会导致表征数据效果变差。所以λ需要取到一个合适的值，如图4.4所示，在JapaneseVowels数据集中，$\lambda=0.01$，$K=6$时将取得最好的效果。

对于另一个重要参数K的取值，通过图4.4可以观察到：在$\lambda\leqslant 0.01$的情况下，分类结果最好时的K值是相同的，说明K的取值针对一个数据集具有通用性。而λ由于数据集的不同，根据数据集本身的特点，取值具有特异性。一般来说，数据集的变量较多时，如CMU-subject16、KickvsPunch、WalkvsRun，变量高达62个，$\lambda=0.1$时效果较好；而数据集的变量相对少时，$\lambda=0.01$时能取得较好的效果。

最后根据图4.4和图4.5可以看出，在$K=6$，$0.005\leqslant\lambda\leqslant 0.01$的情况下，KLD-GMC方法能在Japanese Vowels数据集上取到最佳效果。

小　结

本章讨论了MTS分类的问题，MTS是模式识别应用的基础之一，描述了一种新颖的基于模型的MTS分类方法。KLD-GMC首先将MTS数据转换为多变量高斯模型的参数——均值和逆协方差；然后应用Graphical Lasso对每个逆协方差进行稀疏化求解，得到稀疏逆协方差；再利用均值和稀疏逆协方差即可计算每个测试子序列与训练子序列的Kullback-Leibler散度；最后，将Kullback-Leibler散度作为相似性度量，利用KNN分类器对每个测试子序列进行分类。实验结果表明该方法具有较高的准确度。该方法有一个缺点是时间复杂度高，因为需要计算测试样本与每个训练样本之间的Kullback-Leibler散度。因此该方法还需要优化，需要进一步研究。

第5章　基于高斯模型的全卷积网络多变量时间序列分类方法

时间序列数据广泛存在于我们的生活中，天气预测、股票市场、医疗保健、人类活动识别等领域每天都在产生大量的时间序列数据。时间序列数据的主要特征在于按时间顺序索引一系列的数据点，任何具有时序属性的数据都可以被当作时间序列数据。时间序列数据可以分为单变量时间序列(UTS)数据和多变量时间序列(MTS)数据。由于UTS只能描述事物某一方面的性质而不能满足大部分应用领域的需求，因此现在研究的重心在MTS分类。多变量时间序列可以视为多个单变量时间序列的集合，但是变量与变量之间可能还存在着相互作用。

MTS分类一直都是一个热点研究问题，同时由于对变量和样本的相关性进行建模的困难，MTS分类被认为是数据挖掘中最具挑战性的问题之一。此外，高维MTS建模具有较大的时间和空间消耗。本章提出一种新方法，即基于高斯模型的全卷积神经网络(GM-FCN)，以提高高维MTS分类的性能。每个原始MTS被转换成多变量高斯模型参数作为FCN的输入。这些参数有效地捕获了MTS变量之间的相关性，并通过将MTS大小与其维度对齐来减少数据规模。FCN旨在根据这些参数学习MTS更深入的特征，以对样本之间的相关性进行建模。因此，GM-FCN不仅可以对变量之间的相关性进行建模，还可以对样本之间的相关性进行建模。在4个高维公共数据集上，我们将GM-FCN与9种最先进的MTS分类方法进行对比实验，实验结果表明GM-FCN的准确率明显优于其他方法。此外，GM-FCN的训练速度比使用原始等长MTS数据作为输入的FCN快几十倍。

5.1　概　　述

随着数据获取和存储能力的提升，在实际应用中对时间序列数据进行分析的需求不断增加，如何进行准确的时间序列分类是数据挖掘中最具挑战性的问题之一。在心脏病学中，通过对心电信号进行分类，以区别心脏病患者和健康人。在异常检测中，通过监视Unix系统上的用户系统访问活动来检测任何类型的异常行为。在人类活动识别中，根据传感器采集的数据进行人类活动判断也是一个典型的时间序列分类问题。

传统的MTS分类方法可以分为三类:基于距离的方法、基于特征的方法和基于模型的方法。基于距离的方法侧重于寻找一个好的相似性度量来区分MTS。基于特征的方法可以很好地表示MTS的特征。基于模型的方法假设来自同一类别的所有样本都由同一模型生成,通过度量模型之间的相似性以进行分类。传统的分类方法利用K近邻(KNN)等分类器基于手工制作的特征进行分类,从单一角度描述MTS,因此分类结果在很大程度上取决于提取的特征。此外,上述方法通常需要大量的数据预处理和特征提取工作。

近年来,深度学习方法的引入为MTS分类带来了可喜的成果。与传统方法相比,深度学习方法可以自动捕捉数据中丰富而有价值的信息,从而达到更好的分类效果。考虑到神经网络具有自动学习特征的能力,很多研究人员将原始数据作为神经网络输入来训练模型。但是,大规模的输入会增加计算成本。即使计算能力显著提升,模型的训练速度仍然相对较慢。同时,当将原始时间序列直接输入神经网络时,神经网络通常很难利用领域专业知识学习传统方法提取的特定特征,没有良好的可解释性。

为了解决MTS分类任务中的上述问题,本章提出了一种新的分类方法——基于高斯模型的全卷积神经网络(GM-FCN)。具体来说,我们利用多变量高斯模型将原始MTS转换为模型参数、协方差矩阵和均值矩阵。协方差矩阵具有衡量变量之间相关性的能力,均值矩阵可以反映一组数据的整体特征。然后我们用协方差矩阵以及由协方差矩阵和均值矩阵拼接而成的矩阵作为输入来训练全卷积神经网络(FCN)。FCN在时间序列分类方面表现良好。FCN擅长挖掘MTS样本之间的相关性,这是使用传统方法难以进行数学建模的。FCN用全局平均池化(GAP)层代替了传统的全连接层,显著减少了网络参数数量。值得一提的是,批量归一化可以让每一层的输入分布更加相似,这让FCN可以更加专注于学习类别之间的差异,从而加快训练速度,提高泛化能力。在模型参数的基础上,我们使用FCN模型直接提取变量之间的相关性,进而学习更多抽象特征来区分不同的类别。模型参数在获取分类所需的关键信息的同时,也具有缩小数据规模的效果。

5.2 多变量时间序列数据预处理

图5.1所示为FCN结合多变量高斯模型的分类框架(GM-FCN)。首先,对整个数据集进行预处理,利用三次样条插值将所有时间序列样本与该数据集中最长的样本对齐,同时也将原始多变量时间序列样本转换为多变量高斯模型的参数——协方差和均值。经过上述预处理步骤,我们得到以下3个输入:(1) 通过三次样条插值获得的等长MTS;(2) 多变量高斯模型的协方差矩阵;(3) 由多变量高斯模型的协方差矩阵和均值矩阵拼接而成的新矩阵。然后,将预处理好的训练数据集分批次输入到FCN模型中,经过三个卷积层进行特征学习,再对第三个卷积层的结果进行全局平均池化得到特征向量。最后,连接到神经元个数为当

前数据集类别个数的全连接层，并且通过*softmax*函数激活得到最终分类结果。

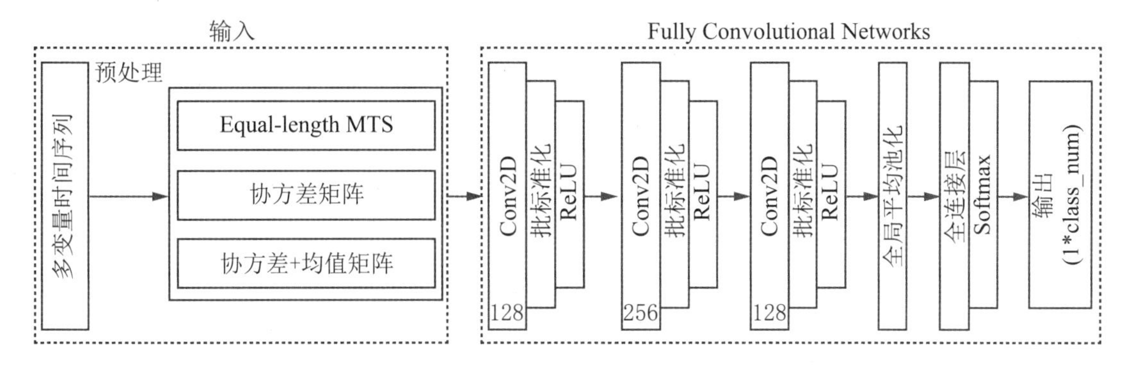

图5.1　GM-FCN的框架

1. 对齐多变量时间序列

FCN的输入要求必须是等长的MTS数据，它无法直接处理可变长度的MTS数据。而在很多实际问题中，MTS数据的长度往往是不一致的。例如，UCI机器学习库提供的JapaneseVowels数据集收集的九名男性连续发出的两个日语元音/ae/，每位说话者的一个话语形成时间序列，其长度为7～29。所以，对不同长度的原始MTS数据其进行数据预处理，并将其映射到同一长度。通常有两种方法可以对齐时间长度序列：截断和插值。对于截断，可以预见到将直接丢弃一些有价值的数据，因此我们选择在工业设计中常用的三次样条插值，它可以将较短的原始MTS数据顺利填充到最长的样本长度，获得具有相等长度的MTS数据。

2. 将原始MTS转换为多功能高斯模型参数

基于模型的时间序列分类方法使用模型参数表示时间序列数据。模型参数可以提取MTS的有价值的特征，并且往往具有比原始数据更低的维度，信息丢失也很小。使用这种模型参数作为神经网络的输入是一种新的想法，可以提高准确性并加速深度学习模型的训练。

一元高斯分布建立的模型假定不同特征变量之间没有关联性，其概率密度只考虑每个特征变量的单独变化，无法对特征变量之间的关联性信息进行识别，故无法满足MTS数据的需求。而多变量高斯模型可以在不需要建立新特征的基础上自动识别并捕获不同变量直接的关联性，因此我们考虑直接构建多变量高斯模型来处理MTS。

给定m维多变量时间序列$\{x_1, x_2, \cdots, x_n\}$，其中$x_i = \{x_i(1), x_i(2), \cdots, x_i(m)\}$，$n$为变量的观测值个数，由多变量高斯分布可计算得到所有特征的数学期望为

$$\mu = \frac{1}{n}\sum_{i=1}^{n} x_i \tag{5.1}$$

所有特征的协方差矩阵Σ为

$$\Sigma = \frac{1}{n}\sum_{i=1}^{n}(x_i-\mu)(x_i-\mu)^{\mathrm{T}} \tag{5.2}$$

对于高维MTS数据,其尺寸与其长度相比要小得多。如上所述,将MTS数据转换为多功能高斯模型参数可以使MTS数据的大小统一到数据维度。对于长度大于维度的数据集中的样本,数据大小的减少和计算量可预见。因此,这种转换有利于加快模型的训练速度。同时,协方差矩阵具有捕获MTS变量之间的关联性的能力是选择模型参数的另一个原因。这种转换使得GM-FCN在变量之间的学习相互作用方面具有出色的性能,这在以前的研究中罕见。

在预处理阶段,由于协方差矩阵是含有绝大多数信息的参数,所以单独将协方差矩阵作为一种输入形式,同时我们希望探究均值矩阵在GM-FCN中的作用,因此将协方差矩阵和均值矩阵拼接后作为另一种输入形式。

5.3 用于特征提取的全卷积网络

我们采用的FCN由三个卷积层组成,每个卷积层包含三个操作:卷积,批归一化,馈送结果到*ReLU*激活函数。全局平均池化层分别计算第三个卷积层结果的每个特征矩阵的均值,最后输入到一个由*softmax*函数激活的全连接层分类器。

5.3.1 卷积层

FCN中卷积层是特征提取器,卷积层可以表示为

$$\left.\begin{array}{r} y=w\otimes x+b \\ s=BN(y) \\ h=ReLU(s) \end{array}\right\} \tag{5.3}$$

我们通过堆叠三个卷积层来构建最终网络,其中⊗是卷积运算符,*BN*()表示批归一化,*ReLU*()是激活函数。

1. 卷积

卷积核可以将当前层神经网络上的一个子节点矩阵转化为下一层神经网络上的一个单位节点矩阵。单位节点矩阵指的是一个长和宽都为1,深度为卷积核数的节点矩阵。为了提取更丰富的特征,FCN中的三个卷积层分别包含128,256,128个卷积核,卷积核的大小分别为8×8,5×5,3×3。为了使卷积层前向传播结果矩阵的尺寸大小和当前层矩阵保持一致,

我们在当前层的矩阵边界上采用全0填充。这些网络结构参数的经验值已被证实对UTS和MTS分类有效。

假设a为输入矩阵；使用$w^i_{x,y,z}$来表示对于输出单位节点矩阵中的第i个节点，卷积核输入节点(x,y,z)的权重；使用b^i表示第i个输出节点对应的偏置项参数。那么单位矩阵中的第i个节点的取值$g(i)$为

$$g(i)=f\left(\sum_{x=1}^{m}\sum_{y=1}^{n}\sum_{z=1}^{c}a_{x,y,z}w^i_{x,y,z}+b^i\right) \tag{5.4}$$

式中，$f()$为当前使用的激活函数。

在卷积运算中，FCN中的三个卷积层包含128，256和128个卷积核，卷积核的大小分别为8×8，5×5和3×3，以提取更丰富的特征。这些网络结构参数的经验值已被证实对UTS和MTS分类有效。

2. 批归一化

训练过程中各层输入的分布随前一层参数的变化而变化，使得训练深度神经网络变得复杂。网络中的每层必须根据每批输入的不同分布重新调整其权重，从而减缓模型的训练速度。

如果可以使每层输入的分布更相似，那么网络可以专注于学习类别之间的差异。Google提出了一个深度神经网络训练的技巧：批归一化(Batch Normalization，BN)，即对训练中某一个Batch的数据进行归一化处理。首先求每一训练批次数据的均值与方差。然后使用求得的均值和方差对该批次的训练数据做归一化，获得均值为零，方差为1的正态分布为

$$\hat{x}_i=\frac{x_i-\mu_X}{\sqrt{\sigma_x^2+\varepsilon}} \tag{5.5}$$

式中，μ_X，σ_x^2为当前训练批次的均值和方差，ε的作用是防止分母为零。

由于归一化后的数据基本会被限制在正态分布下，使得网络的表达能力下降。为此，批归一化引入两个新的参数γ和β，对数据分布进行尺度的变换和偏移，这一步是批归一化的关键，γ和β是在训练时神经网络自动学习得到的，公式为

$$y_i=\gamma\hat{x}_i+\beta \tag{5.6}$$

3. *ReLU*激活函数

我们在卷积块中选用了非饱和非线性的*ReLU*函数作为激活函数，*ReLU*函数是在$y=x$基础上截去了$x<0$的部分，仅仅保留正的输入部分，其公式为$y=\max\{0,x\}$。*ReLU*函数具有很好的稀疏性和优良的非线性，同时计算更加高效。

5.3.2 全局平均池化

传统的CNN在卷积层对原始数据进行特征提取之后会接上若干个全连接层，将卷积层产生的特征图(feature map)映射成一个固定长度的特征向量,再通过激活函数进行分类。但是,全连接层的一个非常致命的弱点就是参数量过大,尤其是与最后一个卷积层相连的全连接层。为此,FCN在最后一个卷积层之后添加一个全局平均池化层(Global Average Pooling,GAP),将最后一个卷积层的每个特征图转化为一个特征值,从而减少了参数数量,降低了训练模型的计算量;同时降低了参数过多导致过拟合的可能。

5.3.3 全连接层

全连接层的每一个结点都与上一层的所有结点相连,用来把前边提取到的特征综合起来。在整个FCN中全连接层起到了分类器的作用。其基本运算为

$$h = X@W + b \tag{5.7}$$

式中,h是全连接层的一个输出子节点,X为输入矩阵,W为权重矩阵,@为点乘运算符,b为偏置项,是一个标量。

得到全连接层的输出后,还要经过激活函数才能得到最终的分类结果,我们在网络最后使用的是*softmax*激活函数。*softmax*函数不仅能将多个神经元的输出映射到(0,1)区间内,还满足所有的输出值之和为1的特性,将输出层的结果经过*softmax*函数激活后可以看作是属于各个分类的概率,从而来进行多分类。*softmax*函数定义为

$$\sigma(x_i) = \frac{e^{x_i}}{\sum_{j=1}^{n} e^{x_j}} \tag{5.8}$$

5.4 实验与分析

5.4.1 数据集

日语元音(JapaneseVowels)数据集采集了九名男性发出两个日语元音/ae/的语音。对每个语音样本进行12-degree的线性预测分析处理,形成包含12个LPC倒谱系数(即具有12

个变量的MTS样本)的640个离散的时间序列,每个MTS样本的长度为7～29。数据集中样本的总数为640,其中270个作为训练集,370个作为测试集。分类目标是通过两个日语元音/ae/的发音来区分九个男性说话者。

CMU建立了一个Graphics Lab Motion Capture Database,从中选择WalkvsRun数据集、KickvsPunch和CMUsubject16数据集用于实验。表5.1给出了所有数据集的相关信息。

表5.1　四个公开的多变量时间序列数据集描述

名称	属性	类	长度	实例	训练集	测试集
JapaneseVowels	12	9	7～29	640	270	370
CMUsubject16	62	2	127～580	58	29	29
KickvsPunch	62	2	274～841	26	16	10
WalkvsRun	62	2	128～1918	44	28	16

根据需要,四个数据集均经过数据预处理,分别得到等长数据协方差矩阵、均值矩阵。获得的3种输入数据的大小如表5.2所示。

表5.2　输入数据的大小

名称	original	cov	cov_mean
JapaneseVowels	29×12	12×12	13×12
CMUsubject16	580×62	62×62	63×62
KickvsPunch	841×62	62×62	63×62
WalkvsRun	1918×62	62×62	63×62

在表5.2中,以JapaneseVowels数据集的等长MTS(original)为例,29为数据集中最长样本的长度,12为数据集的维度。其协方差矩阵大小为12×12,均值矩阵的大小为1×12,所以其协方差矩阵(cov)输入的大小为12×12,协方差矩阵和均值矩阵进行拼接得到的新矩阵(cov_mean)的大小为13×12。

5.4.2　实验设置与评价标准

1. 基准方法

我们在MTS分类中选择9种不同的基准方法进行对比。我们选择了4种传统的MTS分类方法:1NN-ED,1NN-DTW-I,1NN-DTW-D,KLD-GMC。1NN-ED使用欧几里得距离作为时间序列之间的距离度量。1NN-DTW-I分别计算MTS每个维度的DTW距离,并将其总和作为1NN的距离度量。1NN-DTW-D将对应于每个时间戳的多个变量的观察视为一个点,然后计算DTW距离作为1NN距离度量。KLD-GMC是基于Klullback-Leibler散度的高斯模型分类,它假设类中的所有时间序列由多变量高斯模型生成,相同类的数据可以通过相同的模型参数表征,然后使用传统的分类器KNN进行分类,用Kullback-Leibler散度作相似性度量。

考虑到深度学习方法，我们还选择了5种基准方法：MLP、Reset、Encoder、MCNN和MCDCNN。对于我们使用的数据集，这5种方法的实验结果来自一篇综述。

2. 评估指标

实验通过准确率评估所有方法的性能，这是通过将正确分类样本的数量除以样本的总数来计算。准确率是度量时间序列分类算法质量的重要评估度量。此外，我们还比较FCN在不同形式的输入下训练模型的耗时。

5.4.3 实验结果分析

每一个分类方法在四个数据集上的准确率和平均准确率结果如表5.3所示。同样使用FCN模型，对比不同形式的输入，训练一个样本耗时结果如表5.4所示，接下来我们对实验结果进行分析。

表5.3 在四个真实的多变量时间序列上的准确率和平均准确率

名称	1NN-ED	1NN-DTW-D	1NN-DTW-I	KLD-GMC	MLP	ResNet	Encoder	MCNN	MCDCNN	FCN_original	FCN_cov	FCN_cov_mean
JapaneseVowels	0.924	0.949	0.959	0.981	0.969	0.992	0.976	0.092	0.944	0.992	0.843	0.989
CMUsubject16	1.000	0.966	1.000	1.000	0.600	0.997	0.983	0.531	0.514	1.000	1.000	0.966
KickvsPunch	0.600	0.700	0.700	0.700	0.610	0.510	0.610	0.540	0.560	0.900	1.000	1.000
WalkvsRun	1.000	1.000	1.000	1.000	0.700	1.000	1.000	0.750	0.450	1.000	1.000	1.000
Average Accuracy	0.881	0.904	0.915	0.920	0.720	0.875	0.892	0.478	0.617	0.973	0.961	0.989

对比传统基准方法和GM-FCN，使用DTW或者欧几里得距离的KNN及其改进方法一直以来都是时间序列分类领域的重要基准方法，实验结果显示无论使用DTW还是欧几里得距离作为相似性度量，GM-FCN的准确率都更高，因为传统的方法都没有很好地考虑到多变量时间序列变量之间的关系。值得注意的是，使用DTW的KNN还拥有非常高的时间复杂度，而KLD-GMC将多变量时间序列数据用多变量高斯模型表示，然后通过*KL*散度来量化两个概率分布之间的差异，同样是从距离的角度出发，最终效果也取决于*KL*散度这种相似性度量的准确程度和性能表现。GM-FCN同样使用了多变量高斯模型来表示时序数据，不同于KLD-GMC的是它不仅仅是从距离的角度考虑，FCN可以自动、全局地学习高斯模型参数的特征进行分类，从而获得更高的准确率。

值得注意的是，相对于5种深度学习方法，传统分类方法在所用的4个数据集中整体表现更为优异。其主要原因是我们所选的多变量时间序列数据集虽然有几个在公开数据集中维度和长度都是比较大的，但是数据集中样本个数有限，使得训练样本很少。而基于深度学习的分类方法需要有足够的训练样本进行模型的训练才能学习到时间序列中的重要特征。例如，在KickvsPunch数据集中训练样本仅有16个，使得一些深度学习模型很难学习到同类时间序列间的共同特征和不同类别时间序列间的差异特征，而且深度学习模型容易过拟合，因此实验准确率自然降低。而传统分类方法要么选取了能准确衡量时间序列之间距离的相似性度量，要么利用模型更好地挖掘了时间序列的隐含信息，可以取得良好的准确率。同时我们可以看到等长的时间序列训练得到的FCN模型相对于9种基准方法已经表现出优异的结果。其原因是FCN含有的网络层数较少以及使用了GAP，使得网络参数量大大减少，降低了模型过拟合的可能，同时使用了批归一化，使得FCN可以专注于学习类别之间的差异。

GM-FCN是将传统方法和深度学习方法进行了结合，观察表5.3的后三列，使用相同的FCN模型，对比输入等长MTS和多变量高斯模型参数进行模型训练的结果。综合在多个数据集上的实验结果，平均准确率最高的是充分利用了多变量高斯模型参数训练得到的FCN模型，这说明模型参数确实包含了足够的信息来训练优质的MTS分类模型，同时FCN模型可以在模型参数的基础上学习到时间序列更为抽象的特征。但是在部分数据集上，使用模型参数训练的模型性能稍低于使用原始MTS数据训练的模型。我们认为造成这种结果的原因是，将MTS转换为多变量高斯模型参数时，协方差虽然能识别并捕获变量之间的相关性信息，但是可能忽略了变量值随时间变化的特征而丢失部分时序信息。不过，根据分类结果也能看出，性能依旧是非常优越的，这说明利用模型参数作为输入数据训练神经网络模型是有道理的，模型参数确实从原始的MTS数据中抽取出了重要信息，神经网络模型能够根据这些信息学习到能够决定MTS数据分类的特征。

对比表5.3后三列的结果，我们还能观察到使用协方差矩阵和拼接矩阵训练模型进行分类的结果，在绝大多数数据集上，拼接矩阵效果要更好，说明均值也是MTS数据的重要属性，我们认为均值在整体层面上一定程度地反映了该MTS的特性。将均值矩阵拼接到协方差矩阵可以增加输入到模型的信息量，给神经网络提供更多的信息进行训练，得到更好的分类模型。这其中也存在一个问题，我们虽然考虑了将协方差矩阵和均值矩阵拼接在一起增加了输入信息，但是这样简单拼接两个模型参数的做法不够合理，因为当卷积核移动到最后一行时，会对均值和部分协方差参数进行卷积操作，反而可能会使神经网络在抽取特征时迷惑，不能准确地识别特征，导致分类结果下降。针对这个问题，特别是对于低维数据集，应该设计更好的结合方式将这两个参数组合在一起，充分利用已有的信息。

表5.4展示了对于不同输入形式，FCN模型训练一个样本的耗时。协方差矩阵和拼接矩阵的大小非常相近，其FCN训练模型的耗时也较接近。对照表5.2，我们可以清晰地看到，将MTS转换成多变量高斯模型参数能够极大地减少神经网络输入的数据量，减少计算

量。表5.4显示，对于数据样本长度远大于其维度的数据集（WalkvsRun数据集），训练时间甚至可以减少很多。对于很多高维数据集，它们的维度也是远小于其数据长度的，将其转换为多变量高斯模型参数可以很大程度上降低数据维度，减少模型训练时间。同时，多变量高斯模型恰好擅长于识别并捕获变量之间的相关性信息。所以，基于FCN的结合多变量高斯模型参数的MTS分类方法非常适合应用在高维的长时间序列上。

表5.4　FCN在不同输入情况下训练一个样本的时间

名称	FCN_original	FCN_cov	FCN_cov_mean
JapaneseVowels	734 μs	504 μs	537 μs
CMUsubject16	41000 μs	3000 μs	4000 μs
KickvsPunch	127000 μs	4000 μs	3000 μs
WalkvsRun	184000 μs	4000 μs	3000 μs

总之，与传统方法相比，GM-FCN方法具有两个主要优点：一是GM-FCN可以很好地捕获MTS样本之间的关系；二是GM-FCN有效地结合了传统特征和深度学习的优点，可以捕获MTS的更多关键信息。与深度学习方法相比，BN的利用可以使GM-FCN更加专注于学习MTS样本之间的差异；GAP大大减少了网络参数的数量，这可以降低小型数据集情况下的过拟合可能性；使用多变量高斯模型参数作为输入可以减少数据量，能显著提高GM-FCN的训练速度，这些参数使GM-FCN能够掌握MTS中变量之间的关系，并在此基础上提取更多的抽象特征。

小　　结

多变量时间序列数据应用十分广泛，其包含丰富的信息，这些信息对分类任务有着重大的作用。但由于对变量和样本的相关性进行建模存在困难，多变量时间序列（MTS）分类被认为是数据挖掘中最具挑战性的问题之一。我们提出的GM-FCN方法利用了传统方法领域的专业知识和深度学习方法强大的学习能力。实验结果表明，该方法在几个方面优于其他模型：

（1）该方法中使用的多变量高斯模型能够很好地处理MTS分类中最具挑战性的问题——捕捉和度量变量之间的相关性，而其他方法往往忽略了相关性。

（2）与传统方法仅从单一角度考虑（例如距离度量）相比，GM-FCN可以全面地学习描述MTS样本相似性和差异性的深层抽象特征。

（3）由于将原始数据转换为模型参数可以明显减小数据规模，因此GM-FCN极大地加快了模型训练过程。

因此，我们认为该方法是一种更好、更快、更有效的MTS分类方法，特别适用于包含高维样本的数据集。

第6章　基于图嵌入的多变量时间序列聚类方法

很少有聚类方法在多变量时间序列(MTS)数据上表现出良好的性能。传统方法过于依赖相似性度量,并且忽略具有复杂结构的MTS数据样本之间的联系,从而导致这些方法表现不佳。本章提出了一种基于图嵌入的MTS聚类算法MTSC-GE,以提高MTS聚类的性能。该方法可以将MTS样本映射到低维空间中的特征表示,然后对它们进行聚类,在挖掘样本本身信息的同时,将整个时间序列数据构建成图,从整体的角度关注样本之间的联系,发现MTS数据的局部结构特征。

6.1　概　　述

随着传感器设备的快速发展和数据存储能力的不断提高,我们可以轻松获取大量的时间序列数据。时间序列数据是按时间顺序记录的观察序列。根据数据所描述的变量数量,时间序列可分为单变量时间序列(UTS)和多变量时间序列(MTS)。MTS数据描述了事物的多个属性,在现实场景中更为常见。然而,MTS数据由于其复杂的结构也更难以处理。为了挖掘这些时间序列数据中有价值的信息,人们进行了多种类型的研究,例如分类、聚类、预测等。面对大量未被标注的时间序列数据,时间序列聚类是最广泛有效的分析技术。聚类是一种无监督学习方法,可以在没有数据先验知识的情况下挖掘重要信息,是许多数据分析任务的重要组成部分。当前时间序列聚类研究主要集中在UTS,有效处理复杂MTS聚类的方法并不多。而在实际应用中,处理MTS也很常见,因为事物往往具有多种属性。

现有的时间序列聚类研究可以分为两类。一种是选择合适的相似性度量结合某种聚类算法(如K-Means)进行聚类。高质量的相似性度量可以更好地区分时间序列,使聚类算法更加准确。然而,相似性度量很难挖掘样本间深层和复杂的模式。此外,基于相似性度量的方法容易受到噪声和异常值的影响。另一种是基于特征表示进行聚类。此类方法的第一步是将高维MTS数据映射到低维空间以获得特征表示,其中包含MTS数据的区分信息。第二步是使用传统的聚类算法根据学习到的特征表示对MTS数据进行聚类。这种方法的性能主要取决于特征表示能否用其关键信息来表示时间序列数据。随着近年来深度学习的快速发展，研究人员也使用深度学习来学习时间序列的特征表示。深度学习可以挖掘更全面有效的信息，极大地提升了聚类性能。同时，深度学习方法也因缺乏可解释性而饱受诟病，大多数深度学习方法只应用于UTS聚类。

与传统方法不同，MTSC-GE在挖掘样本本身的信息的同时，更关注MTS样本之间的关系。此外，MTSC-GE还考虑了图的局部结构特征，而不仅仅依赖于相似性度量。与那些深度学习方法相比，MTSC-GE具有更好的可解释性和稳定性。MTSC-GE由三个阶段组成：在第一阶段，MTSC-GE将每个样本视为图中的一个节点，通过将每个样本与其相似样本连接起来，将原始数据集转换为图；第二阶段使用DeepWalk的思想，使用随机游走来获得固定长度的路径，这些路径被视为句子，然后用自然语言模型学习这些句子，以获得每个“单词”（节点）的新表示；在最后阶段，MTSC-GE使用K-Means算法根据之前的嵌入进行聚类。

图6.1所示为MTSC-GE的框架，伪代码如图6.2所示（符号解释如表6.1所示）。第一阶段，MTSC-GE将每个MTS样本假设为有向图的一个节点，每个节点都有边指向它的前k个最近邻居，然后使用数据集生成图形（第4～10行）。第二阶段，MTSC-GE从具有特定游走长度的任意节点开始随机游走，得到一条游走路径，这在语言学习领域被视为一个句子。MTSC-GE可以使用语言学习模型——SkipGram将节点投影到低维表示（第11～16行）。第三阶段，MTSC-GE采用K-Means算法根据新学习的特征表示将节点聚类到不同的组中（第17行）。

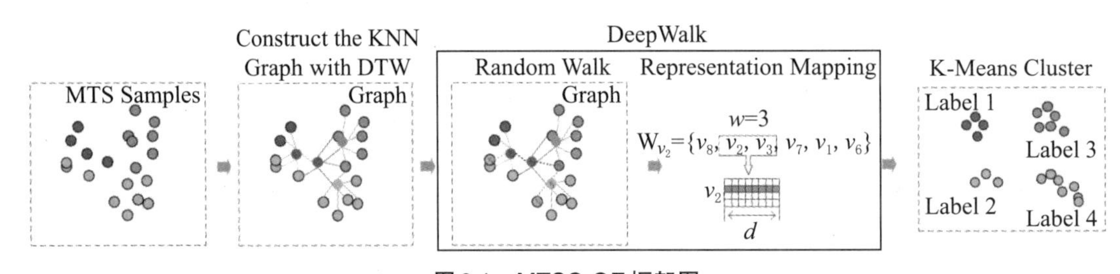

图6.1　MTSC-GE框架图

表6.1　符号解释

符号	定义
D	MTS 数据集，$D=\{Sample_1, Sample_2, \cdots, Sample_N\}$
Y_pred	存储聚类结果标签的集合
Dis	存储节点之间距离的集合
k	每个节点边的数目
Φ	嵌入表示
$distance$	相似性度量
G	有向图
w	滑动窗口大小
d	节点嵌入表示向量维度

续表

符号	定义
γ	每个节点的游走次数
t	游走步长

Input：$D=\{Sample_1, Sample_2, \cdots, Sample_N\}, k, , distance$

Output：Y_pred

1：$Dis \leftarrow \phi$

2：$Y\_pred \leftarrow \phi$

3：Initialization：embedding representation Φ from $U^{|V|} \times d$

4：for $i \leftarrow 1$ to n do

5： for $j \leftarrow 1$ to n do

6：$Dis.add(distance(Sample_i, Sample_j))$

7： end for

8：Use Dis to find top-k nearest neighbors for $Sample_i$

9：end for

10：Connect each node with its top-k nearest nodes to generate G

11：for $i \leftarrow 1$ to γ do

12： for each $v_i \in G$ do

13：$Path_{v_i} = RandonWalk(G, v_i, t)$

14：$\Phi = SkipGram(\Phi, Path_{v_i}, w)$

15： end for

16：end for

17：Use a K-Means algorithm to obtain Y_pred

18：return Y_pred

图6.2　MTSC-GE

6.2　有向图的构建

由于MTS数据没有真实的图结构，因此无法直接使用图嵌入等图分析技术进行处理分析。为了解决这个问题，首先基于现有的MTS数据集构建一个可靠的图。我们假设每个MTS样本都是图的一个节点，并通过DTW-D距离找到每个MTS样本（即节点的）前k个最近的样本作为其邻居。然后，我们可以将每个节点与其前k个邻居连接起来以生成边。这样，原始MTS数据集便转换为可以使用图分析方法的图结构。

手动构建的图能否准确反映样本之间的真实关系是一个关键问题。图的质量肯定会影响后续分析。以下两个因素可能影响图的可靠性：

1. 如何衡量两个MTS样本之间的相似度

相似性度量是帮助找到前k个邻居的关键因素。除了MTSC-GE使用的DTW距离之外,探究其他度量在此方法中的表现和性能。

2. 参数k的合适大小是多少

参数k确定每个节点的出度,也即图的边数。k值多大能确保有足够的邻居节点提供充分的信息? 增加k值肯定能提供更多的信息,但也可能会引入一些噪声信息。同时,如果k过大,会产生更多的边,会减慢模型的训练和计算速度。

6.3 基于随机游走的图嵌入

6.3.1 随机游走

随机游走是一种广泛用于图分析的传统但有效的模型,包括著名的PageRank算法。随机游走是我们从构建的图结构中提取信息的基本工具。典型的随机游走过程通常从图中的某个节点开始,任意选择一个相邻的顶点作为下一站,然后从新的停靠点开始并重复该过程,直到达到随机游走长度。这样,最终得到一条长度为t的路径,$Path_{v_i}=\left\{P_{v_i}^1, P_{v_i}^2, \cdots, P_{v_i}^t\right\}$。我们需要使用图中的每个节点作为根节点在迭代过程中执行随机游走以获取路径。因此,我们为每次迭代具有n个样本的数据集获得n个随机游走路径。

综合考虑建图的方式,即选择每个节点的前k个最近的相邻顶点来构建边,同一类别的MTS样本很可能相似且距离较近,而不同类别的MTS样本则可能相距较远。随机游走得到的路径包含了大量的图结构信息,是学习MTS样本之间群体联系和信息的重要材料。

6.3.2 Skip-Gram

Skip-Gram算法是自然语言处理中常用的方法。它通过在一个窗口中最大化单词的共现概率来预测上下文。尽管MTS数据本身不具备自然语言的句子特征,但随机游走得到的路径可以看作是特殊的句子。因此,我们可以直接使用Skip-Gram算法来学习路径。

MTS数据集中的所有N个样本可以形成一个词汇表V。我们首先使用one-hot对这些样本进行编码。每个样本最终可以表示为一个N维向量。由于DeepWalk的目的是学习顶点的潜在表示,而不仅仅是共现顶点的概率分布,因此引入了映射函数$\Phi: v \in V \rightarrow R^{|V| \times d}$。

映射Φ表示与图中每个顶点相关的潜在群体表征。每个MTS样本最终将表示为Φ的广告维向量。使用大小为w的滑动窗口在随机游走生成的路径上滑动，那些顶点出现在顶点v_i上下文中的可能性为

$$P\left[\left\{v_{i-w},\cdots,v_{i-1},v_{i+1},\cdots,v_{i+w}\right\}|\Phi\left(v_i\right)\right] \tag{6.1}$$

在Skip-Gram算法中，我们使用窗口w遍历随机游走路径上的所有可能性，并将顶点映射到当前表示向量$\Phi\left(v_i\right)\in R^d$。给定$v_i$的表示，我们希望最大化其在路径中的邻居的概率，因此优化问题描述为

$$\frac{minimize}{\Phi}-\ln P\left[\left\{v_{i-w},\cdots,v_{i-1},v_{i+1},\cdots,v_{i+w}\right\}|\Phi\left(v_i\right)\right] \tag{6.2}$$

我们使用随机梯度下降法进行参数学习。图6.3显示了Skip-Gram模型的过程。对于N维输入和d维输出，隐藏层的权重矩阵为$N\times d$，输入和输出层之间的隐藏层的输出就是我们需要的表示。而输出层的输出是词汇表中其他MTS样本出现在输入样本上下文中的概率。

一旦MTS样本太多，图中节点的one-hot编码会非常稀疏。如果用*softmax*来计算每个顶点(MTS样本)的概率，计算的复杂度会相当高。因此，本章选择使用hierarchical soft-max，它使用一个哈夫曼树来得到每个样本的概率。这种方法不需要计算所有输出顶点的概率，只需要计算$\log_2 N$个顶点，大大减少了计算量。

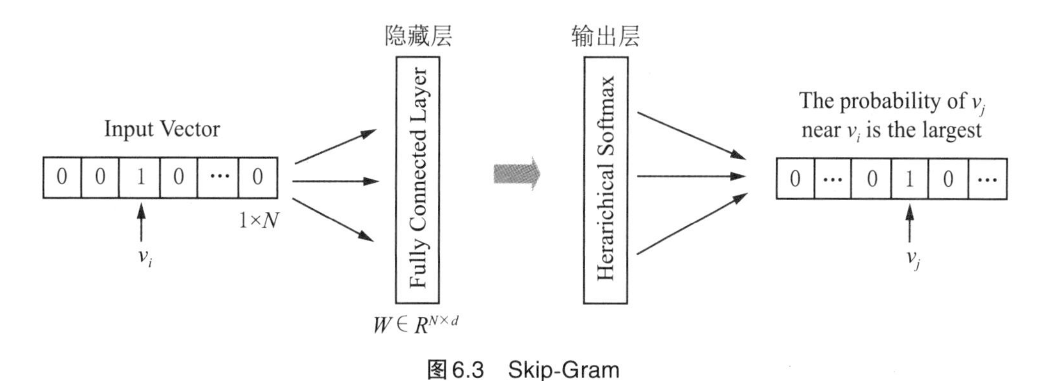

图6.3　Skip-Gram

6.3.3　节点聚类

经过图嵌入学习的过程，使用K-Means算法根据学习到的表示完成最终的聚类操作：

(1) 初始化聚类中心。我们采用K-Means++的策略，随机初始化k个聚簇中心。但是有一个要求：初始聚类中心之间的相互距离要尽可能远，加快迭代过程的收敛。

(2) 计算每个嵌入表示到k个聚簇中心的欧几里得距离，选择最近的聚类中心。

(3) 求解每个簇中MTS表示的均值作为新的簇中心。

(4) 重复(2)和(3)，迭代多次得到结果。

6.4　实验与分析

为了证明MTSC-GE方法的性能，下面通过评估两个典型的聚类指标，该方法与五个公共数据集上的几种基准方法进行比较，同时设计实验以探究在建图过程中提到的两个关键因素的影响。

6.4.1　数据集和对比方法

1. 数据集

在五个公开多变量时间序列数据集上进行了实验：BasicMotions、JapaneseVowels、AUSLAN、ECG和ArabDigits，前两个来自UEA数据集，而其余三个来自UCI数据集。所有数据集在MTS研究界都很流行，其详细信息如表6.2所示，每个数据集都以训练集和测试集的形式提供。由于聚类不需要划分训练集和测试集，因此将这两部分合并，从而变成一个完整的数据集。

表6.2　数据集介绍

数据集	训练/测试集数目	最小/大长度	变量数	类别数
BasicMotions	40/40	100/100	6	4
JapaneseVowels	270/370	7/29	12	9
AUSLAN	1140/1425	45/136	22	95
ECG	100/100	39/152	2	2
ArabicDigits	6600/2200	4/93	13	10

2. 对比方法

DeTSEC在多变量时间序列聚类中取得了最先进的性能，因此我们将其作为MTSC-GE的对比基准。此外，我们还考虑了以下5种基准方法：带有ED的K-Means算法，带有DTW的K-Means算法，Soft-DTW（SDTW）算法（DTW的一个变种），K-Means算法，深度嵌入聚类DEC（它是一种图像和文本数据的聚类方法）。

6.4.2　评价指标

内部指标和外部指标是评估聚类结果的两个常用指标。通常，使用哪种指标取决于聚类数据集是否具有标签信息。我们使用的所有数据集都是包含样本和标签的公开数据集，所以选择使用外部指标。标准化互信息（*NMI*）和调整兰德指数（*ARI*）是评估聚类最常用的两个外部指标。*NMI*是社区检测的重要评价指标，可以评价一个聚类结果相对于标准划分的准确性。*NMI*的取值范围为[0,1]，数值越高，表示聚类越准确。*ARI*分数范围是[−1,1]，负值表示结果不好，分数越接近1表示结果越好。

如果D是数据的真实分配，C是聚类算法分配结果，N是MTS样本数。则标准化互信息（*NMI*）的计算公式为

$$NMI=\frac{2\sum_{i=1}^{|D|}\sum_{j=1}^{|C|}\frac{|D_i\cap C_i|}{N}\ln\frac{N(D_i\cap C_i)}{|D_i||C_i|}}{-\sum_{i=1}^{|D|}P(i)\ln P(i)-\sum_{j=1}^{|D|}P'(j)\ln P'(j)} \tag{6.3}$$

式中，$P(i)=\frac{|D_i|}{N}$表示随机样本落入簇D_i的可能性，$P'(j)=\frac{|D_j|}{N}$，同理。

兰德指数（*RI*）的计算公式为

$$RI=\frac{x+y}{C_2^n}\in[0,1] \tag{6.4}$$

式中，x是属于同一簇的样本对的数量，无论是在C还是D中；y是不属于同一个簇的样本对的数量，无论是在C还是D中。

*RI*几乎不可能为零，即使随机标记也是如此。为了解决这个问题，本节使用调整后的兰德指数（*ARI*），它降低了随机标签的*RI*期望$E(RI)$，即

$$ARI=\frac{RI-E(RI)}{\max(RI)-E(RI)}\in[-1,1] \tag{6.5}$$

6.4.3 实验设置

首先验证MTSC-GE方法在公共数据集上的可行性。采用的相关参数设置如下：滑动窗口大小$w=5$，随机游走步长$t=10$，SkipGram为原始设置，嵌入向量的维度$d=128$。另外，进一步探索了图生成过程中提到的两个关键元素，并找出它们的影响：

① 对于相似性度量，除了DTW距离之外，我们还测试了ED距离和Kullback-Leibler散度的性能。Kullback-Leibler散度（*KL*散度）是两个概率分布的度量。

② 为参数k设置了一个2～25的梯度来研究它的影响。

所有实验最终结果均取10次平行实验的均值，如表6.3、表6.4所示。

表6.3 *NMI*分数

数据集	K-Means	SC	DEC	DTW	DTW	DeTSEC	MTSC-GE
AUSLAN	0.35	0.29	0.47	0.71	0.72	0.8	0.78

续表

数据集	K-Means	SC	DEC	DTW	DTW	DeTSEC	MTSC-GE
JapaneseVowels	0.16	0.31	0.23	0.81	0.75	0.96	0.92
ArabDigits	0.14	0.09	0.19	0.17	0.13	0.64	0.57
BasicMotions	0.25	0.76	0.38	0.67	0.14	0.8	0.86
ECG	0.16	0.23	0.16	0.06	0.10	0.12	0.24
平均值	0.212	0.336	0.286	0.484	0.368	0.664	0.674

表6.4　*ARI*分数

数据集	K-Means	SC	DEC	DTW	SOFTDTW	DeTSEC	MTSC-GE
AUSLAN	0.23	0	0.07	0.33	0.34	0.47	0.49
JapaneseVowels	0.11	0.08	0.11	0.71	0.62	0.89	0.92
ArabDigits	0.06	0.03	0.09	0.03	0.05	0.53	0.34
BasicMotions	0.11	0.59	0.2	0.43	0.18	0.62	0.82
ECG	0.25	0.08	0.25	0.06	0.05	0.19	0.29
平均值	0.152	0.156	0.144	0.312	0.248	0.540	0.572

6.4.4　结果分析

比较表6.3中的平均*NMI*分数，MTSC-GE在五个数据集上明显优于其他方法。而对于每个数据集，MTSC-GE在五个数据集中的两个数据集上获得了最高的*NMI*分数。对于其余数据集（JapaneseVowels、AUSLAN、ArabDigits），MTSC-GE也获得了第二高的*NMI*分数，接近最佳性能。根据表6.4，对于*ARI*分数，MTSC-GE的表现甚至更好。它在五个数据集中的四个数据集上获得了最高的*ARI*分数，取得了最高平均*ARI*分数。图6.4显示了MTSC-GE获得的JapaneseVowels数据集的最终分布。我们可以看到每个集群只有少数样本标签错误，并且大多数不同的集群是分散的。与传统聚类方法相比，MTSC-GE的显著优势在于利用了图结构。MTSC-GE将所有相邻的样本连接起来形成一个图。图具有数据集节点之间的局部和整体关系。然后MTSC-GE使用随机游走获得图的局部结构，并通过自然语言模型挖掘这些局部结构中的信息来学习每个节点，即样本的最新表示。这种表示无疑有助于节点找到与自身相似的节点。MTSC-GE使用图来捕捉局部信息，这有助于挖掘样本之间的关系。

图6.5显示了MTSC-GE方法在不同参数下三个数据集的性能趋势。可以看到，每个数据集的*NMI*和*ARI*分数的趋势相似，都在5～10时达到了最高值。而当k值超出此范围时，*NMI*和*ARI*值会显著下降。一旦k设置为一个小值（小于5），则每个节点的邻居数量会很少，生成的图会很稀疏。随机游走获得的路径多样性不足，不利于语言模型学习良好的节点表示。考虑到图嵌入阶段使用的随机游走策略，从节点v_1开始的路径有可能到达v_1的任何

邻居或邻居的邻居。一旦k设置为一个高值(超过15),每个节点可能有太多邻居,甚至包括来自其他类的节点。换句话说,较高的k值可能会因将太多关系较弱的节点作为邻居而导致额外的错误。因此,对于图构建阶段的第一个问题,将k控制在5～10的范围内是合适的,而对于较大的数据集,k可以更接近于10。

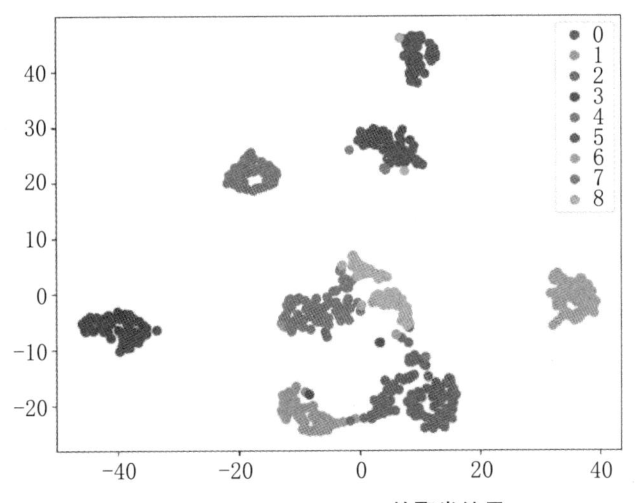

图6.4　JapaneseVowels的聚类结果

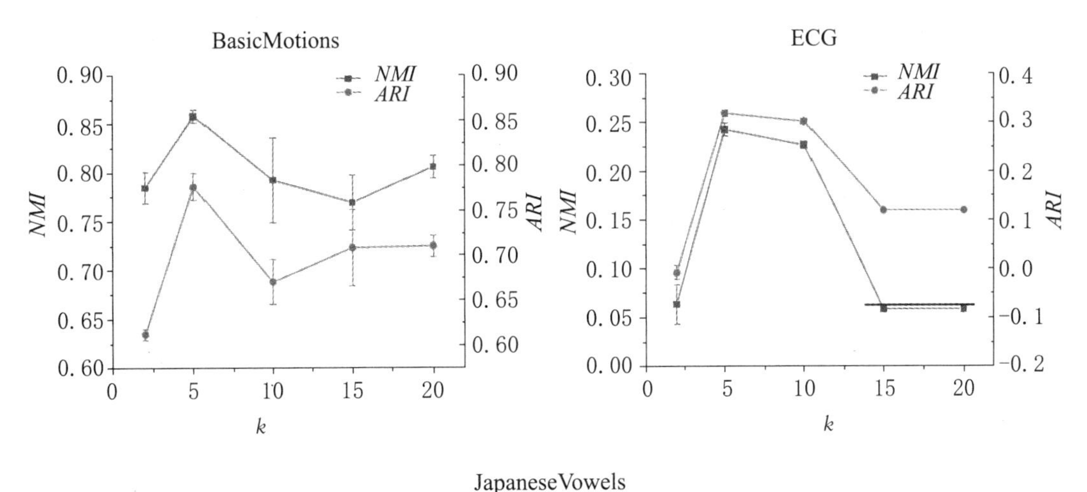

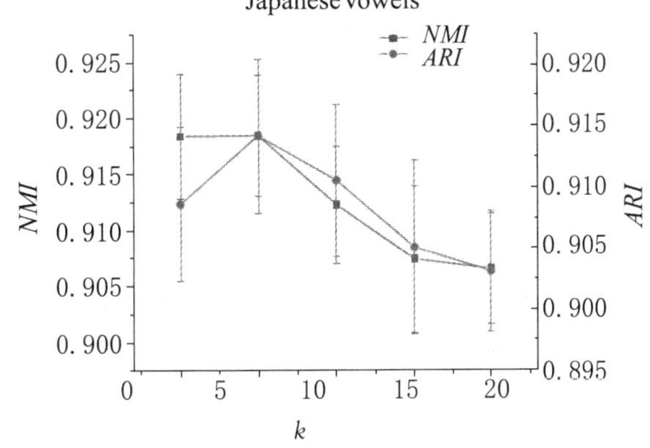

图6.5　参数k的对比实验(续)

图6.6显示了三种距离测量的性能。MTSC-GE方法使用的DTW距离具有最佳性能。它在三个数据集上排名第一,平均*NMI*、*ARI*得分最高。长期以来,DTW一直被认为是时间序列的最佳度量。正如我们所假设的,用DTW构建的图可以更准确地表示MTS数据集中样本之间的关系。当所有节点都与同一类的节点相连时,图嵌入获得的局部结构将与该类节点的特征密切相关。这样,最终的嵌入表示就可以包含样本之间的关系,提取可以区分不同类的特征来帮助聚类。虽然不如DTW,但*KL*散度在这五个数据集上也表现良好。它在BasicMotions数据集中优于DTW和ED,并且具有接近DTW的相当不错的平均分数。ED的性能与以上两者有些差异,它在大多数数据集上表现一般,因为它不能很好地度量时间序列样本。总之,距离度量决定了哪些节点作为邻居连接,这是图可靠性的关键因素。因此,对于建图阶段的第二个问题,研究证明使用DTW构建图可以取得良好的结果。

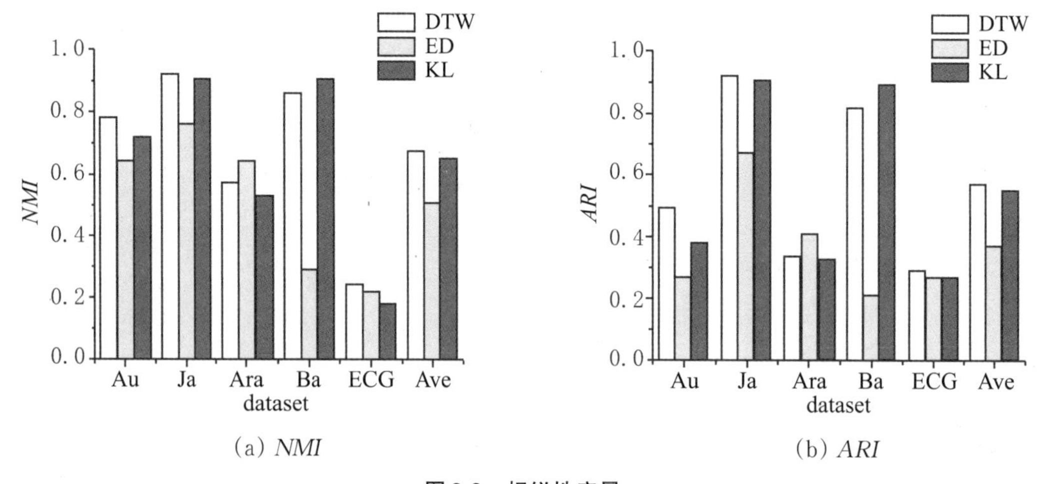

(a) *NMI*　　(b) *ARI*

图6.6　相似性度量

MTSC-GE方法由三个阶段组成。图嵌入阶段和K-Means阶段的时间复杂度远低于构建图阶段。图构建阶段的时间复杂度为$O(N^2M^2)$,其中N是数据集中的样本数,M是MTS样本的最大长度。因为DTW算法的时间复杂度是$O(M^2)$,在寻找每个节点的相连节点时也有$O(N^2)$的时间复杂度。总体来说,算法的时间复杂度比较高。DTW算法有一些变体,可以在一定程度上降低这个阶段的时间复杂度,但是如何提高算法的速度在面对海量数据时仍然是一个重要的问题。

小　　结

本章提出了一种基于图嵌入的MTS聚类模型,名为MTSC-GE。MTSC-GE首先根据DTW距离生成MTS数据图,然后使用图嵌入模型学习每个节点的新嵌入表示,即MTS样本。MTSC-GE最终基于学习到的嵌入表示通过K-Means算法对所有节点进行聚类。本章设计了大量实验来验证MTSC-GE的可行性。实验结果证明,与6种基准方法相比,MTSC-GE在五个数据集上取得了良好的性能。MTSC-GE的出色表现主要有两个原因:一是利用DTW建图,准确利用MTS样本本身的信息,连接不同的样本,得到样本之间的关系;二是利用DeepWalk挖掘生成的图,获取图的局部结构特征来辅助嵌入。值得注意的是,与许多深度学习方法相比,MTSC-GE方法的稳定性也非常出色。后续计划提升算法的运算速度,更好地适配实际生产中的时序数据分析处理。

第7章　基于路径表示的多源Web信息实体解析方法

多源Web实体解析(MSWER)的任务是从多个Web数据源中自动发现引用同一实体的实体指代。这项任务在问答和推荐等领域中起着重要作用。然而,现有的方法主要有三个局限性:① 它们通常把MSWER当作信息检索任务,重点是基于从多个源中提取的关联特征学习实体之间的相似性;② 忽略了不同实体的关联特征之间有价值的隐含交互作用,这些交互作用在没有任何外部知识的情况下无法根据给定的数据直接获取;③ 它们没有考虑实体之间交互特征的冗余和噪声。为了克服这些局限性,本章提出了一种新的基于路径表示的实体解析模型(AIDER),以路径的形式捕获与实体引用相关联的特征的显式和隐式交互,并进一步开发一个用于推断引用同一实体的指代的端到端实体解析模型。相应地,利用外部知识库构建隐式交互的路径,并利用精心设计的注意力机制来衡量每一个基于路径的交互的重要性,该机制侧重于有用的交互,而忽略那些冗余和噪声。

7.1　概　　述

随着信息技术的发展,关于一个实体的信息可能分布在多个网络资源中。搜索引擎和推荐系统等应用程序通常会整合来自多个Web源的资源,以提供来自不同Web源的可以互补的综合信息。但是,不同Web源的作者可以使用不同的引用来指代同一实体。例如,引用“Britain”“UK”和“United Kingdom”都是指代实体英国,它们通常是可交换使用的。显然,发现这样的实体引用有利于多源Web信息的集成。

多源Web实体解析(MSWER)旨在从多个Web源中自动发现指代同一实体的实体引用。由于互联网是开放的,作者通常以非结构化数据的形式发布信息,几乎没有固定的格式,因此需要设计一个合适的MSWER算法。现有的大多数方法将MSWER看作一个信息检索问题,像正则表达式这样的技术通常被用来提取属性和上下文的特征,并将其作为实体的输入数据,然后根据这些输入数据设计匹配模型来学习实体之间的相似性。

现有的实体解析方法有两条主要的研究路线:

(1) 基于特征的方法,该方法将实体解析视为一项信息检索任务。这些方法的基本思想是基于实体引用的特征设计启发式匹配特征和相似性度量。这些方法在特定领域取得了较好的效果。

（2）基于表示学习的方法，该方法将实体投影到一个的低维特征空间中，在该空间中学习到的向量表示之间的距离可以反映实体之间的相似性。近年来，人们提出了多种基于表示学习的方法。Cai等人构建了两个异构网络联合建模。Zhang等人利用双向长短记忆神经网络(LSTM)建模实体引用的上下文文本。这些方法在一定程度上获得了实体之间的语义信息。

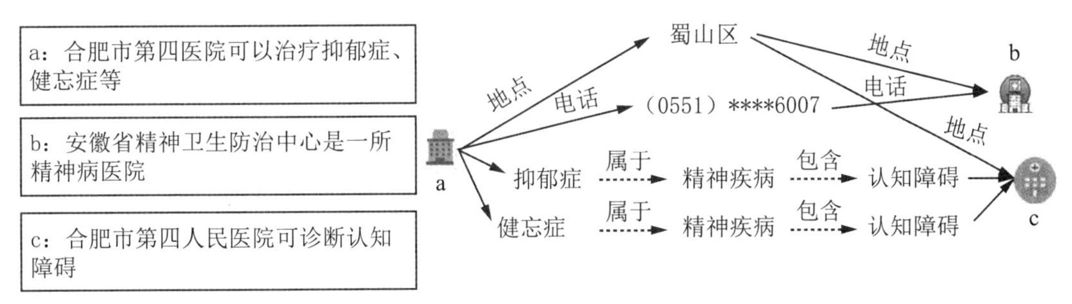

图7.1　三个等价的实体引用

三个等价的实体引用：a项为合肥市第四医院，b项为安徽省精神卫生防治中心，c项为合肥市第四人民医院(图7.1)。虚线表示由外部知识库推断的关系，实线表示由属性和上下文推断的关系。

虽然上述方法显示出了很好的性能，但是它们仍然有以下局限性：

（1）传统方法通常将MSWER视为信息检索任务，重点是学习基于关联特征的实体间的相似度。这些方法独立地考虑属性或上下文等的特征，然而这些特性忽略了它们之间的交互作用。由于数据源的质量不同，仅仅利用独立的特征可能会出现错误。如图7.1所示，医院"a"的电话号码为(0551)****6007"，而其等价的实体引用"c"的电话号码与医院"a"的不同。基于共享属性或其他特性的现有方法无法正确地推断出"a"和"c"的等价关系。因此，我们需要提取特征之间的交互以提供更多的辅助信息。

（2）有些方法只对显式交互进行建模，依赖于实体引用的现有特征，而忽略了从外部知识库中提取的许多有价值的隐式交互。例如，在图7.1中，通过上下文和外部知识库我们可以得到一个隐式交互：合肥第四医院→健忘症→认知障碍→合肥市第四人民医院。通过该交互信息，我们可以推断出这两个实体引用可能指代同一个现实世界的实体。最终，我们可以通过路径的形式获得多种交互信息来度量这两个实体引用的相似性。

（3）实体之间的交互信息可能存在冗余和噪声，现有方法多数通过人工特征工程来解决此问题。如图7.1所示，属性"蜀山区"可以被蜀山区的所有医院实体共享。因此，此交互可能将两个不等价的实体引用判断为等价的。现有方法通过为噪声和冗余交互分配较低的权重以发现真正的等效实体引用。然而，人工设计特征是比较耗时的。由于交互的重要性可能因不同的实体引用对而不同，因此该方法不能处理动态情况，为了克服上述这些局限性,本章提出了一种基于路径表示的实体解析网络(AIDER),该方法在统一的框架下,对实体引用之间的交互信息建模,并利用注意力机制衡量交互的重要性。为了避免低质量的特征导致的错误,我们对实体的属性和上下文同时建模。为了构建属性和上下文的隐式交互,引入外部知识库来提取关系信息,并提出了一种基于路径的网络表示学习方法。为了处理冗余和有噪声的交互路径,我们提出了一个注意力机制衡量实体对之间每条路径的贡献,从而可以专注于有意义的交互路径而忽略无意义和有噪声的交互路径。

7.2　基于路径表示的实体解析方法

将实体解析的数据集表示为$D=\{e_1, e_2, \cdots, e_i\}$,其中$e_i$表示$D$中的实体引用,$l$是$D$的长度。给定$u, v\in D$,分别将它们的属性表示为$\{a_{u1}, a_{u2}, \cdots, a_{ui}\}$,$\{a_{v1}, a_{v2}, \cdots, a_{vj}\}$。同时,对于$u, v$实体引用对,通过搜索引擎检索它们的相关上下文,分别定义为T_u和T_v。两个实体引用之间的关系不仅包含属性和上下文所反映的显式交互,而且还包含由外部知识库推断出的隐式交互。我们用路径集p来表示实体引用之间的交互。模型期望输出基于路径计算得到的u, v的匹配得分,该得分可以反映它们是否是等价实体引用。

7.2.1　模型框架

图7.2描述了模型的总体架构,模型由三个主要部分组成:路径构建部分是基于实体属性、实体上下文和外部知识库提取路径,路径编码部分目标是对实体引用对之间的路径进行编码,实体引用匹配部分通过注意力机制计算实体引用对的最终得分。具体来说,AIDER算法由以下五个步骤组成:

1. 输入编码

模型的输入是实体属性、训练数据集中的实体上下文和外部知识库。更具体地说,属性、上下文和外部知识库中包含的实体被视为一个序列。另外,我们可以得到它们的关系序列。两个序列都由word2vec预先训练。

2. 路径构建

为了捕捉实体引用之间的语义交互,我们根据属性、上下文和外部知识库构建实体引用对之间的路径。然后,我们可以得到两个实体引用之间的多条路径。

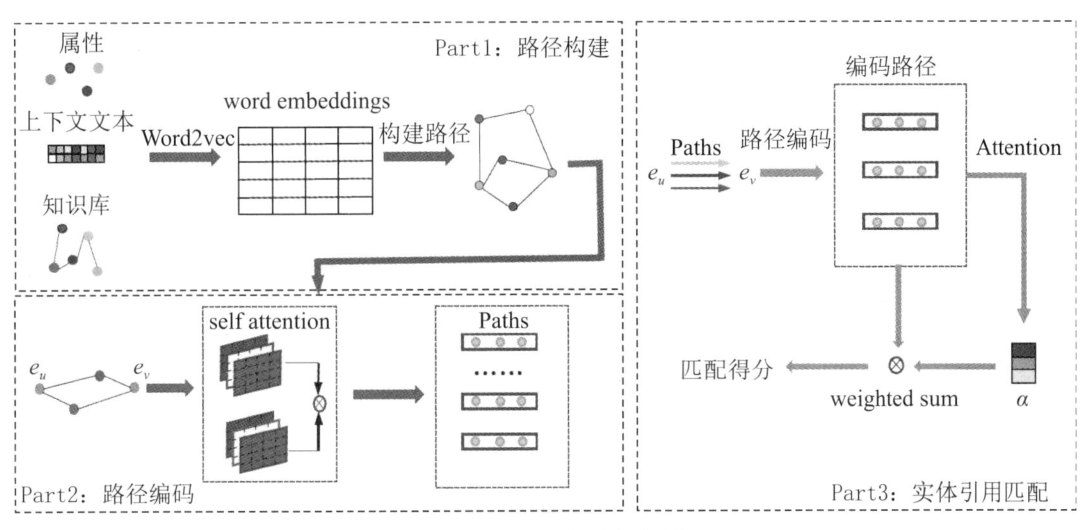

图7.2 AIDER算法框架图

3. 路径编码

为了编码显式交互和隐式交互，我们使用自注意力机制对实体引用之间的路径进行编码。

4. 路径分数计算

为了计算路径的分数，我们将其输入到两层前馈神经网络中，路径的权重由*softmax*函数计算。

5. 输出

对于实体引用对，我们通过加权得到最终路径分数之和，该结果用于判断实体引用是否指代同一实体。

7.2.2 输入编码层

如上所述，给定一个实体引用对u,v，可以得到它们的属性序列$\{a_{u1},a_{u2},\cdots,a_{ui}\}$和$\{a_{v1},a_{v2},\cdots,a_{vj}\}$。首先，将每个属性视为一个实体，并应用预训练的word embedding来将所有单词映射到低维向量，表示为$\{a_{u1},a_{u2},\cdots,a_{ui}\}$和$\{a_{v1},a_{v2},\cdots,a_{vj}\}$。

同样地，我们得到了上下文中实体的embedding，表示为$\{t_{u1},t_{u2},\cdots,t_{ui}\}$和$\{t_{v1},t_{v2},\cdots,t_{vj}\}$。更具体地说，我们利用搜索引擎检索$u$和$v$的相关上下文，它们由一系列单词组成。不同于处理上下文中的所有单词，我们使用命名实体识别工具识别上下文中的实体，并得到它们预训练的embedding。此外，知识库中的实体也同样被预训练的embedding代替。

基于属性、上下文和知识库,我们可以得到多种类型的关系。每种类型的关系都表示为一个 embedding $\boldsymbol{r}$。实体和关系 $\boldsymbol{e}, \boldsymbol{r} \in \mathbb{R}^d$,其中 d 是向量的维度。

7.2.3 路径构建

利用输入编码层我们得到了实体和关系序列的向量表示,然后,通过一些预先设定的路径模式得到实体引用之间的显式和隐式交互。为了得到实体引用之间的交互,我们可以在实体引用之间找到一条或多条路径。定义一条路径为 $p(u,v)=\left[e_u \xrightarrow{r_1} e_1 \xrightarrow{r_2} \cdots \xrightarrow{r_{L-1}} e_v\right]$,其中 L 是路径的长度,这样我们就可以得到任意两个实体引用之间的路径。假设第 i 个实体引用对有多个路径,表示为 $p_i=\{p_1^i, p_2^i, \cdots, p_L^i\}$。由于实体引用之间的路径是基于实体属性、实体上下文信息和外部知识库信息提取的,因此有不同的路径模式。

第一种路径是基于语料库中的结构化数据,即实体属性信息。我们将实体的属性表示为 $A=\{a_1, a_2, \cdots, a_i\}$,其中 i 是属性的数量,$a_i \in \mathbb{R}^d$。首先,将属性视为一个实体,我们能得到关系 $p_a=[e \rightarrow a_i]$。如果 $[e_u \rightarrow a_i] \wedge [a_i \rightarrow e_v]$ 那么可以得到路径模式 $[e_u \rightarrow a_i \rightarrow e_v]$。

另一种路径模式是有上下文文本提取而来,我们称作实体-上下文关系。对于 $[t_{u1}, t_{u2}, \cdots, t_{ui}]$ 和 $[t_{v1}, t_{v2}, \cdots, t_{vj}]$,显然我们可以得到关系 $p_d=[e_u \rightarrow t_{ui}]$ 和 $p_c=[e_v \rightarrow t_{vj}]$。

外部知识库中的链接结构能够帮助我们推断实体引用之间的隐式交互,如前面分析,这种交互对于推断实体引用是否指代同一实体十分重要。我们定义知识库中的实体集合为 ε,并且该实体在知识库中存在多个关系三元组。如果 $[e_u \rightarrow t_{ui} \wedge t_{ui} \rightarrow e_i \wedge e_u \rightarrow t_{vi} \wedge t_{vi} \rightarrow e_v]$ 成立,那么可以得到 $[e_u \rightarrow t_{ui} \rightarrow e_i \rightarrow t_{vi} \rightarrow e_v]$,其中 $\boldsymbol{e}_i \in \boldsymbol{\varepsilon}$。通过这种模式,我们可以得到实体引用对之间的多个隐式路径。

通过上述模式我们可以提取实体引用之间的多个交互信息,其中包含隐式交互和显式交互,我们把交互路径定义为 $p(u,v)=\left[e_u \xrightarrow{r_1} e_1 \xrightarrow{r_2} \cdots \xrightarrow{r_{L-1}} e_v\right]$。

7.2.4 路径编码层

实体对的路径被定义为 $p(u,v)=\left[e_u \xrightarrow{r_1} e_1 \xrightarrow{r_2} \cdots \xrightarrow{r_{L-1}} e_v\right]$,因此,我们可以得到路径的序列信息 $[e_u, r_1, e_1, r_2, \cdots, e_v]$,序列的嵌入矩阵定义为 X_p,其中,$X_P \in \mathbb{R}^{L \times d}$,$L$ 是路径的长度,d 是嵌入表示的维度。

实际应用中,序列的长距离信息常被忽略。因此,我们引入 Transformer(Vaswani et al., 2017)中提出的自注意力机制来解决该问题。该机制能在常序列的情况下提取路径的

序列信息,基于自注意力机制的路径表示为

$$Attention(X_p)=softmax\left(\frac{X_pW^Q(X_pW^k)^{\mathrm{T}}}{\sqrt{d}}\right)X_pW^v+X_p \tag{7.1}$$

式中,W^Q,W^k,W^v是输入X的变换矩阵,最后一个X_p是残差链接。通过自注意力编码,路径包含了节点的语义信息。

上一步的路径表示,即得到了路径上的实体和关系表示,通过链接实体和关系的表示向量,我们可以把路径用一维向量表示为

$$X_p=e_u\otimes r_1\otimes e_1\otimes\cdots\otimes e_v \tag{7.2}$$

7.2.5　实体引用匹配层

实体引用对之间可能存在多条路径,不同路径对匹配实体引用对的贡献不同。因此,对于每一条路径X_p,我们需要判断它的贡献得分。将路径的表示输入到一个双层前馈神经网络中,计算方法为

$$\alpha_{X_p}=f(X_pW_1+b_1)W_2+b_2 \tag{7.3}$$

式中,W_1和W_2为权重矩阵,b_1,b_2为偏置向量。

为了得到最终的权重,我们把α_{X_p}输入到一个标准的$softmax$函数中,该权重反映了路径的得分,即在匹配的过程中可以把注意力放在权重更高的路径上,计算方法为

$$\alpha_{X_p}=\frac{\exp(\alpha_{X_p})}{\sum_{p\in P}\exp(\alpha_{X_p})} \tag{7.4}$$

两个实体引用之间的相似度向量由它们之间所有路径的加权和表示。我们将相似性向量输入到MLP层中,得到实体引用对的相似性得分为

$$sim(e_u,e_v)=\mathrm{MLP}\left(\sum_{p\in P}\alpha_{X_p}X_p\right) \tag{7.5}$$

7.2.6　模型优化

在优化过程中,我们的目标是使距离较近的实体引用对的排序高于其他实体引用对。为此,我们根据实体引用对的路径得分来计算实体参考对之间的相似度,判断实体引用对是否等价。为了有效地训练模型,我们设计了成对排序损失函数,其基本思想是等价实体引用对的输出分数应比随机选择的实体引用对的输出分数大1。损失函数为

$$loss=\sum_{(e_u,e_v,e_v')\in D}\max[1-sim(e_u,e_v)+sim(e_u,e_v'),0] \tag{7.6}$$

式中，(e_u, e_v)是正确匹配的实体引用对，(e_u, e_v')是从训练数据集中随机选择的错误匹配的实体引用对。

模型的时间复杂度主要由路径编码和基于注意力机制的权重计算两部分组成。路径编码层的计算时间主要在自注意力编码阶段，它的时间复杂度是$O(n^2 d)$，其中，n是X_p的长度。与基于Rnn的方法相比，该方法具有并行计算的优点，节省了时间。由于前馈网络的存在，基于注意力机制的权重计算的时间复杂度为$O(nd^2)$。此外，GPU可以加速计算过程。整个时间复杂度是$O(n^2 d + nd^2)$。

7.3 实验与分析

7.3.1 数据集及评估标准

据我们所知，目前还没有标准的中文医疗机构数据集可用于实体解析和评估任务。为了全面评价本章的算法，我们收集了中国不同地区的医疗机构数据集。在网页上收集医院名称和相应的属性并手动标记出等价的实体引用。然后，我们根据这些医疗机构的属性利用搜索引擎搜索和下载相关文本。收集的数据集的统计数据如表7.1所示。

表7.1　中国不同地区医疗机构数据集统计

数据集	输入的实体引用	输入的实体引用对	等价实体引用
北京	313	49455	186
上海	329	53956	180
广州	293	42778	179

数据集中的大多数实体引用都包含电话号码和地址信息。尽管其他属性(如医院人数和医院级别)也可用于某些实体，但这些属性数据非常少。因此，我们使用电话号码和地址信息作为实体的属性。此外，每个实体引用都包含大量从Web搜索引擎收集的文本描述，这些文本描述作为实体引用的实体上下文信息。我们将实体解析任务视为一个信息检索任务，其目的是将正确匹配的实体引用排在最前面。在评价方面，我们采用了一个通用的Top-N度量标准归一化折损累计增益(*NDCG*)来评估不同实体解析算法的性能，该标准在信息检索或推荐系统中被广泛使用。*NDCG@k*是一种位置感知指标，较高的位置具有较高的分数。

对于每个数据集，我们将其随机分为两部分。一部分的数据用于训练，剩余的用于测试。*P*在15%～50%范围内取值。每50个周期对模型进行一次测试，当精度不增加时停止训练。使用Adam进行优化，训练周期为1000，批量大小为200。

对于AIDER，路径的长度最大为6，路径的数目设置为50，学习率设为0.0001。对于CAAEE，根据原文献，设置向量维数为100，学习率设为0.08。

7.3.2　对比算法

为了证明算法的有效性，我们将该方法与以下算法进行性能比较。本节中涉及的(A, B)是为实体引用对。

1. WSDC

该方法使用Web搜索返回的片段来度量条目的关联性，提出了一种具有双重检查模型的Web搜索来获取各种关联度量的统计信息。A和B之间的关联得分由$VarCosine$、$VarJaccard$和$VarOverlap$相似函数确定，公式分别为

$$VarCosine(A,B)=\frac{\min\left(c_A^B,c_B^A\right)}{\sqrt{c_A^A,c_B^B}} \tag{7.7}$$

$$VarJaccard(A,B)=\frac{\min\left(c_A^B,c_B^A\right)}{c_A^A+c_B^B-\max\left(c_A^B,c_B^A\right)} \tag{7.8}$$

$$VarOverlap(A,B)=\frac{\min\left(c_A^B,c_B^A\right)}{\min\left(c_A^A,c_B^B\right)} \tag{7.9}$$

式中，变量c_A^B是实体引用A在实体引用B的前N个片段中出现的总次数。变量c_A^B表示出现在实体引用A的前N个片段中的实体引用B的数量。c_A^A是A在查询A的前N个片段中的总出现次数，类似地，c_B^B是B的总出现次数。

2. FSE

通过增加频率信息来增强Chen提出的相似性函数，以解决实体引用A和实体引用B之间搜索结果的不平衡性。

$$FSE(A,B)=\frac{\sqrt{c_A^B\cdot c_B^A}}{\sqrt{N_A\cdot N_B}} \tag{7.10}$$

式中，变量N_A表示实体引用A的关联文本描述信息的数量，变量N_B表示实体引用B的关联文本描述信息的数量。

3. Multi-FF

这是一种基于特征的方法，利用乘法信息融合技术对实体引用对的多个特征值进行融合。每个特征值由$VarSim$相似函数计算，其公式为

$$VarSim(A,B)=\frac{c_A^B+c_B^A}{c_A^A+c_B^B} \tag{7.11}$$

$$Multi\text{-}FF(A,B)=\prod_{0<i<m} VarSim_i(A,B) \tag{7.12}$$

4. CAAEE

这是一种基于表示学习的算法,该算法旨在学习实体引用的低维特征表示向量。该方法通过设计两个异构网络,对实体引用及其相关属性和文本内容信息进行联合建模,它是一种无监督的表示学习方法。

7.3.3 实验结果

在本节中,我们将AIDER与上面提到的方法进行比较。根据表7.2、表7.3和表7.4,我们有以下观察结论。

WSDC在大多数数据集上的性能比其他方法差。这是因为WSDC只利用实体引用的属性信息,忽略了实体引用的关键内容信息。同时,该方法利用了一些朴素的相似函数,如*VarCosine*函数、*VarJaccard*函数和*VarOverlap*函数,这些相似函数不能很好地处理实体引用之间的不平衡属性。

最新的FSE和Multi-FF算法的性能优于WSDC。这是因为,除了属性之外,这两个模型都考虑了实体引用的上下文。这些内容描述包含了更多有用的信息,如实体引用和词语之间的共现信息可以为匹配实体引用提供更可靠的证据。这个结果验证了内容信息对于实体解析的有效性。

与WSDC、FSE和Multi-FF相比,CAAEE的性能最好。这是因为CAAEE是一种基于表示学习的方法,它只利用简单的原始特征,并采用表示学习方法自动学习特征向量。因此,它可以获得更有价值的实体引用之间的关系信息。相反,其他的比较算法依赖于专家的领域知识,如特征表示、相似函数和阈值的选择等。如何设计标准的特征表示向量和选取合适的阈值来满足不同的数据集是一个困难的问题。而且这些方法依赖于单词和实体引用的共现,这将受到语义鸿沟的影响。这表明基于表示学习的模型可以有效地捕捉原始数据中更多的语义特征。

与CAAEE相比,我们的算法有了很大的提高,其优点在于:提取了属性和实体引用上下文的显式交互,而且利用知识库中的信息来获得隐式的交互,能够更好地捕捉实体引用之间的关系;引入了一个精心设计的注意力机制来衡量交互的重要性,从中我们可以更好地关注有意义的交互,而忽略那些无意义和冗余的互动,这样我们就可以忽略噪声信息。

以上观察结果表明,我们的方法具有更好的性能,提出的模型是有效的。

表7.2　比较方法在北京数据集上的实验结果

P	方法	$NDCG@1$	$NDCG@3$	$NDCG@6$	$NDCG@9$	$NDCG@12$
15%	VarCosine	81.21	78.89	79.33	79.58	79.65
	VarJaccard	83.32	79.66	80.16	80.25	80.32
	VarOverlap	80.66	78.65	79.25	79.34	79.41
	FSE	83.98	80.76	81.01	81.09	81.27
	Multi-FF	87.84	83.41	83.59	83.80	84.04
	CAAEE	75.68	82.05	83.62	84.70	85.19
	AIDER	87.43	86.69	87.06	87.20	87.56
30%	VarCosine	76.81	74.67	74.67	74.67	75.10
	VarJaccard	76.81	73.98	73.98	73.98	74.42
	VarOverlap	76.81	74.61	74.61	74.61	75.40
	FSE	79.71	75.95	75.95	75.95	76.38
	Multi-FF	84.06	79.64	80.05	80.05	80.45
	CAAEE	78.26	81.49	83.35	84.54	84.54
	AIDER	90.56	89.51	89.64	90.20	90.28
50%	VarCosine	88.37	83.45	84.20	84.43	84.63
	VarJaccard	87.20	83.25	84.00	84.32	84.43
	VarOverlap	88.37	83.37	84.11	84.34	84.55
	FSE	82.42	79.46	79.46	79.46	79.46
	Multi-FF	86.81	82.84	82.84	82.84	82.84
	CAAEE	77.45	82.20	84.45	85.03	85.66
	AIDER	89.53	89.55	89.55	90.04	91.29

表7.3　比较方法在上海数据集上的实验结果

P	方法	$NDCG@1$	$NDCG@3$	$NDCG@6$	$NDCG@9$	$NDCG@12$
15%	VarCosine	77.21	75.55	75.70	75.78	75.78
	VarJaccard	79.75	77.97	78.12	78.21	78.21
	VarOverlap	76.79	75.39	75.54	75.63	75.63
	FSE	80.59	78.61	78.76	78.84	78.84
	Multi-FF	81.01	84.03	84.34	84.34	84.34
	CAAEE	78.90	83.98	84.80	85.73	86.07
	AIDER	89.07	91.05	91.05	91.05	91.05
30%	VarCosine	76.60	76.79	77.00	77.34	77.34
	VarJaccard	77.13	77.66	77.85	78.21	78.21
	VarOverlap	77.13	76.99	77.19	79.54	79.54
	FSE	79.26	79.11	79.32	79.67	79.67
	Multi-FF	81.91	84.79	85.37	85.71	85.71
	CAAEE	79.79	86.02	86.22	86.55	87.25
	AIDER	87.23	89.44	89.44	89.44	89.44

续表

P	方法	NDCG@1	NDCG@3	NDCG@6	NDCG@9	NDCG@12
50%	VarCosine	81.56	79.85	79.85	80.08	80.20
	VarJaccard	81.56	79.86	79.86	80.08	80.20
	VarOverlap	81.56	79.86	79.86	80.08	80.20
	FSE	80.85	79.60	79.60	79.82	79.94
	Multi-FF	84.40	86.27	86.27	86.27	86.27
	CAAEE	79.43	86.66	87.07	87.43	87.43
	AIDER	89.65	89.45	89.45	89.9	90.12

表7.4　比较方法在广州数据集上的实验结果

P	方法	NDCG@1	NDCG@3	NDCG@6	NDCG@9	NDCG@12
15%	VarCosine	77.78	79.33	79.33	79.33	79.33
	VarJaccard	77.77	78.90	78.90	78.90	78.90
	VarOverlap	79.08	79.90	79.90	79.90	79.90
	FSE	79.08	79.73	79.73	79.73	79.73
	Multi-FF	78.43	83.46	83.72	83.72	83.72
	CAAEE	76.47	85.53	87.38	87.73	87.73
	AIDER	88.46	90.38	90.38	91.13	91.13
30%	VarCosine	77.96	82.83	83.13	83.13	83.13
	VarJaccard	74.62	80.51	80.81	80.81	80.81
	VarOverlap	76.82	82.62	82.91	82.91	82.91
	FSE	77.69	82.42	82.72	82.72	82.72
	Multi-FF	74.62	83.85	84.13	84.38	84.38
	CAAEE	75.31	85.65	85.65	87.14	87.14
	AIDER	91.55	91.79	91.79	92.03	92.03
50%	VarCosine	75.23	80.78	80.78	80.78	80.78
	VarJaccard	71.56	78.15	78.15	78.15	78.15
	VarOverlap	74.31	80.44	80.44	80.44	80.44
	FSE	74.31	79.84	79.84	79.84	79.84
	Multi-FF	73.39	82.96	82.97	82.97	82.84
	CAAEE	67.89	81.90	83.54	83.54	83.54
	AIDER	91.60	82.35	92.62	92.62	92.75

7.3.4　参数敏感性分析

为了研究维数对结果的影响，我们将维数从100变为250，训练规模P固定在30%，其他参数不变。图7.3描述了不同维度下AIDER在医疗机构实体数据集上的性能。可以看出，随着维数的增加,性能并没有变得越来越好。低维向量无法获得足够的实体引用信息,而高维向量可能会花费更多的训练时间。当选择200维的维数时,AIDER表现得很好。总的来说,当维数从100变为250时,结果差异不大,该算法在不同维度下表现是稳定的。

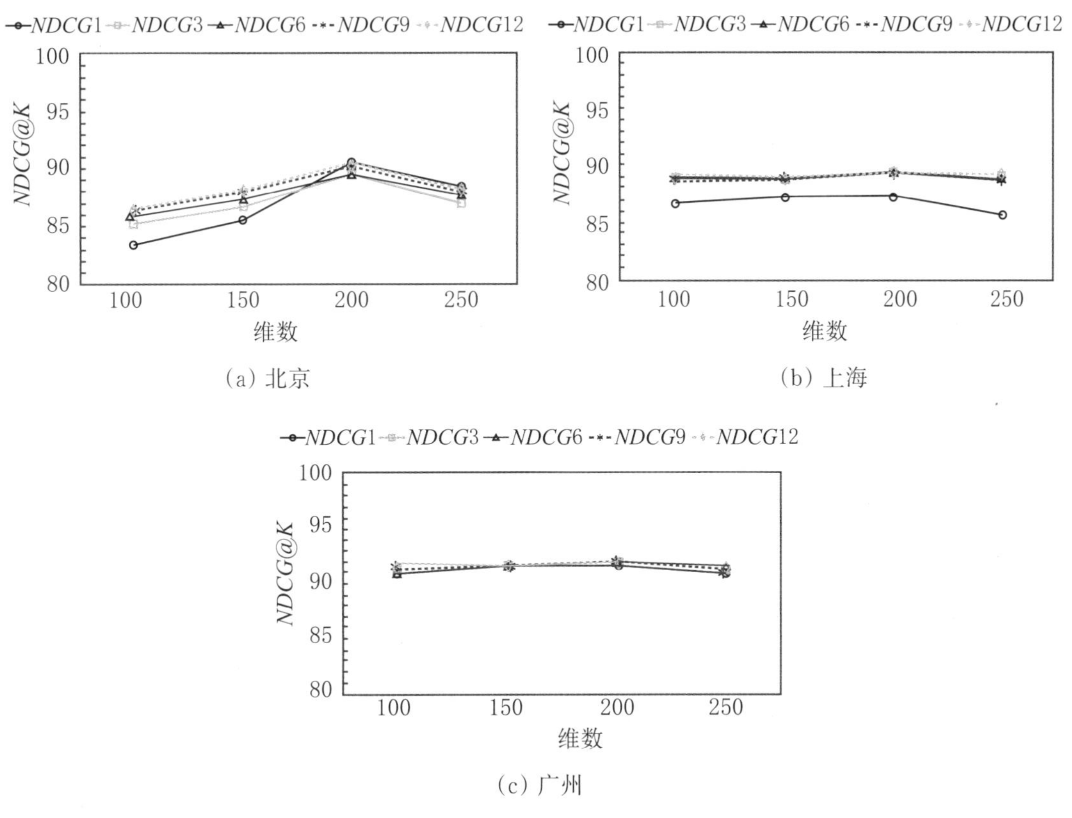

图7.3　在不同维度下的三个数据集上的结果

7.3.5　变种分析

为了说明外部知识库和注意力机制的影响,我们通过设计一个变种实验来分析这些因素对性能的影响。表7.5、表7.6和表7.7展示了AIDER方法及其两个变种(AIDER_No_KB和AIDER_No_Attention)的对比结果。实验在所有数据集上进行,向量维度设置为200。

1. AIDER_No_KB

我们首先在没有外部知识库的情况下进行实验。该实验中模型只考虑实体间的显式交互,忽略实体间的隐式交互。结果表明,利用外部知识库可以得到比没有知识库更好的结果。结果证实了隐式交互的重要性。

2. AIDER_No_Attention

这意味着实体引用之间的每条路径的权重相等。实验结果表明,去除注意力机制会导致AIDER在所有数据集中的性能急剧下降。虽然AIDER_No_Attention同时考虑了显式和隐式交互,但它们都不能解释实体引用之间的分数。因此,这使得工作成为一个黑匣子,并给模型带来噪音交互。与AIDER_No_Attention相比,AIDER方法的结果更好,也验证了注意力机制的有效性。

表7.5 AIDER及其变种在数据集上的比较结果(P=15%)

数据集	方法	*NDCG@1*	*NDCG@3*	*NDCG@6*	*NDCG@9*	*NDCG@12*
北京	AIDER_No _KB	85.87	84.67	85.01	86.19	86.44
	AIDER_No_Attention	83.70	83.27	84.12	84.51	84.58
	AIDER	87.43	86.69	87.06	87.20	87.56
上海	AIDER_No _KB	86.15	85.86	85.86	85.86	83.13
	AIDER_No_Attention	81.85	84.60	85.08	85.21	85.44
	AIDER	89.07	91.05	91.05	91.05	91.05
广州	AIDER_No _KB	86.54	89.10	89.10	89.10	89.10
	AIDER_No_Attention	86.27	87.83	88.38	88.59	88.59
	AIDER	88.46	90.38	90.38	91.13	91.13

表7.6 AIDER及其变种在数据集上的比较结果(P=30%)

数据集	方法	*NDCG@1*	*NDCG@3*	*NDCG@6*	*NDCG@9*	*NDCG@12*
北京	AIDER_No _KB	84.73	84.57	84.44	85.80	85.80
	AIDER_No_Attention	84.06	82.13	82.67	823.1	83.41
	AIDER	90.56	89.51	89.64	90.20	90.28
上海	AIDER_No _KB	88.67	87.89	87.89	87.89	87.89
	AIDER_No_Attention	84.02	85.70	85.70	85.92	86.07
	AIDER	87.23	89.44	89.44	89.44	89.44
广州	AIDER_No _KB	86.92	86.51	86.80	86.80	86.80
	AIDER_No_Attention	87.69	87.68	87.68	87.83	87.83
	AIDER	91.55	91.79	91.79	92.03	92.03

表7.7 AIDER及其变种在数据集上的比较结果(P=50%)

数据集	方法	*NDCG@1*	*NDCG@3*	*NDCG@6*	*NDCG@9*	*NDCG@12*
北京	AIDER_No _KB	86.17	86.95	87.75	88.28	88.60
	AIDER_No_Attention	84.88	84.57	84.57	85.38	85.38
	AIDER	89.53	89.55	89.55	90.04	91.29
上海	AIDER_No _KB	86.09	86.25	86.25	86.48	86.48
	AIDER_No_Attention	85.82	86.62	86.89	86.89	87.09
	AIDER	88.65	89.45	89.45	89.90	90.12
广州	AIDER_No _KB	86.26	86.17	86.47	86.47	86.47
	AIDER_No_Attention	83.97	86.83	86.83	86.85	87.03
	AIDER	91.60	82.35	92.62	92.62	92.75

7.3.6 可视化分析

实验结果表明,AIDER通过提取实体间的显式和隐式交互以及通过注意力机制选择有意义的交互,可以获得很好的性能。我们首先将两个等价实体引用之间的交互(以路径的形式)可视化,并展示注意力机制是如何工作的。然后,我们将通过一个例子来说明AIDER方法的匹配结果。

在我们的模型中,实体引用之间的不同路径对判断它们是否等价有不同的贡献。为了直观地说明注意力机制在区分有意义和无意义路径中的必要性,我们将AIDER提取的实体引用对之间的路径进行可视化,并展示了由注意力机制计算出的权重。图7.4显示实体引用"北京大学精神卫生研究所"和"北京第六医院"之间的部分路径及其权重。

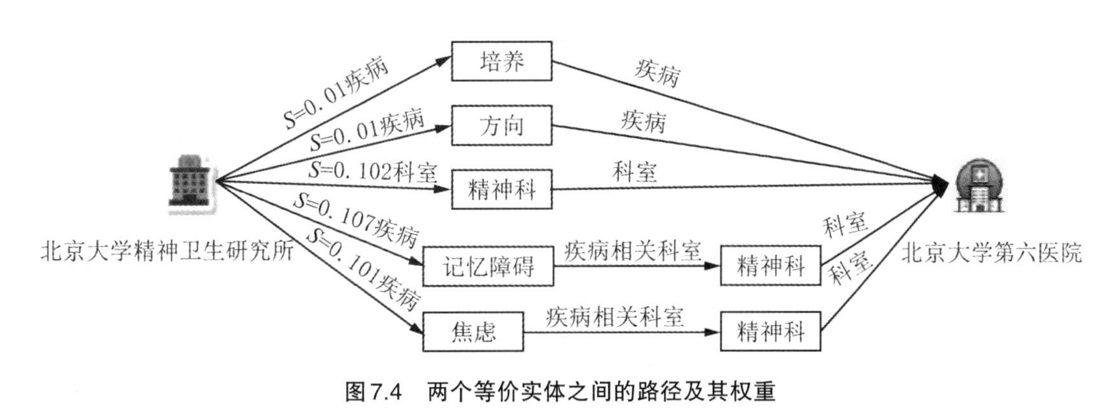

图7.4 两个等价实体之间的路径及其权重

从图7.4可以看出注意力机制为路径"北京大学精神卫生研究所$\xrightarrow{\text{疾病}}$记忆障碍$\xrightarrow{\text{疾病相关科室}}$精神科$\xrightarrow{\text{科室}}$北京大学第六医院"分配了更高的权重,原因是该路径对于判断"北京大学精神卫生研究所"和"北京第六医院"是等价实体对的贡献更大。相反,为路径"北京大学精神卫生研究所$\xrightarrow{\text{疾病}}$方向$\xrightarrow{\text{疾病}}$北京大学第六医院"分配了较低的权重,因为该路径是无意义的交互。结果和我们期盼的结果一致,说明注意力机制对AIDER方法有帮助。

为了验证AIDER的有效性,我们在广州数据集上检索了"广东省第二人民医院"的等价实体引用,并与对比方法的结果进行了比较。表7.8展示了检索结果,显示了得分排名前5的结果。如图7.5所示,AIDER方法和CAAEE方法都检索到了2个标准等价实体引用。而其他方法只检索到1个标准等价实体引用。然而,与CAAEE相比,AIDER检索到的两个标准等价实体排序在前两位。实验结果表明,与其他方法相比,该方法具有更好的性能。

表7.8　不同方法在广州数据集上的检索结果

方法	查询:广东省第二人民医院
AIDER	1. 广东省二院 (*) 2. 省二医 (*) 3. 中山二院 4. 中国人民解放军广州海军医院 5. 广州市白云区人民医院
CAAEE	1. 广东省二院 (*) 2. 广州市海珠区第二人民医院 3. 广州中医药大学第二附属医院 4. 省二医 (*) 5. 广州市海珠区中医院
FSE	1. 广州市海珠区第二人民医院 2. 省二医 (*) 3. 广州白云心理医院 4. 广州固生堂 5. 南方医科大学南方医院
Multi-FF	1. 广州市海珠区第二人民医院 2. 省二医 (*) 3. 广州白云心理医院 4. 广州固生堂 5. 南方医科大学南方医院
VarCosine	1. 广州市海珠区第二人民医院 2. 省二医 (*) 3. 广州白云心理医院 4. 广州固生堂 5. 南方医科大学南方医院
VarJaccard	1. 广州市海珠区第二人民医院 2. 省二医 (*) 3. 广州白云心理医院 4. 广州固生堂 5. 南方医科大学南方医院
VarOverlap	1. 广州市海珠区第二人民医院 2. 省二医 (*) 3. 广州白云心理医院 4. 广州固生堂 5. 南方医科大学南方医院

小　结

本章通过在统一框架中对属性和上下文的显式交互和隐式交互的联合建模，提出了一种基于路径表示的多源Web信息实体解析方法AIDER。此外，我们使用外部知识库来提取实体引用之间的隐式交互，并且提出了一种注意力机制来关注有意义的交互，忽略实体对之间无意义和冗余的交互。在三个真实数据集上的实验结果验证了该框架的有效性和鲁棒性。在未来，我们计划将AIDER方法更多地应用到实际中，例如推荐系统和信息检索。

事件抽取的相关研究，有助于我们深入了解机器理解数据、理解世界的机制，也有助于我们了解自身的认知机制，对人工智能之外领域的研究也是非常有意义的。事件的识别和抽取研究的是如何从描述事件信息的文本中识别并抽取出事件信息并以结构化的形式呈现出来，包括其发生的时间、地点、参与角色以及与之相关的动作或者状态的改变。传统的事件检测方法忽略了句子中词与词之间包含的句法特征，仅利用了句子级别的特征，所以容易因为单词存在歧义而不能正确识别事件信息。海关、食品检验数据中同样有大量的此类数据，我们所研究的事件抽取技术可以克服歧义问题并帮助解决很多现实问题，如海量信息的自动处理。

第8章　触发词与属性值对联合抽取方法研究

本章提出了一种触发词与属性值对的联合抽取方法，该方法不仅能够通过识别触发词确定长文本中的信息语句，从而确定二元语义属性的取值，而且能够根据触发词、字符串属性和属性值的相互依赖关系，基于条件随机场构建联合标记模型，提高字符串属性值对的抽取性能。实验结果显示，与传统方法相比，该方法能够抽取二元语义属性值对，并且对字符串属性的抽取准确率、召回率和F值分别提高了15.3%、15.5%和15.5%，同时抽取所用平均时间降低了76.29%。

8.1　概　　述

属性值对抽取成功地应用在食品安全、医学、电子商务等领域，它是推理应用的基础，也是知识库构建的基础。然而，现有的应用中所涉及的数据大都是短文本。随着Web技术的发展，网络上出现了大量的长文本数据。长文本中包含较多的冗余信息，这些冗余信息在帮助理解的同时，也使阅读效率降低。本章提出通过抽取属性值对完成长文本的结构化处理，以此快速捕获核心内容，提高用户的阅读效率。然而传统属性值对抽取方法存在局限性，即仅限于抽取字符串属性，难以完成二元语义属性的抽取。这里的字符串属性是指属性及其取值以字符串形式存在于文本中的属性，二元语义属性是指属性值为“是”或“否”的属性。

为此，我们引入触发词的概念，本章中的触发词是指出现在描述属性句子中的关键词。如果句子中不包含触发词，则其不可能描述属性信息。我们将含有触发词的句子定义为候选信息语句，将描述属性的句子定义为（真实）信息语句。属性值对抽取主要包括以下两个任务：

(1) 触发词识别：识别触发词，判定一个候选信息语句是否为（真实）信息语句；

(2) 属性和属性值识别：从（真实）信息语句中识别出属性和属性值。

对于二元语义属性，只需要确定文本中存在信息语句即可确定属性值为“是”，故抽取任务只包括任务(1)。对于字符串属性，需要继续从信息语句中识别字符串属性和属性值，故抽取任务包括任务(1)和(2)。若将任务(1)和(2)看成顺序的过程，则(1)中出现的错误会延续至(2),因此触发词识别的效果决定了字符串属性值对抽取的总效果。考虑触发词、字符串属性和属性值在信息语句中的共现性,可将三者的识别过程看作序列标注任务,基于条件随机场(Condition random field,CRF)建立触发词、字符串属性和属性值的联合标记模型用于抽取文本中的字符串属性值对。通过建立触发词识别模型来判断信息语句的存在与否,从而确定二元语义属性的取值,用于抽取长文本中的二元语义属性值对。利用基于熵的特征排序方法挑选种子触发词,构建初始触发词表;利用每次标记结果中新识别的触发词对触发词表进行迭代扩展。

8.2 算法流程

8.2.1 训练和抽取的算法

针对长文本中存在的冗余信息和二元语义属性,我们将触发词引入到属性值对抽取方法中,设计了一种触发词与属性值对联合抽取方法TAVPE。该方法不仅具备二元语义属性值对的抽取能力,而且提高了传统字符串属性值对抽取的性能。该方法分为训练(TAVPE-Training)和抽取(TAVPE-Extracting)两个阶段,如图8.1和图8.2所示。

输入:*TrainTxtSets*

输出:*TriggerTable*, *Models*

1. *TriggerTable*←createTriggerTable();//触发词表 *TriggerTable* 结构如(*Attribute*, *Type*, *TriggerSet*),其中 *Type* 指属性为"二元语义属性"还是"字符串属性",*TriggerSet* 初始化为空;
2. *Models*←∅ //记录属性和相应的模型,形如(*Attribute*, *Model*)
3. *InfoSens*←manuallyLabelInfoSensbyAttributes(*TrainTxtSets*);
4. *InfoSenSets*←classifybyAttribute(*InfoSens*)//*InfoSenSets* 记录属性和信息语句集合的对应关系,形如(*Attribute*, *InfoSenSet*)
5. for each row in *InfoSenSets*
6. 　*Attribute*←row.getAttribute();
7. 　*InfoSenSet*←row.getInfoSenSet();
8. 　*TriggerSet*←**generateTriggers**(*InfoSenSet*);
9. 　addToTriggerTable(*Attribute*,*TriggerSet*);//依据属性将触发词集合加入触发词表中
10. 　*model*←**buildModel** (*InfoSenSet*);
11. 　addToModels(*Attribute*,*model*);
12. End for
13. return *TriggerTable*, *Models*

图8.1　训练算法

```
输入:TriggerTable, Models, TestTxt
输出:AVPs

1.  AVPs←∅
2.  CanInfoSenSets←∅//记录属性和候选信息语句集合的对应关系,形如(Attribute, CanInfoSenSet),
3.  TrueInfoSenSets←∅//记录属性和真实信息语句集合的对应关系,形如(Attribute, TrueInfoSenSet)
4.  SensSet←splitSentences(TestTxt);
5.  for each sentence in SensSet
6.    for each row in TriggerTable
7.      if sentence contains word∈row.getTriggerSet()
8.        addToCanInfoSenSets(row.getAttribute(),sentence);
9.    End for
10. End for
11. for each row in CanInfoSenSets
12.   CanInfoSenSet←row.getCanInfoSenSet();
13.     if CanInfoSenSet ≠∅
14.       Attribute←row.getAttribute();
15.       preProcess(CanInfoSenSet) and use Models.getModel(Attribute) to label it;
16.       if(TriggerTable.getType(Attribute)=="二元语义属性")
17.         addToTrueInfoSenSets(Attribute, 标注结果中包含"T"类标签的候选信息语句);
18.       if(TriggerTable.getType(Attribute)=="字符串属性")
19.         addToTrueInfoSenSets(Attribute, 标注结果中同时包含"T"、"A"和"V"类标签的候选信息
语句);
20. End for
21. AVPs←extractAndExtension(TrueInfoSenSets,TriggerTable);
22. return AVPs;
```

图8.2　抽取算法

训练阶段的目的在于获取抽取阶段所需的触发词表及模型。对于给定的训练文本集,首先以属性为标签,手工标注文本中的信息语句,并依据属性对信息语句进行分类,形成各属性的信息语句集合;然后利用每个属性的信息语句集合,结合基于熵的特征排序方法生成种子触发词,以构建初始触发词表;接着对信息语句集合进行预处理,并手工给预处理后的每个分块分配一个标签,构建各属性的训练集;最后基于CRF训练各属性的序列标注模型。

抽取阶段的目的在于从给定的测试文本中抽取属性值对集合。首先对给定的测试文本进行分句处理,通过遍历并匹配触发词表中的触发词,获取各属性的候选信息语句集合;然后利用训练阶段获得的模型对相应属性的候选信息语句集合进行标注,根据标注结果的特征确定各属性的真实信息语句集合;基于启发式规则从真实信息语句中抽取属性值对,并利用真实信息语句中新识别的触发词扩展初始触发词表。

8.2.2 生成触发词

本小节对应图8.1中的generateTriggers函数，选用基于熵的特征排序方法生成种子触发词。

令$P\{p_1,p_2,\ldots,p_N\}$表示一个属性的信息语句集合，考虑触发词中动词所占比例较大，令$W\{w_1,w_2,\ldots,w_M\}$表示所有出现在P中的动词集合，集合P的熵定义为

$$E=-\sum_{i=1}^{N}\sum_{j=1}^{N}\left[S_{i,j}lbS_{i,j}+(1-S_{i,j})lb(1-S_{i,j})\right] \tag{8.1}$$

式中，$S_{i,j}=-\exp(\alpha\cdot D_{i,j})$表示$p_i$与$p_j$间的相似度，$D_{i,j}$表示$p_i$与$p_j$间的欧几里得距离，$\alpha=-\frac{\ln 0.5}{\overline{D}}$，表示集合$P$中所有信息语句的平均距离。

数据集的熵描述数据集的聚集程度，聚集程度越高，可分性越好，熵值越大。因此基于熵的特征排序方法基于一个假设：如果一个特征提高数据可分性的程度越高，则该特征越重要。特征空间W中每个词语W_i的重要性由从特征空间中移除特征W_i后数据集的熵定义。如果移除某个特征后造成数据集的熵最大，则这个特征是最重要的。因此我们利用以下方式计算每个词语的重要性：依次从特征空间W中移除一个词语，利用公式(8.1)计算此时数据集的熵；依据数据集的熵由大到小的顺序对所移除的特征词语进行排序，抽取排名靠前的三个词语作为种子触发词。

8.2.3 建立模型

本小节对应图8.1中的buildModel函数。就二元语义属性而言，属性值由是否存在描述二元语义属性的信息语句决定，故属性值对抽取任务的核心在于判断由触发词定位的候选信息语句是否为真实信息语句。为此，需要构建触发词识别模型从候选信息语句中识别触发词以确定真实信息语句。考虑到触发词的上下文特征对于触发词识别具有促进作用，因此可以将触发词的上下文特征引入触发词识别模型中，将识别过程看作一个序列标注问题。就字符串属性而言，属性值对抽取任务包括触发词识别和属性值识别。因触发词、属性和属性值在信息语句中的共现性，以及三者间的相互依赖关系，故将从信息语句中同时识别三者的过程看作为一个序列标注问题。

CRF是一个判别式概率模型，常用于解决序列标注问题，根据给定输入节点的值，通过计算并比较输出节点值的条件概率，可以确定最终的输出值。将所有输入节点看作一个单元节点，形成线性链条件随机场，如图8.3所示。将输入序列和输出序列分别表示成X和$Y(Y_1\,Y_2\cdots Y_n)$，线性链条件随机场模型用于挑选使条件概率$P(Y|X)$最大的作为Y最终的

输出序列,其公式为

$$Y^{*}=\arg\max P(Y|X)=\frac{1}{Z(x)}\exp\left[\sum_{k,i}\lambda_k t_k(Y_{i-1},Y_i,X_i)+\theta_l s_l(Y_i,X_i)\right] \tag{8.2}$$

式中,t_k表示局部特征,s_l表示节点特征,λ_k和θ_l分别表示两类特征的权重。

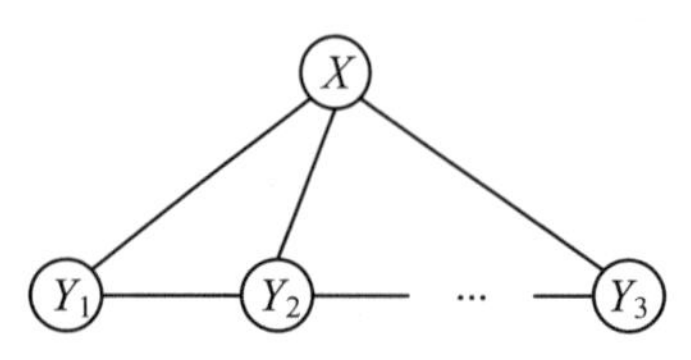

图8.3　线性链条件随机场模型

为获取模型的训练集,首先对各属性的信息语句集合进行预处理,将触发词词语标记为T(Trigger)。对于二元语义属性,将其他所有非触发词词语标记为N(Neither)。对于字符串属性,我们创建BME标签,即根据预处理后的分词是词语的开始、中间和结尾分别手工标记为B(Begin-of)、M(Middle-of)和E(End-of),然后组合分词的类别标签,包括属性标签A(Attribute)和属性值标签V(Value),故字符串属性的标签包括{T,B-A,M-A,E-A,B-V,M-V,E-V,N},以此得到各属性的训练集。利用训练集,对于二元语义属性,基于CRF训练触发词序列标注模型,即触发词识别模型;对于字符串属性,基于CRF训练触发词、属性和属性值的联合标注模型。

8.2.4　抽取及扩展

本小节对应图8.2中的extractAndExtension函数,目的在于完成属性值对的抽取及触发词的扩展工作。对于二元语义属性,若真实信息语句集合(TrueInfoSenSet)不为空,表示存在这类二元语义属性的信息语句,那么该二元语义属性的取值为"是",否则取值为"否"。对字符串属性,遍历真实信息语句集合中的每个信息语句,从信息语句中抽取类别标签为"A"的词语按照"B-A+M-A+E-A"组合成属性,抽取类别标签为"V"的词语按照"B-V+M-V+E-V"组合成属性值,在以","或";"为分隔的短句中完成属性和属性值的匹配。

此外,对于各属性的信息语句中标签为"T"的词语,如果词语不存在于触发词表该属性对应的触发词集合中,说明该词语是新识别出的触发词,则将其加入触发词集合中,以此完成触发词表的一次迭代更新。每次使用TAVPE-Extracting进行属性值对抽取时,都使用最新的触发词表。

8.2.5　时间复杂度分析

CRF在训练阶段采用向前-向后算法,其时间复杂度为$O(TSL^2)$(Li, 2012),在预测阶段采用维特比算法，其时间复杂度为$O(SL^2)$，其中S表示待标记序列的长度，T表示待标记序列每个位置上的特征数，L表示类别标签种类数。

图8.1中算法的时间复杂度取决于generateTriggers函数和buidlModel函数。假定Num为InfoSenSets的行数，N为属性所对应的信息语句数，M为信息语句中的动词个数，如果将两个句子的相似度计算看作一个单元，则generateTriggers函数的时间复杂度为$O(MN^2)$。buidlModel函数建立触发词识别模型时$L=2$，建立联合标记模型时$L=8$，与N相比数量级较小，可忽略不计。故图8.1所示算法的时间复杂度取决于generateTriggers函数，为$O(NumMN^2)$。

在图8.2所示算法中，令N_{tt}表示TestTxt的句子总数，Col表示TriggerTable的行数，C表示其中的触发词总个数，步骤5～10是为了获取CanInfoSenSets，其时间复杂度为$O(N_{tt}C)$；CanInfoSenSets的行数$\leqslant Col$，CanInfoSenSet的集合大小$\leqslant N_{tt}$，步骤11～20利用图8.1所示算法训练的CRF模型对CanInfoSenSets中的每个CanInfoSenSet集合进行标注，已知CRF在预测阶段的时间复杂度为$O(SL^2)$，故此时图8.2所示算法的最坏时间复杂度为$O(ColN_{tt}SL^2)$。

8.3　实验与分析

本节挑选非结构化文档作为实验语料，手工标注属性值，利用CRF＋＋工具训练模型，该工具需要指定特征模板。从预处理获得的训练集来看，现有的特征类型包括词语、词性和依存句法关系。通过分析，确定了以下特征：(1) 当前词语；(2) 前后两个词语；(3) 当前词语的词性；(4) 前后两个词语的词性；(5) 依存句法关系；(6) 前后两个词语的依存句法关系。从一元特征开始，先后添加了特征(1)(3)(5)；又将特征扩展到多元，先后加入特征(2)(4)(6)，此外，尝试了加入词性联合依存关系特征，构成多元交叉特征模板。表8.1所示为五个特征模板。

表8.1　特征模板

模板名	模板形式化表示
Template1	Fc, $c-1$(W,POS)
Template2	Fc, $c\pm1$(W,POS,SS)
Template3	Fc, $c\pm2$(W,POS,SS)
Template4	Fc, $c\pm1$(W,POS,SS), Fc, $c\pm2$(W,POS)
Template5	Fc,$c\pm1$(W,POS,SS),Fc,$c\pm2$(W,POS), Fc(POS,SS)

CRF＋＋工具利用参数c来平衡拟合程度。为了提高序列标注模型的标注效果，基于不同模板，选择不同的特征和参数进行实验，采用十倍交叉验证的方法，将训练集均分为10

份，选取1份作为验证集检测模型性能。图8.4是实验结果，从图中可以看出，当选用模板5且参数$c=1.5$时错误率最低。

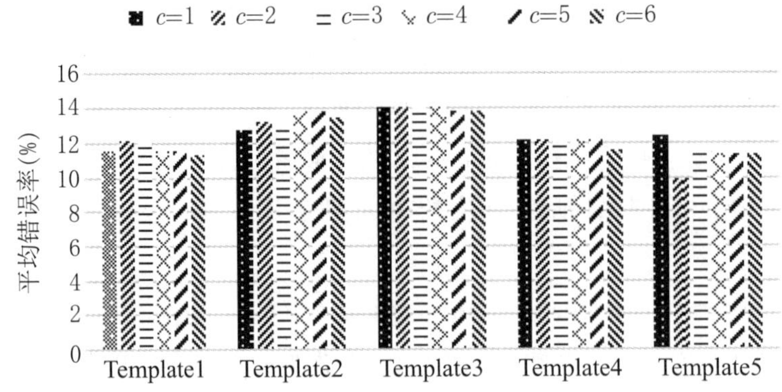

图8.4 模板选择和参数调整

通过准确率(P)、召回率(R)和综合指标$F1$值评估效果，公式分别为

$$P=\frac{N_r}{N_r+N_e} \tag{8.3}$$

$$R=\frac{N_r}{N_{num}} \tag{8.4}$$

$$F1=\frac{2\cdot P\cdot R}{P+R} \tag{8.5}$$

N_r是正确抽取的司法判决书案情文本数，N_e是错误抽取的文本数，N_{num}是处理文本总数。

为了凸显触发词和联合标记模型的贡献，下面设计了两组对比实验。

对比实验1(basicCRF)：不使用触发词，针对字符串属性，训练基于属性和属性值的序列标注模型。对于给定的案情文本，首先利用序列标注模型进行标注，然后抽取属性标签和属性值标签标注的词语匹配成属性值对。这类方法对二元语义属性不具备抽取能力。

对比实验2(Trigger+CRF)：将触发词识别和属性值对识别看作两个顺序的过程。针对字符串属性，分别训练触发词识别模型和基于属性、属性值的序列标注模型。结合触发词表定位文本中的候选信息语句，首先利用触发词识别模型标记候选信息语句确定真实信息语句；然后利用序列标注模型对真实信息语句进行标注。针对二元语义属性，与TAVPE方法一致。

为了考察TAVPE算法在长文本中的属性值对抽取性能和时间性能。表8.2给出TAVPE与对比方法的实验结果。

表8.2 不同属性值对算法的抽取结果比较

属性	方法	P	R	$F1$
属性1	basicCRF	83.0%	80.4%	81.7%
	Trigger+CRF	88.8%	81.4%	84.9%
	TAVPE	90.1%	84.0%	86.9%

续表

属性	方法	P	R	$F1$
属性 2	basicCRF	90.1%	91.1%	90.6%
	Trigger+CRF	95.0%	84.4%	89.4%
	TAVPE	96.3%	86.7%	91.2%
属性 3	basicCRF	90.7%	88.7%	89.7%
	Trigger+CRF	94.4%	90.9%	92.6%
	TAVPE	95.0%	91.4%	93.2%
属性 4	basicCRF	/	/	/
	Trigger+CRF	100%	96.8%	98.4%
	TAVPE	100%	96.8%	98.4%
以上四者	basicCRF	58.6%	58.0%	58.2%
	Trigger+CRF	70.7%	70.1%	70.4%
	TAVPE	73.9%	73.5%	73.7%

由实验结果可知:

(1) 与basicCRF相比,引入触发词后的Trigger+CRF和TAVPE算法能够抽取二元语义属性,并且在抽取字符串属性的准确率、召回率和F值都有提高。原因在于未使用触发词的basicCRF方法不具备二元语义属性的抽取能力,此外由于利用模型对案情的全部内容进行标注,抽取到很多不相关的信息,从而导致准确率较低。

(2) 与Trigger+CRF相比,TAVPE算法在抽取精度上有所提高。原因在于Trigger+CRF方法使用了管道模型,使得触发词识别的错误延续至属性值对识别。而TAVPE方法中的联合标记模型考虑到了触发词、字符串属性和属性值在信息语句中的共现性,借助触发词识别对属性值对识别的促进作用,提高了字符串属性值对的抽取性能。

图8.5给出三种算法的时间性能比较。由实验结果可知:

(1) 相比于basicCRF方法,TAVPE算法的耗时明显缩短,并且随着数据量的增加,两者运行时间差距增大。原因在于basicCRF没有引入触发词,需要对案情的全部内容进行预处理,而TAVPE算法利用触发词获取案情中的候选信息语句集合,仅需对候选信息语句进行预处理,从而节省了运行时间。

(2) 与Trigger+CRF相比,TAVPE算法的耗时稍有缩短。原因在于抽取字符串属性值对时,Trigger+CRF方法将触发词识别和属性值对识别看成两个顺序的过程,过程间存在时间延迟,而TAVPE算法将触发词、属性和属性值识别视作一个序列标注过程,从而节省了运行时间。

由此可见,触发词与属性值对的联合抽取方法不仅具备二元语义属性的抽取能力,而且提高了字符串属性值对的抽取性能和抽取效率。

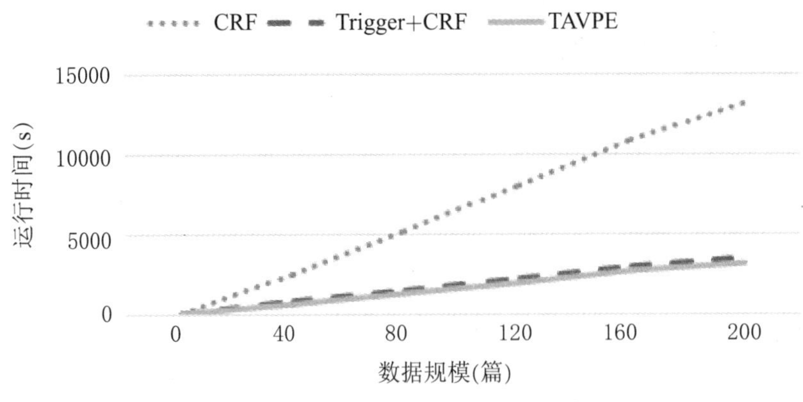

图8.5　不同数据集规模下的运行时间

小　结

本章基于CRF提出了一种触发词与属性值对的联合抽取方法。该方法借助基于熵的特征排序方法构建触发词表,过滤长文本中的冗余信息,提高属性值对的抽取效率。它通过构建触发词识别模型识别信息语句,确定二元语义属性的取值,具备二元语义属性值对的抽取能力;利用触发词、字符串属性和属性值的共现性,借助触发词识别对属性值对识别的促进作用,提高了字符串属性值对的抽取性能。然而,随着触发词表的扩展,触发词将定位到更多不相关的候选信息语句,使得预处理时间增加,抽取效率降低。另外,基于CRF训练标注模型需要扩展训练集,而手工标注的过程是费时费力的。因此,未来我们计划从以下两个方面扩展实验:(1) 通过计算候选信息语句与信息语句间的相似度来排除候选信息语句中不相关的句子;(2) 充分利用未标注的训练语料,借助半监督方法减少手工标注工作,同时优化标注模型。

事件抽取的相关研究有助于我们深入了解机器理解数据、理解世界的机制,也有助于我们了解自身的认知机制,对人工智能之外领域的研究也是非常有意义的。事件的识别和抽取研究的是如何从描述事件信息的文本中识别并抽取出事件信息并以结构化的形式呈现出来,包括其发生的时间、地点、参与角色以及与之相关的动作或者状态的改变,而传统的事件检测方法忽略了句子中词与词之间包含的句法特征,仅利用了句子级别的特征,所以容易因为单词存在歧义而不能正确识别事件信息。海关、食品检验数据中同样有大量的此类数据,我们所研究的事件抽取技术可以克服歧义问题并帮助解决很多现实问题,如海量信息的自动处理。

第9章　规则与统计相结合的中文时间表达式识别研究

时间表达式是事件的重要要素之一,可以用来提高事件检测与跟踪的效果。本章针对传统的基于规则和基于统计的识别方法存在的问题,提出了规则与统计相结合的中文时间表达式识别方法。

9.1　概　　述

基于规则的中文时间表达式识别方法的优点是使用简单,但是,由于中文时间表达式的多样性,很难制定一套完备的规则来识别出所有中文时间表达式。因此,基于规则的方法识别召回率较低,而且此类方法无法为事件类中文时间表达式制定规则。统计模型虽然具有良好的泛化能力,可以取得较好的识别召回率,但是训练模型需要大量标注好的训练集,而标注工作需耗费大量的时间。针对以上两类方法的优缺点,本章提出了规则和统计相结合的中文时间表达式识别方法。该方法将中文时间表达式分为七类,以时间基元为单位,正则规则,降低了规则制定的复杂度;利用正则规则识别中文时间表达式,自动标注训练集,训练统计学习模型,减少了训练集的标注工作量,有效利用了机器学习的泛化能力;人工标注出基于规则的识别方法无法识别的事件类中文时间表达式,并引入语义角色构造特征向量,提高了事件类中文时间表达式的识别召回率。

9.2　中文时间表达式分类及系统总体架构

1. 中文时间表达式分类

时间表达式是由若干时间单元组成的时间序列,其中包含时序相关的信息,可以是时间点、时间段或者频率。时间表达式种类繁多、形式多样，为了方便对其进行研究，很多研究人员在大量总结时间表达式的基础上，对时间表达式进行了分类。时间短语可分为时间型和事件型两类进行识别，其中时间型时间短语包含明确时间词，比如"6月20日""十年前"等；事件型时间短语由某一事件指定，不包含明确时间词，比如"地震发生后"等，这类时间短语在新闻报道中较为常见。时间表达式还可分为以下四类：DURATION、SET、TIME、DATE。在此基础上，结合中文时间表达式的特点，中文时间表达式被分为七类。综合以上研究成果，本章将中文时间表达式分为以下七个基本类：

(1) DATETIME类：表示准确的时间点，例如"2008年5月12日""9月2日""14点28分""14:28"。

(2) DURATION类：表示一个时间段，例如"两个星期""数十年"。

(3) SET类：表示一个频率，例如"每两周""每半年"。

(4) LUNAR类：表示节日，包括中外节日和中国传统节气，例如"春节""夏至""圣诞节"。

(5) FUZZY类：表示模糊时间，例如"数十年""几天前"。

(6) RLATIVE-TIME类：表示相对时间，例如"明年""当即""随后"。

(7) EVENT-TIME类：事件类时间，表示由某一事件指定的时间，其中不包含明确的时间词，例如"火灾发生后""地震发生前"。

现实中的时间表达式可能由以上不同类别的时间表达式组合而成，例如"2008年5月12日14点28分"，是由DATE类和TIME类组合而成，另外时间表达式也常由一些前缀词和后缀词修饰，例如"下午两点左右""大约三点十五"。

2. 系统总体架构

首先，以时间基元为基本单位制定正则规则；然后，利用制定的正则规则识别中文时间表达式，自动对训练集中的中文时间表达式进行BIO标注，同时，人工标注出事件类中文时间表达式；最后，提取特征，构造特征向量，训练条件随机场模型，识别中文时间表达式。系统的总体架构如图9.1所示。

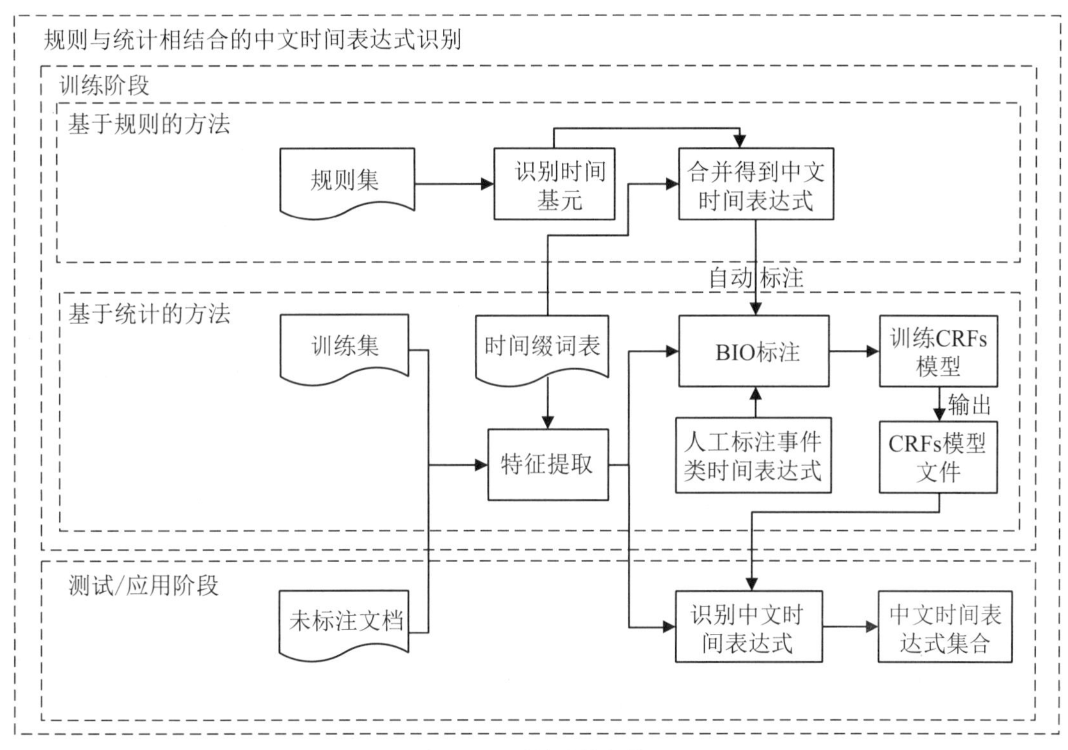

图9.1　系统总体架构

9.3　基于规则的识别方法

本章将中文时间表达式视为由时间基元与时间缀词组成。首先,我们针对时间基元制定正则规则;然后,利用正则规则识别时间基元,根据合并规则将时间基元合并成较长的时间序列;最后,将时间序列与时间缀词组装成完整的中文时间表达式。

1. 基于时间基元的正则规则

中文时间表达式一般由一些更小的单元组合而成,这些单元具有独立的语义,且各单元之间依赖关系较小,邬桐等人将这类具备独立语义的最小单元称为时间基元。例如,时间表达式“2008年8月8日晚上8时”,由时间基元“2008年”“8月”“8日”“晚上”和“8时”组成,各时间基元均具有完整语义,既可以按照一定的规则组合成时间表达式,也可以作为独立时间表达式出现在语境中。

许多基于规则的时间表达式识别方法是针对整个时间表达式编写规则的,由于时间表达式灵活多变,很难编写一套规则识别出所有形式的时间表达式,且规则比较冗余。虽然时间表达式形式多变,但组成时间表达式的时间基元则相对固定且类别有限,我们可以通过识别出时间表达式的各时间基元,然后根据时间基元合并规则,将时间基元合并成完整的时间表达式。采用时间基元的方法识别可以有效降低规则的编写复杂度,提高识别的召回率。

为了便于操作,实验中我们将中文时间表达式的中文分词结果作为时间基元。例如,中文时间表达式“2008年5月12日下午14时”的分词结果为“2008年”“5月”“12日”“下午”和“14时”,分词结果和时间基元的定义基本一致。接下来,我们对时间基元进行分类,针对每一类时间基元编写正则规则。例如,时间基元“2008年”和“08年”可以被分为一类,对应正则规则为“{2,4}/d|年”。

另外,本章将LUNAR类和RLATIVE-TIME类中文时间表达式当作时间基元。这两类时间表达式均数量有限、格式相对固定,我们手动总结常用时间词词表,构建正则规则。

2. 时间基元的合并

鉴于时间表达式的多样性,难以制定一套规则识别出所有时间基元;另外,某些时间基元在不同语境下具有不同的语义,为了保证识别的准确率,不对此类时间基元制定规则。以上两个因素导致一些时间基元不能被正确识别的问题。组成时间表达式的若干时间基元中,如果某个时间基元未被成功识别,会导致单个时间表达式被错误地识别成多个。基于此,我们将时间基元的合并规则由合并相邻的时间基元调整为合并距离不超过3个汉字的时间基元,因为不同时间表达式之间间隔一般较大。这种合并规则可以有效解决时间表达式内部时间基元不能被正确识别的问题,有助于识别出完整的时间表达式。

3. 时间缀词

中文时间表达式经常包含一些时间缀词,时间缀词分为时间前缀词和时间后缀词。常用的前缀词有“大约”“到”“从”“在”等,常用的后缀词有“左右”“许”“之前”“期间”等。时间缀词是中文时间表达式的重要组成成分,很多时候可以显著改变时间表达式的语义,例如,“下午2点”和“下午2点之前”在语义上存在较大区别,因此完整地识别出包括时间缀词在内的时间表达式非常必要。时间缀词独立出现时,通常不具有时间语义,因此,通过上下文才能判断一个时间缀词是否是某个时间表达式的一部分。鉴于常用时间缀词的数量有限,实验中,我们总结了一个时间前缀词表和一个后缀词表,根据时间缀词的上下文信息,与时间基元进行合并,获得完整的时间表达式,时间缀词的详细情况如表9.1所示。

表9.1　缀词表详情

类型	词表
前缀	约,大约,到,从,截止,自,到,在,直到,至,不到,大概近
后缀	左右,许,之后,之前,期间,后,中旬,前,内,多钟,为止,前,以来,起

9.4　基于统计的识别方法

利用基于规则的方法，识别训练集中的中文时间表达式，自动对训练集进行BIO标注，同时人工标注出基于规则的方法不能识别的事件类中文时间表达式；然后选取词、词性、语义角色和词表特征等人工特征，构造特征向量，训练条件随机场模型，识别中文时间表达式。

条件随机场是对于一组随机输入，其相应的一组随机输出的概率分布模型，模型假设该组随机输出构成一个无向图，即马尔可夫随机场。Lafferty等人首次将线性条件随机场应用于标注问题。设$P(Y|X)$是一个线性条件随机场，随机变量Y在随机变量X取x条件下取y的条件概率分布为

$$P(y|x)=\frac{1}{z(x)}\exp\left[\sum_{i,k}\lambda_k t_k(y_{i-1},y_i,x,i)+\sum_{i,l}\mu_l s_l(y_i,x,i)\right] \tag{9.1}$$

$$z(x)=\sum_{y}\exp\left[\sum_{i,k}\lambda_k t_k(y_{i-1},y_i,x,i)+\sum_{i,l}\mu_l s_l(y_i,x,i)\right] \tag{9.2}$$

式中，t_k和s_l是特征函数，λ_k和μ_l是对应的权值，$z(x)$是归一化因子，求和是在所有可能的输出序列上进行的。

时间表达式识别可以转化为一个标注问题，应用上述的线性条件随机场对时间表达式进行自动标注。给定一个条件随机场$P(Y|X)$，对于一个输入序列x，条件随机场通过计算概率最大的输出序列y，完成序列的标注。条件随机场没有隐马尔可夫模型那样强的独立假设，因此可以适应各式各样的上下文。此外，条件随机场计算全局最优的输出序列，克服了最大熵模型的标记偏置问题。

1. 语义角色

语义角色标注是一类浅层语义分析技术，是对语义分析的简化。语义分析是根据句子的语法结构和单词含义，将句子进行形式化表示的方法。例如，“李明吃苹果”和“苹果被李明吃了”，语义分析形式化的结果是：吃(李明，苹果)。语义分析可以帮助研究人员对自然语言进行理解，遗憾的是，经过多年的努力，语义分析技术依然没有取得突破性进展。

Gildea等人提出了一种基于经验的语义角色标注方法，与语义分析不同，这种方法仅标注句子成分相对于句中动词所扮演的语义角色，而不对整个语句进行详细的分析，典型的语义角色有施事、受事、时间和地点等。哈工大社会计算与信息检索中心研发的语言技术平台(Language Technology Platform，LTP)提供了优秀的语义角色标注功能，LTP核心的语义角色为A0～A5六种，A0通常表示动作的施事，A1通常表示动作的影响等，A2～A5根据谓语动词不同会有不同的语义含义。其余的15个语义角色为附加语义角色，如LOC表示地

点、TMP 表示时间等。例如,对语句“接到群众报警后,消防人员火速赶到火灾现场。”进行语义角色标注的结果如图9.2所示。句中动词为“赶到”,句中其他成分均相对于该动词进行标注,其中,“接到报警后”是一个事件类中文时间表达式,被标注为时间成分TMP。

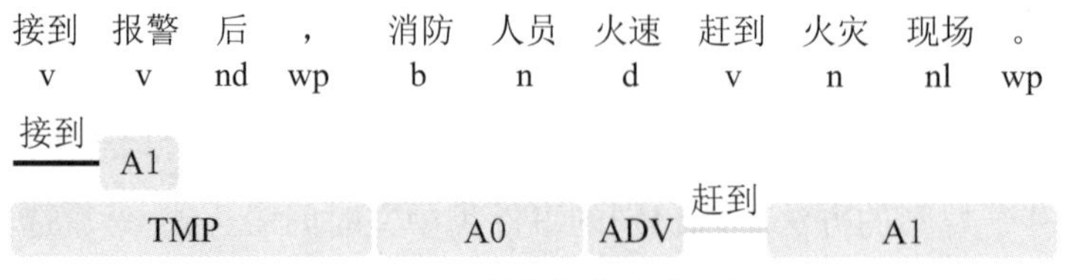

图9.2 语义角色标注示例

2. 特征提取与特征选择

语言技术平台用于中文分词和特征提取。分词通常是文本挖掘过程的第一步,将字符流转换为符号的处理单元流(例如音节、单词或短语)。针对中文时间表达的特点,我们选取四种有效的人工特征:词、词性、语义角色和词表特征。对于每个词,使用LTP提取其词性和语义角色。LTP通常将时间表达式的词性和语义角色分别标记为/t和/TMP。它们是有效的特征,可以显著地提高中文时间表达的识别效果。时间词缀是中文时间表达式的一部分,但时间缀词不容易被成功识别。因此,通过分析大量文本,我们总结了前缀词表和后缀词表。

词在中文语句中扮演的角色取决于上下文。因此,当判断当前词是否是中文时间表达的一部分时,不仅需要考虑当前词的特征而且还需要考虑其相邻词的特征。用于构造特征向量的所选特征如表9.2所示。SR和VF分别是语义角色和词汇特征的缩写。

表9.2 语义角色标注类型和特征

类型	特征
词特征	当前词是否为时间词
	当前词的前两个词是否为时间词
	当前词的后两个词是否为时间词
词性特征	当前词的词性
	当前词的前两个词的词性
	当前词的后两个词的词性
语义角色	当前词的 SR
	当前词的前两个词的 SR
	当前词的后两个词的 SR
词表特征	当前词是否在词表内
	当前词的前两个词是否在词表内
	当前词的后两个词是否在词表内

3. BIO标注

基于条件随机场的中文时间表达式的识别问题可以转化成序列标注问题,我们采用

BIO序列标注的方法对中文时间表达式进行标注。序列标注采用B、I和O三类标签,其中,B表示该分词位于时间表达式开始处,I表述该分词位于时间表达式的内部,O表示该分词不是时间表达式组成部分。例如,时间表达式"2008年5月12日14时28分,四川汶川发生里氏7.8级地震",序列标注的结果为:"2008年/B 5月/I 12日/I 14时/I 28分/I,四川/O 汶川/O 发生/O 里氏/O 7.8级/O 地震/O"。训练集的标注的结果如图9.3所示,前四列为特征,分别为分词、词性,语义角色和词表特征,最后一列为BIO标注的标签。

```
2   昨日    /t    /NNN  /NNN  /NNN  /B
3   七点    /t    /NNN  /NNN  /NNN  /I
4   左右    /t    /TMP  /SUF  /NNN  /I
5   ,      /wp   /NNN  /NNN  /NNN  /O
6   东莞    /ns   /NNN  /NNN  /NNN  /O
7   一纸厂  /n    /NNN  /NNN  /NNN  /O
8   因      /p    /NNN  /NNN  /NNN  /O
9   雷电    /n    /NNN  /NNN  /NNN  /O
10  发生    /v    /V    /NNN  /NNN  /O
11  火灾    /n    /N    /NNN  /NNN  /O
12  。      /wp   /NNN  /NNN  /NNN  /O
13  接到    /TMP  /NNN  /NNN  /NNN  /B
14  报警    /TMP  /NNN  /NNN  /NNN  /I
15  后      /TMP  /NNN  /NNN  /NNN  /I
16  ,      /wp   /NNN  /NNN  /NNN  /O
17  消防    /b    /A0   /NNN  /NNN  /O
18  人员    /n    /A0   /NNN  /NNN  /O
19  火速    /d    /ADV  /NNN  /NNN  /O
20  赶到    /v    /V    /NNN  /NNN  /O
21  火灾    /n    /A1   /NNN  /NNN  /O
22  现场    /nl   /A1   /NNN  /NNN  /O
23  。      /wp   /NNN  /NNN  /NNN  /O
```

图9.3　训练数据实例

9.5　实验与分析

1. 数据集及对比算法

本章采用上海大学语义智能实验室开发的中文突发事件语料库(Chinese Emergency Corpus, CEC)作为实验数据集。CEC包括地震、火灾、交通事故、恐怖袭击和食物中毒五类新闻文本,共332篇,相关新闻从互联网上搜集获得。CEC语料量适中,覆盖面较广,其中,事件类中文时间表达式约占15%。CEC的详细信息如表9.3所示。

本章采用十折交叉验证法进行实验,将语料库文本等分为10份,每份语料中上述五类事件文本所占的比例与其在语料库中所占的比例相同。每次实验使用其中9份作为训练集,余下的1份作为测试集,重复实验10次,将10次实验结果的均值作为实验的最终结果。

表9.3　CEC详细信息

类型	语料篇数	句子数	时间表达式数
地震	62	418	986
火灾	75	482	1047
交通事故	85	530	1295
恐怖袭击	49	377	771
食物中毒	61	386	1095
合计	332	2193	5194

实验采用的条件随机场开源库为CRF＋＋－0.58工具包，CRF＋＋－0.58使用比较简单，将特征提取规则写入到模板文件中，调用可执行文件，即可训练条件随机场模型，进行中文时间表达式识别。

2. 评价指标

实验结果采用准确率(P)、召回率(R)和$F1$值作为评测指标。假设N_1为测试集中全部中文时间表达式个数，N_2为自动识别出的中文时间表达式个数，则P、R、$F1$的定义分别为

$$P=\frac{N_1 \cap N_2}{N_2},\quad R=\frac{N_1 \cap N_2}{N_1},\quad F1=\frac{2\times P\times R}{P+R}$$

3. 结果分析

实验分为4组进行，第1组为传统的基于规则的中文时间表达式识别；第2组仅标注出训练集中的事件类中文时间表达式，训练条件随机场模型，识别中文时间表达式；第3组利用识别规则识别中文时间表达式，自动对训练集进行标注，训练条件随机场模型；第4组在第3组的自动标注训练集的基础上，人工标注出训练集中的事件类中文时间表达式，训练条件随机场模型。4组实验的实验结果如表9.4所示，第1组实验取得了91.05％的准确率，准确率较高，但召回率仅为75.18％；第2组召回率较低，仅达到11.25％；第3组实验的准确率相比第1组尽管有所下降，但召回率提高了7.23％，$F1$值也相应提高了2.01％；第4组实验相比第2组召回率提高了8.85％，$F1$值达到了88.73％，相比第3组实验提高了3.36％。

表9.4　实验结果

组别	P	R	$F1$
1	91.05％	75.18％	82.46％
2	82.17％	11.25％	19.79％
3	88.56％	82.41％	85.37％
4	86.34％	91.26％	88.73％

传统的基于规则的方法识别准确率较高，但是由于中文时间表达式的形式多样性，难以制定一套完备的规则识别所有类型的中文时间表达式。特别地，基于规则的识别方法无法识别事件类中文时间表达式这类无固定规则的中文时间表达式，中文时间表达式的上述特点导致第1组实验的召回率较低，仅达到了75.18％。第2组实验仅人工标注出事件类中文时间表达式，而事件类中文时间表达式在所有中文时间表达式中所占的比例仅约为15％，所

以该组召回率较低,此组实验结果表明基于统计的识别方法对事件类中文时间表达式有不错的识别效果。基于统计的中文时间表达式识别方法利用自然语言工具提取人工特征,有效地利用了自然语言处理的最新研究成果,同时,由于统计学习模型具有良好的泛化能力,基于统计的识别方法可以取得较高的召回率,第3组实验召回率相比第1组提高了7.23%,取得了显著进步。第4组实验相比第3组,召回率提高了8.85%,基于统计的识别方法可以有效识别事件类中文时间表达式,另外,语义角色被用来构造特征向量,大大提高了事件类中文时间表达式识别效果。

小　　结

时间信息是事件的重要要素之一,自动识别出文本中的中文时间表达式具有重要意义。本章针对传统的识别方法存在的问题,提出一种规则与统计相结合的中文时间表达式识别方法。首先,以时间基元为单位制定正则规则,降低了规则制定的复杂度;然后,利用正则规则识别、自动标注训练集中的时间表达式,同时,人工标注出基于规则的方法无法识别的事件类中文时间表达式,利用训练集训练条件随机场模型。该方法有效利用了统计学习模型的良好泛化能力和识别事件类中文时间表达式的能力。实验结果表明,规则与统计相结合的中文时间表达式方法,较传统基于规则的方法具有较好的识别效果。

第10章　基于框架填充的主题事件抽取

信息抽取问题是自然语言处理领域的一个热点研究问题,旨在从海量无结构化的文本中抽取出用户感兴趣的信息。当抽取出的信息以结构化事件的形式表示出来时,该信息抽取任务就叫事件抽取。

10.1　概　　述

本章针对事件抽取任务中的主题事件抽取问题,提出一种基于框架填充的主题事件抽取方法(Subject Event Extraction, SEE)。首先,受基于框架理论的知识表示方法的启发,设计了一个主题事件表示框架,用于组织散布在文本中的相关元事件片段;然后,将元事件抽取问题看成序列标注任务,训练基于条件随机场(Conditional Random Field, CRF)的序列标注模型用于标记元事件;最后,将抽取到的元事件填充到主题事件表示框架中完成了文本中主题事件抽取任务。

为了解决中文文本的碎片化知识抽取与组织的问题,本章以司法判决书文本为例,将司法判决书案情抽象成实体,案情文本看作主题事件。主题事件是指围绕一个主题进行论述的文本,它包括一个主题核心元事件及所有与之相关联的其他元事件,元事件是案情实体属性的描述语句。因此抽取中文司法判决书案情的主题事件包括两部分内容:一是设计案情的主题事件表示框架,二是从元事件中抽取案情实体的属性值对集合来完善主题事件表示框架。

本章设计了一个主题事件表示框架,用于组织中文司法判决书案情的主题事件信息。案情的主题事件以属性值对的形式填充到主题事件框架中,具有良好的结构化特征。为了避免处理不相关的信息,我们采用事件触发词来定位与案情主题相关的元事件,以提高结构化处理的效率。基于CRF构建序列标记模型,用来标注各类元事件中的属性和属性值,并结合启发式规则完成属性和属性值之间的抽取和关系匹配。

10.2　基于框架填充的主题事件抽取方法框架

就抽取中文司法判决书案情的主题事件而言，有两个关键问题需要解决：第一是如何以某种方式组织中文司法判决书案情主题事件的知识；第二是如何以这种方式从中文司法判决书中获取案情主题事件的知识。为了解决这两个问题，首先需要提供中文司法判决书案情主题事件的知识表示，设计一个方法用于从中文司法判决书案情中获取主题事件的知识。

图10.1所示为基于框架填充的主题事件抽取方法的整体框架图，整个框架包括三个阶段：表示阶段、训练阶段和抽取阶段。首先，在表示阶段设计了一个主题事件表示框架用于组织中文司法判决书案情的主题事件知识；其次，在训练阶段，根据主题事件框架中展示的各类元事件的表示形式，对中文司法判决书进行预处理，借助基于熵的特征选择算法生成初始触发词表，基于CRF构建元事件标注模型；最后，在抽取阶段利用构建好的元事件标注模型标注预处理过的中文司法判决书案情，抽取案情的主题事件，再以属性值对的形式填充到主题事件表示框架中。

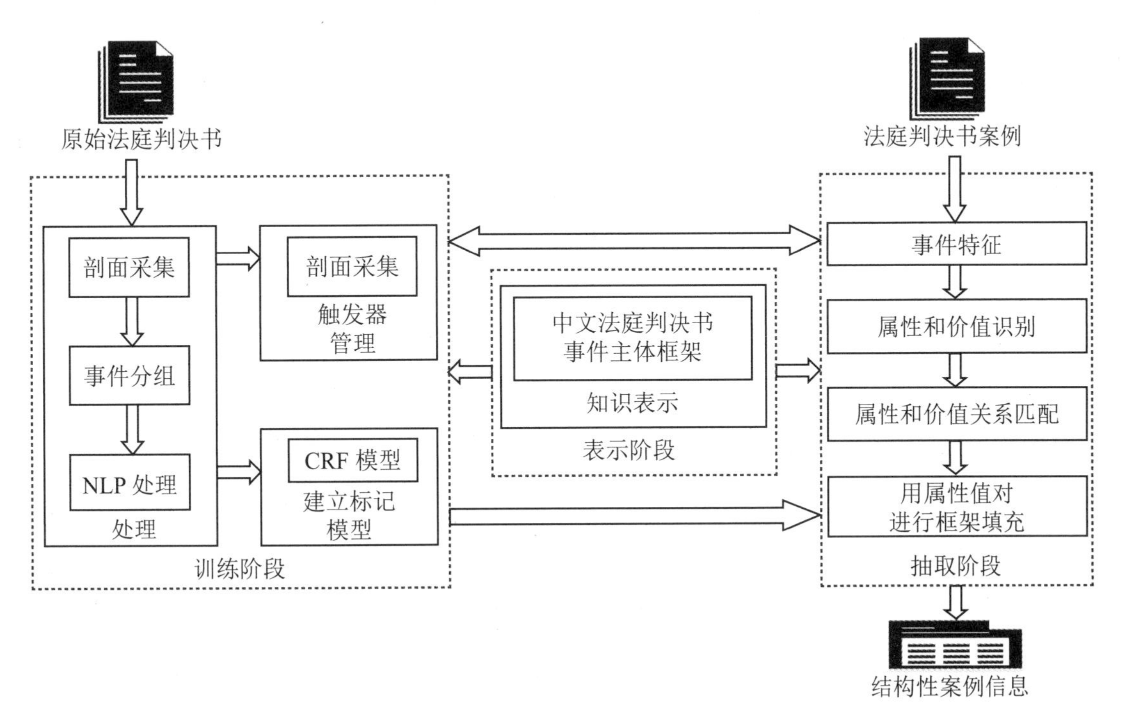

图10.1　基于框架填充的主题事件抽取框架图

10.2.1　主题事件抽取——表示阶段

面向碎片化知识的信息抽取技术可以从无结构化的文本中抽取例如实体、关系和属性等知识要素。然而，仅抽取这些孤立的知识要素对于中文司法判决书的后续研究与应用意义不大。一个设计良好的知识表示框架可以组织这些知识要素并且有着不同的组织形式。其中，基于框架的知识表示可以有效地组织某一概念或对象的所有知识，方便进一步研究与分析，因此需要设计一种主题事件表示框架用来组织中文司法判决书案情主题事件的知识。

主题事件表示框架由一个主槽和若干个支槽组成，槽用于组织案情中的碎片化知识，即案情信息的元事件。其中，主槽用于组织与实体信息相关的主题信息元事件，如时间、地点、人物、原因和结果；支槽用于组织与主题信息相关的侧面元事件。此外，每个槽都包括多个侧面名和侧面值对用于描述元事件中的属性和属性值。如图10.2所示，主题事件表示框架将案情信息的碎片化知识组织在一起以形成结构化的主题事件。框架中的各要素的形式化定义如下：

定义1　SInfo它是一个用于组织主题信息元事件的槽，它是对主题事件的通用描述，包括主题事件的最基本信息，如时间、地点、任务等。

定义2　SEF它是一个用于组织侧面元事件的槽，以若干个属性值对的形式描述，即，SEF = {AVP1, AVP2, ...}。这里的每一个AVP指的是一个槽中某一侧面名和侧面值对，用来描述元事件中的属性和属性值对信息。

定义3　SE它是一个主题事件表示框架，由一个SInfo和若干个SEF组成，即，SE = {SInfo, SEFl, SEF2, ...}。

Subject Event Frame {
SInfo: AVP_{01}, AVP_{02}, ...
SEF_1: AVP_{11}, AVP_{12}, ...
SEF_2: AVP_{21}, AVP_{22}, ...
...
SEF_n: AVP_{n1}, AVP_{n2}, ...
}

图10.2　主题事件表示框架

10.2.2　主题事件抽取——训练阶段

训练阶段(Training Phase)的任务在于获得事件抽取所需的触发词集合以及属性值对

抽取所需的标注模型，由预处理(Preprocessing)、触发词管理(Trigger Management)和构建序列标注模型(Building Labeling Model)三个模块组成，具体流程如图10.3所示。

```
Input: RawCourtVerdicts
Output: TriggerSets, CRFmodels
 1 TriggerSets ←Ø, CRFmodels←Ø
 2 EventSets←preprocess(RawCourtVerdicts)
 3 for each element in EventSets
 4     EventID←element.getEventID()
 5     EventSet←element.getEventSet()
 6     TriggerSet←selectTriggers(EventSet)
 7     addToTriggerSets(EventID, TriggerSet)
 8     CRFmodel←buildLabelingModel(EventSet)
 9     addToLabelingModel(EventID, CRFmodel)
10 end for
11 return TriggerSets, CRFmodels
```

图10.3　SEE-Training算法

1. 预处理

这个子模块的目的在于生成构造用于训练序列标注模型的训练集(对应SEE-Training的第2步)。

(1) 篇章拆分

鉴于中文司法判决书内容组织结构的模式化，首先制定正则表达式，用正则表达式匹配全文信息，然后抽取其中的关键段落，生成训练语料。

(2) 事件分组

在这一步骤中，首先以中文句号为分隔符将训练语料分割成独立的句子。然后根据主题事件表示框架中的元事件类型手工标记每一个分割的句子。最后抽取被标记过的句子，依据主题事件表示框架中的元事件类型，将标记的句子分类，以形成各类元事件集合。

(3) NLP处理

这一子模块有两个关键步骤要执行。第一，对获取到的每一个元事件集合执行分词、词性标注、依存句法分析操作，目的是获取各类元事件的特征向量集合。其中，每个特征向量中的元素形式化为“词语 词性 依存关系”。第二，依据特征向量中元素所对应词语的属性，在每个元素后面增加一个标记。对于字符串型侧面元事件，标记集合为$\{T,A,V,O\}$，其中每个元素依次表示为触发词、属性、属性值、其他。对于布尔型侧面元事件，标记集合为$\{T,O\}$，其中每个元素依次表示为触发词、其他。接着，根据“开始-中间-结尾”(Beginning-Middle-End，BME)的标记规则，将连续几个有着相同标记的元素连接起来，以形成完整的属性和属性值词语。

2. 触发词管理

这个模块的目的在于获取抽取阶段所需的触发词集合(对应SEE-Training的第6~7步)。

SEE-Training借助基于熵的特征选择算法去选择触发词,如图10.3第6步所示。令$I=\{I_1,I_2,\cdots,I_N\}$表示一个元事件集合,这里的N表示该集合中元事件的个数,并且集合I中的每个元素表示一个元事件实例。考虑到触发词集合中的词语大多数是动词,令$V=\{V_1,V_2,\cdots,V_M\}$表示集合I出现的所有动词的集合,这里的M表示集合中元素的数量,即动词的数量。因此,集合I的熵值表示为$E(I)$,定义为

$$E(I)=-\sum_{i=1}^{N}\sum_{j=1}^{N}\left[S_{i,j}\ln S_{i,j}+\left(1-S_{i,j}\right)\ln\left(1-S_{i,j}\right)\right] \tag{10.1}$$

式中,这里的$S_{i,j}=\mathrm{e}^{-\alpha\times D_{i,j}}$表示两个元事件实例$I_i$和$I_j$之间的相似度,$D_{i,j}$表示两个元事件实例$I_i$和$I_j$之间的欧几里得距离,$\alpha=-\ln 0.5/\overline{D}$,$\overline{D}$表示集合$I$中所有元事件实例之间的平均距离。

集合的熵反映了该集合中元素的聚集程度。如果一个集合的熵值越小,则元素的聚集程度越高,即元素之间的可分性越好。因此,在图10.3的第6步中存在一个假设:一个特征的重要性随着该特征提高其所在集合中元素之间的可分性的程度的增加而增加。基于这个假设,依次移除集合V中的每一个词语,同时计算移除每一个词语之后集合I的熵值$E(I)$;然后,对计算出的M个熵值依据降序进行排序,选择前三个词语作为候选触发词;最后,反复执行上面的步骤,得到各类元事件的初始触发词集合。

此外,触发词管理模块在每次抽取阶段结束时对触发词集合进行一次迭代更新。

3. 构建序列标注模型

鉴于触发词、属性和属性值在元事件中的共现性,将从元事件中识别这三者的过程视为一个序列标注任务。CRF可以很好地解决序列标注问题,它属于判别式模型,其优势在于根据训练集数据的特征对类别标签直接建模,并且因为对所有特征进行了全局归一化,故可获得全局的最优值。

构建序列标注模型模块的目的是基于CRF训练序列标注模型(CRF models)。对于布尔型侧面元事件,抽取属性值对的本质在于判断属性所在元事件是否发生,因此可以建立基于触发词的序列标注模型。对于字符串型侧面元事件,因为属性和属性值出现在同一个元事件中,将属性和属性值视作命名实体,因此建立一个基于触发词、属性和属性值的联合标注模型(对应SEE-Training的第8~9步)。

4. 时间复杂度分析

CRF在训练阶段使用向前-向后算法,其时间复杂度为$O(TSL^2)$,其中S表示待标记的序列的长度,T表示要标记的序列的每个位置的特征数,L表示类别标签的数量。

算法SEE-Training的时间复杂度取决于selectTriggers函数和buildLabelingModel函数。假设Num表示"EventID"的数量,并且将计算两个元事件的相似度的时间复杂度视为一个单位,则selectTriggers函数的时间复杂度为$O(MN^2)$,其中M和N分别表示一个元事件集合中元事件实例和动词的数量。根据前面所述可知,buildLabelingModel的时间复杂度为$O(TSL^2)$。与N相比,T,S,L的数量级非常小,可以忽略不计。因此,算法SEE-Training的时间复杂度主要取决于selectTriggers函数,为$O(NumMN^2)$。

10.2.3　主题事件抽取——抽取阶段

抽取阶段(Extraction Phase)的任务在于从中文司法判决书中抽取出结构化的案情主题事件,由事件识别(Events Identification)、属性和属性值识别(Attribute and Value Identification)、属性和属性值关系匹配(Attribute and Value Relation Matching)及属性值对框架填充(Frame-filling with Attribute-Value Pair)四个子模块组成,具体流程如图10.4所示。对于给定的一篇中文司法判决书案情信息,首先以中文句号为分隔符对其进行分句处理;依据主题事件表示框架中的每个元事件类型为每一类元事件创建一个候选元事件集合,并利用触发词集合匹配分句来获得候选元事件;借助序列标注模型对候选事件集合进行标注。

1. 事件识别

事件识别子模块的目的在于从候选元事件集合中识别出真实元事件(对应SEE-Extracting的第3～11步)。将候选元事件集合标注结果中包含"T"标签的候选元事件视为真实元事件,从一类候选元事件集合标注结果中抽取真实元事件构成相应的真实元事件集合。同时,利用触发词管理模块将各类真实元事件中标签为"T"的元素中的未知触发词加入到触发词集合,这里的未知触发词是指不在该类元事件对应的触发词集合中的词语。

2. 属性和属性值识别

属性和属性值识别子模块的目的在于从真实事件中抽取属性和属性值(对应SEE-Extracting的第18～19步)。对于布尔型元事件中的属性值对,抽取属性值的本质在于判断包含属性的元事件是否发生,因此若真实元事件集合不为空,则该元事件发生,那么该属性对应的属性值为真,反之为假。对于字符串型元事件中的属性值对,定义"-A"标签为"B-A"、"M-A"或"E-A"等用于指示"属性"词语的标签,定义"-V"标签为"B-V""M-V"或"E-V"等用于指示"属性值"词语的标签,若真实元事件中同时包含"-A"标签和"-V"标签,则按照"B-A＋M-A＋E-A"的顺序组合相邻的标签为"-A"元素中的词语得到属性,按照"B-V＋M-V＋E-V"的顺序组合相邻的标签为"-V"元素中的词语得到属性值。

3. 属性和属性值关系匹配

属性和属性值关系匹配子模块针对字符串型元事件的属性(对应SEE-Extracting的第

20~25步)制定了关系匹配的规则:按照“,”或者“;”对真实元事件进行切分,在每个短句中,若属性和属性值词语同时出现,则将属性和属性值匹配成<属性,值>形式;若属性和属性值未同时出现,假设属性值未出现,则将出现的属性与下一个短句中的属性值进行关系匹配。

```
Input: TriggerSets, CRFmodels, CourtVerdictCase
Output: SE
 1 AVPs←Ø, SE←nil
 2 CanEventSets←Ø, RealEventSets←Ø
 3   CanEventSets←identifyEvents(CourtVerdictCase)
 4   for each element in CanEventSets
 5         EventID←element.getEventID()
 6   CanEventSet←element.getEventSet()
 7   if CanEventSet≠Ø
 8         preprocess(CanEventSet) and label it by
           CRFmodels.getLabelingModel(EventID)
 9         addToRealEventSets(EventID,CanEventwith“T”)
10   end if
11 end for
12 for each element in RealEventSets
13   EventID←element.getEventID()
14   RealEventSet←element.getEventSet()
15   Type←element.getType()
16   if RealEventSet≠Ø
17         for each e in RealEventSet
18               Attribute←connectAtokens(e.getEvent)
19               Value←connectVtokens(e.getEvent)
20               if Type==“String”
21                     AVP←match(Attribute,Value)
22               else if Type==“Boolean”
23                     AVP←< Attribute,True>
24               end if
25               addToAVPs(AVP,EventID)
26         end for
27   end if
28   TriggerSets←expand(TriggerSets,EventID)
29 end for
30 SE←fillToFrame(AVPs)
31 return SE
```

图10.4 SEE-Extracting

4. 属性值对框架填充

属性值对框架填充的目的在于对获取的<属性,值>集合进行冲突解决(对应SEE-Extracting的第30步)。冲突包括模式冲突、标识冲突和数据冲突,其中标识冲突主要是指异名同构现象,在这里所要解决的就是标识冲突。依据属性将<属性,值>加入主题事件框架的各个槽的<属性,值>集合中。

5. 时间复杂度分析

CRF在预测阶段使用维特比算法,其时间复杂度为$O(SL^2)$。在算法SEE-Extracting中,时间复杂度取决于identifyEvents函数和元事件的标记过程。identifyEvents函数的时间复杂度为$O(N_cN_t)$,其中N_c表示"中文司法判决书案情"中的句子数,而N_t表示触发次的总个数。元事件的标记过程是指通过CRF模型对"*CanEventSets*"中每个元素的标注,因此其最差时间复杂度为$O(Num \cdot N_c \cdot SL^2)$。

10.3　实验与分析

本节在真实语料上进行了实验,以验证SEE的有效性。

1. 实验语料

考虑到目前尚无公开的中文司法判决书语料,因此从中国裁判文书网随机选择了不同地区不同法院的司法判决书1800篇,借助抽取规则对中文司法判决书进行篇章拆分,仅保留其中的案情信息部分,经过预处理生成实验语料,并按照16:2将数据整理成训练集和测试集。

NLP处理子模块使用哈尔滨工业大学的语言技术平台(Language Technique Platform, LTP)对案情信息中的每一类元事件执行分词、词性标注和依存句法分析。

2. 实验设置

选择"CRF++"工具训练序列标注模型,"CRF++"是一个通用的工具,因此需要指定特征模板。从预处理获得的中文司法判决书案情序列标注训练集来看,现有的特征类型有词语、词性和依存关系。通过分析这些类型特征,确定了以下特征:当前词语内容,前后两个词语的内容,当前词语的词性,前后两个词语的词性,依存关系特征语,前后两个词语的依存关系特征。

特征模板的制定需要经过多次实验尝试和调整。从一元特征模板开始,在其基础上依次添加了词语、词性、依存关系。在观察分析一元特征模板的实验结果后,又将特征模板扩展到多元,加入了词语、词性和依存关系的上下文信息。在多元特征的基础上,将词语的词性联合依存关系加入特征模板，构成多元交叉特征模板。为了提高序列标注模型的标注效果，不同模板类型选择不同的特征组合和参数进行实验，采用十倍交叉验证的方法，将训练集均分为10份，选取其中1份作为验证集，比较模型的效果，最终确定特征模板和参数。表10.1是针对“主体责任”设计的五个特征模板，图10.5是实验结果，从图中可以看出，当选用模板5且参数c设置为1.5时平均误差最低。

表10.1 “主体责任”的特征模板

模板类型	模板形式化描述
模板 1	Fc，c−1(W,POS)
模板 2	Fc，c±1(W,POS,SS)
模板 3	Fc，c±2(W,POS,SS)
模板 4	Fc，c±1(W,POS,SS)，Fc，c±2(W,POS)
模板 5	Fc，c±1(W,POS,SS)，Fc，c±2(W,POS)，Fcc(POS,SS)

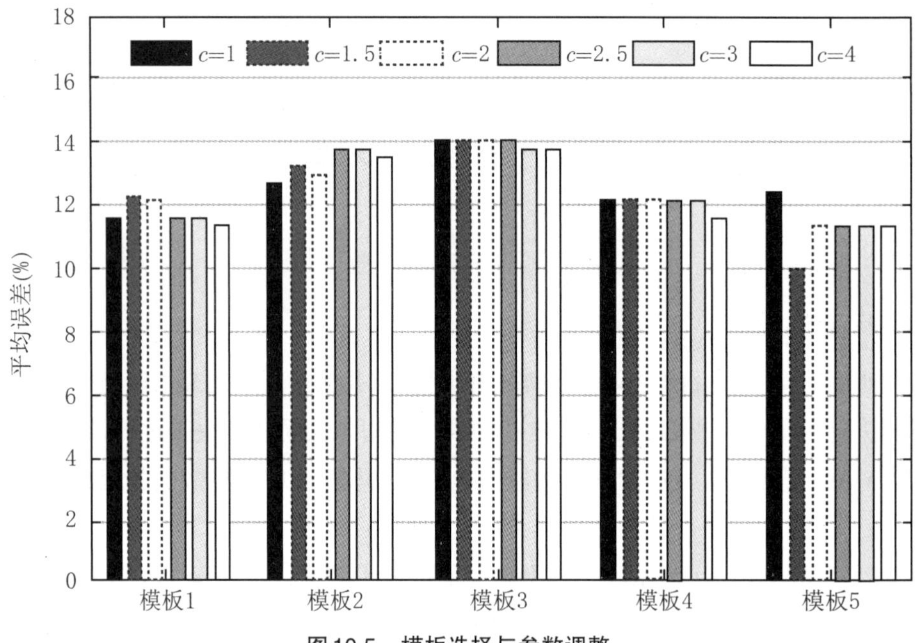

图10.5 模板选择与参数调整

3. 评估标准

通过准确率(P)、召回率(R)和综合指标F值($F1$)对SEE的结构化处理效果进行评估，具体计算公式为

$$P=\frac{N_{\mathrm{r}}}{N_{\mathrm{r}}+N_{\mathrm{e}}} \tag{10.2}$$

$$R=\frac{N_{\mathrm{r}}}{N_{\mathrm{num}}} \tag{10.3}$$

$$F1=\frac{2\times P\times R}{P+R} \tag{10.4}$$

式中，N_r是SEE正确抽取的司法判决书数，N_e是SEE错误抽取的司法判决书数，N_{num}是由SEE处理的中文司法判决书文本总数。

4. 实验结果分析

实验尝试从中文司法判决书案情信息中抽取“主题信息”“主体责任”元事件信息。为了说明SEE对中文司法判决书案情信息的结构化主题事件抽取的效果，设计对比实验(CRF)：去除SEE抽取阶段中“事件识别”模块，训练一个基于属性和属性值的序列标注模型对中文司法判决书案情信息进行标注，再做后续的属性和属性值识别以及属性和属性值的关系匹配。

图10.6所示为SEE与对比实验方法(CRF)在不同的数据集规模下进行结构化处理所需的运行时间。从图中可以看出，相较于对比方法，SEE方法可以在较短的事件内完成司法判决书案情信息的结构化处理，并且随着数据量的增加，两者的运行时间差距增大。这是因为随着数据规模的增加，对比方法由于没有定位案情信息中的候选元事件，需要对案情信息整体进行预处理，而SEE在定位候选事件后仅需对候选事件集合进行预处理，故大大节省了时间。

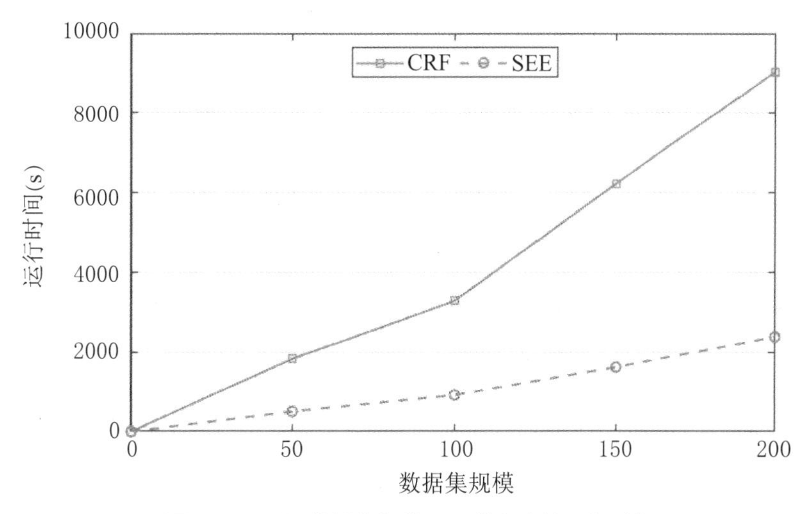

图10.6　不同数据集规模下两种方法的运行时间

表10.2所示为SEE与对比实验方法(CRF)分别从中文司法判决书案情信息中抽取“主题信息”“主体责任”元事件所得到的结果。SEE在“主题信息”“主体责任”上的抽取效果高于CRF。SEE不仅可以抽取具有布尔型属性的元事件，而且可以提高具有字符串型属性的元事件的抽取性能和效率。

表10.2　主题事件中每类元事件抽取的结果

元事件类型	方法	P	R	$F1$
主题信息	CRF	62.4%	60.2%	61.3%
	SEE	67.3%	59.7%	63.3%
主体责任	CRF	84.6%	82.7%	83.6%
	SEE	87.3%	83.2%	85.2%

小　　结

中文司法判决书大数据的低价值密度是由于存在大量未处理的碎片化知识,这使人们很难从中文法院判决书中获取关键信息。为了解决这个问题,本章提出了一种基于框架填充的结构化主题事件提取方法(SEE),用于组织和抽取来自中文司法判决书案情的碎片化知识。该方法通过主题事件表示框架将碎片化知识整合到案情信息中,以形成结构化主题事件;使用触发词来定位与案情信息的主题相关的元事件,以避免处理无关的信息;制定启发式规则,并基于CRF建立元事件标注模型,以获取案情信息中的碎片化知识,这些碎片化知识以属性值对的形式填充到主题事件表示框架中,具有良好的结构化特征并便于进一步分析。针对构建序列标注模型依赖人工标注语料库的缺陷,今后,我们计划从弱监督学习的角度出发,结合神经网络和机器学习方法训练联合模型,充分利用未标记的语料库,减少手工标注工作量,同时提高实验的准确性。

第11章　融合事件框架的半监督主题事件抽取

有监督的元事件抽取方法存在两个缺陷:一是抽取的元事件仅包含句子级别的语义信息,不能呈现文本的全部内容;二是由于标记样本数量不足且质量较差,事件抽取模型性能容易受到破坏。为了克服这两个缺陷,本章提出一种融合事件框架的半监督主题事件抽取方法(Frame Incorporated Semi-supervised Topic Event Extraction, FISTEE),旨在从大量未标记的文本中抽取包含文档级语义信息的主题事件。首先,受基于框架的知识表示的启发,本章设计了一种主题事件框架,将不同类型的元事件整合成主题事件;其次,将Tri-training算法引入到事件抽取任务中,设计了一种合理的选择未标记样本的策略用于扩充训练集,并基于此结合Tri-training算法协同训练基于CRF的序列标记模型,用来标记各类元事件;最后,在真实数据集上进行实验,结果表明,充分利用未标记的样本可提高模型的抽取性能,并且抽取的主题事件可以从全局角度呈现文本的内容。

11.1　概　　述

近年来,随着互联网的爆炸式发展,海量的数据通过文本数字化的形式呈现出来。面对日益增多的文本数据,人们迫切需要一种能自动从海量文本中快速发现有用信息,并能对这些信息进行分类、提取和重构的技术。在此背景下,信息抽取(Information Extraction, IE)技术应运而生,并迅速得到广泛应用。其中,事件抽取(Event Extraction, EE)作为信息抽取的核心技术,可以自动地从无结构化的文本中提取出用户感兴趣的信息并以结构化的事件形式展现出来,对知识图谱构建、自动文摘、信息检索、机器翻译、智能问答、舆情分析等自然语言处理任务的发展产生了巨大的推动力。

根据自动内容抽取(Automatic content extraction, ACE)会议的定义,事件(Event)是指发生在某个特定时间点或时间段,某个特定地域范围内,由一个或者多个角色参与的一个或者多个动作组成的事情或者状态的改变。经进一步区分,事件可以分为元事件和主题事件,如果事件只描述简单的动作或状态的改变,则这类事件为元事件;如果事件描述的是事情的发展过程,则这类事件为主题事件。因此,事件抽取任务可以分为元事件抽取和主题事件抽取。

ACE将元事件抽取任务分为事件触发词识别和事件元素识别两个子任务。其中事件触发词指最能够清晰表达事件发生的关键词,事件元素指事件所发生的时间、地点、参与对象等描述元素,两者共同完成对一个元事件的完整描述。一般来说,元事件抽取任务都是在句子范围内进行,通过识别句子中的事件触发词来检测事件并确定其类型,每种事件类型对应唯一的事件表示框架,根据事件表示框架判断句子中的相关实体是否为事件元素,并确定其元素角色。综合国内外研究,元事件抽取任务在方法上可以分为基于模式匹配的方法和基于机器学习的方法两大类。基于模式匹配的方法是指依据特定模式的指导进行特定事件的识别和抽取方法,在特定领域中具有良好的性能。然而模板的制作需要耗费大量人力和时间,且自然语言的多变性和歧义性导致很难构建一种通用的事件模板,因此难以在通用领域事件抽取任务中应用。基于机器学习的方法不受领域局限性的影响,它将事件抽取建模成多分类任务或序列标注任务,通过提取特征用于模型输入从而完成事件抽取任务,已经成为当下主流的解决方案。然而在这一大类方法中,基于监督的机器学习方法需要大量的标记语料训练模型,而标记语料需要专家制作,成本较高,且当标注语料规模小、样本类别不平衡时,模型抽取性能就会下降。目前,机器虽然可以自动获得大量的无标注数据,但是已标注数据只能依靠人工手动标注,且标注工作非常耗时。如果只使用有标注数据,那么利用它们训练出来的分类器往往泛化能力不强;从另一个角度来说,如果只使用少量的有标注数据而放弃大量的无标注数据,也是对数据特征利用的一种浪费。

半监督学习可以同时使用标注数据和未标注数据训练分类器。它的训练集由两部分构成:一部分是标注数据,标注数据集中已经人为给定了各个样本的分类;另一部分是未标注数据,未标注数据集中样本的类别没有给定。由于在真实数据挖掘场景中,未标注数据集的大小远大于已标注数据集,因此半监督学习假定未标注数据集远大于已标注数据集的大小。对于事件抽取任务而言,它使用的数据源是某一类型的文本,对文本集进行人工标注需要花费大量时间和人力,且成本很高;未标记的文本可以通过爬虫等方法自动收集,成本低廉,因此使用半监督方法构建高性能的事件抽取模型是当前的研究热点。Tri-training是一种经典的半监督学习算法,该算法采用bootstrapping方式训练三个分类器并使它们协同工作,从未标注数据中不断引入新的训练数据,扩充训练数据,从而得到具有良好性能的分类器。

相比于句子级的元事件,文档级的主题事件含有丰富的全局语义信息,包含多个侧面的元事件,可以从全局角度呈现文本的内容。然而,由于主题事件的描述信息在文本中较为分散,现有的元事件抽取方法无法满足主题事件抽取的需求。同时,主题事件抽取任务也更加复杂,其难点在于如何在文档范围内确定所有与主题相关的元事件,以及如何对这些元事件进行归并和抽取。目前一些主题事件抽取工作通常采用事件框架或本体来表示主题事件的各个组成部分及其之间的联系,在特定领域取得了优越的效果。尽管如此,现有的主题事件抽取技术还不够成熟,尤其是篇章内语义理解和跨篇章事件抽取需要更加深入的研究。

通过以上分析，有监督的元事件抽取方法存在两个缺陷：一是元事件局限于句子层级，缺乏文档级语义信息，无法从全局角度呈现文本的内容；二是监督学习需要大量的标记数据，模型性能往往因为标记样本数量不足、质量较差而下降。为此，本章提出一种融合事件框架的半监督主题事件抽取方法，旨在从文本中抽取出包含文档级语义信息的主题事件：基于框架知识表示，设计一种主题事件表示框架，该框架将表示文本的不同侧面信息的元事件整合成一个主题事件；为了得到覆盖面更加广泛的训练数据，结合Tri-training算法设计一种合理的未标记样本选择策略，从未标记数据集中选择置信度高的样本加入到标记数据集中，使用扩展的训练集构建基于CRF的序列标注模型用于元事件抽取；采用基于熵的特征选择算法生成触发词表，在元事件抽取阶段，利用触发词表中的触发词过滤文本中与主题无关的描述信息以提高事件抽取的效率。

11.2　FISTEE整体框架

图11.1所示为从文本中抽取文本信息的主题事件的框架图，该框架图分为两个核心部分。第一部分包括主题事件框架、标记语料库构建和触发词表生成。第二部分是结合Tri-training算法和CRF构建标准模型用于半监督的主题事件抽取。

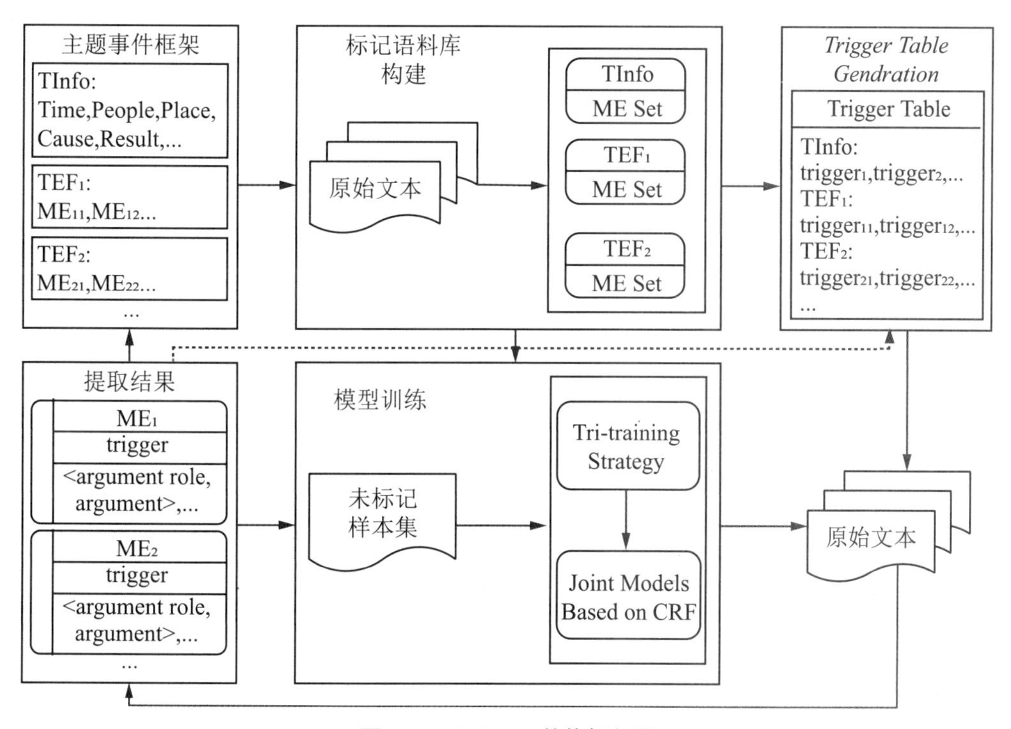

图11.1　FISTEE整体框架图

11.2.1 主题事件框架

元事件仅含有句子级的语义信息,不能从全局角度呈现文本的全部内容。相比之下,主题事件由多个状态和动作组成,包含多个与文本主题相关的元事件,其全局语义信息可以有效地呈现文本的全部内容。然而主题事件的描述信息通常分散在文档中,采用现有的元事件抽取方法无法满足主题事件抽取的需求。主题事件框架的目的是将文本中表示不同侧面信息的元事件整合成主题事件,进而完成主题事件抽取的工作。

主题事件一般具有以下特征:

(1) 分离性:一个主题事件往往涉及多个侧面的信息,一个侧面是指一种类型的元事件,不同的侧面在语义上是分离的。

(2) 内聚性:主题事件包含一个主题核心元事件和其他侧面元事件,其中主题核心元事件描述主题信息,而所有其他侧面元事件都通过主题信息与主题产生关联。

通过以上主题事件的特征可以看出,主题事件与元事件间存在密切联系,因此我们设计一种基于元事件的知识表示框架来描述主题事件,这种知识表示框架将主题事件看作元事件的集合,通过抽取元事件中的触发词和事件元素来结构化表示元事件,再组合不同类型的元事件来层次化呈现主题事件。元事件类型包括主题信息和侧面元事件类型,形式化定义如下:

定义1: 主题信息TInfo (Topic Information),是一个主题事件的大致描述,包含主题事件最基本的信息,如时间、地点和人物等信息。

定义2: 主题事件侧面TEF (Topic Event Facet),$TEF_i=\{ME_{i1}, ME_{i2}, \cdots\}$,其中$TEF_i$是指一个主题事件的侧面,$TEF_i$中的元素是指同一类型的元事件,由触发词和事件元素组成。

定义3: 主题事件TE(Topic Event),一个主题事件由一个主题信息和该主题的若干个侧面来描述,即$TE=\{TInfo, TEF_1, TEF_2, \cdots\}$。

基于元事件的主题事件框架如图11.2所示,其中一个主题事件就是一个框架结构,其槽值包括主题信息和各个侧面信息。一个侧面信息是一种类型元事件的集合,每个元事件本身也是一个子框架,其槽值就是触发词和事件元素。从整体上看,一个主题事件就是元事件的集合,主题事件框架将这些元事件进行了层次化的划分。

```
Topic Event Frame{
  TInfo{
    Time time,
    Place place,
    Person person,
    ...
  }
  TEF_i{                                   // i=1,2,3,...
    ME_i1{
      Trigger trigger,
      Argument argument_1,
      Argument argument_2,
      ...
    }
    ME_i2{
      Trigger trigger,
      Argument argument_1,
      Argument argument_2,
      ...
    }
    ...
  }
  ...
}
```

图11.2　主题事件表示框架

11.2.2　标注语料构建

手工构建少量标注语料的目的是为后面抽取元事件做准备，其构建过程如图11.3所示。首先利用爬虫技术从网站上获取大量的未标注文本；然后对获取到的文本做预处理，包括篇章拆分、语料分组、分词、词性标注和依存句法分析；最后，对预处理过后的各类元事件语料进行标注，得到各类元事件的标注训练集。

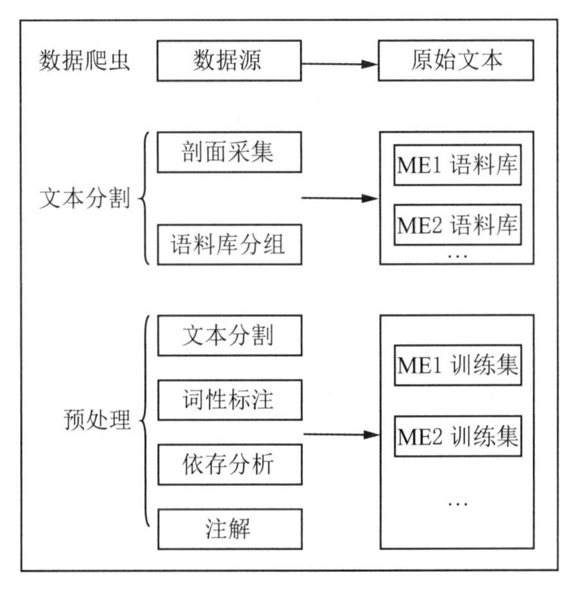

图11.3　标注语料构建的过程

11.2.3 触发词表生成

考虑到触发词和事件元素在元事件中共现的特点,在元事件抽取阶段,利用触发词定位文本集中元事件的描述信息,过滤掉无关信息以提高事件抽取的效率。采用基于熵的特征选择方法获取触发词,将触发词抽取看作聚类特征提取问题。由于该方法计算复杂度较高,为了减少参与计算的词数量,将每一类元事件的描述语句组成集合$I=\{i_1,i_2,\cdots,i_n\}$,其中每个元素表示一个元事件的描述语句,n为句子的个数。由于事件触发词的词性为名词或动词,因此过滤掉集合I中除动词和名词以外其他词性的词语。令$W=\{w_1,w_2,\cdots,w_m\}$表示集合I中所有词的集合,m为词语的个数。利用公式(11.1)计算I的熵值为E,其中S_{ij}为i_i和i_j之间的相似度函数$S_{ij}=\exp(-\alpha D_{ij})$,$D_{ij}$是$i_i$和$i_j$之间的欧几里得距离,$\alpha$是一个正数,取值为$-\ln 0.5/\bar{D}$,$\bar{D}$是所有$i_i$之间的平均距离。

$$E=-\sum_{i=1}^{n}\sum_{j=1}^{n}\left[S_{i,j}\ln S_{i,j}+\left(1-S_{i,j}\right)\ln\left(1-S_{i,j}\right)\right] \tag{11.1}$$

从集合I中依次去掉W集合中的每个词语,依据公式(11.1)计算移除词语后的集合I的熵值E,得到$\{E_1,E_2,\cdots,E_m\}$,选择对E值提升最大的前k个词语作为候选种子触发词。依照此步骤得到每一类元事件的候选种子触发词,然后将这些候选种子触发词与训练集中的真实触发词匹配,最终确定前3个匹配的词语作为种子触发词并添加到触发词表中。此外,在元事件抽取阶段,将识别到的新出现的触发词添加到触发词表中,完成触发词表的更新。在之后的元事件抽取阶段,使用更新过的触发词表过滤无关信息。

11.2.4 基于Tri-training的半监督事件抽取

1. Tri-training原理

Tri-training通过在原始标记数据集上抽取出的有差异的数据子集上进行训练来保证分类器之间的差异性。Tri-training方法大致步骤如下:

对标记数据集L进行抽样,产生三个训练集,分别用来训练三个分类器,即h_i、h_j和h_k。每一轮使用两个分类器h_j和h_k对未标记数据集U中的任意样本x进行标注,如果h_j和h_k的分类标注结果相同,则组合样本x及共同标注结果y作为分类器h_i的新训练数据,记为$L_i=\{(x,y):x\in U,y=h_j(x)=h_k(x)\}$。为确保迭代训练后的分类器错误率降低,每轮训练分类器h_i时都应满足

$$e_i|L_i| < e_i'|L_i'| \tag{11.2}$$

式中，e_i是分类器h_i在L_i上的错误率，由于L_i是通过分类器h_j和h_k从未标记数据集U中挑选得到，难以评估错误率，假定U与L同分布，因此可以通过h_j和h_k在L上的分类错误率确定e_i为

$$e_i = \frac{\left|\{x, y\} \in L, h_j(x) = h_k(x) \neq y\right|}{\left|\{x, y\} \in L, h_j(x) = h_k(x)\right|} \tag{11.3}$$

考虑当$|L_i'|$过大时，公式(11.2)不再成立，因此必须从L_i中挑选最多u个样本，以确保公式(11.2)恰好成立，u的计算公式为

$$u = \left\lceil \frac{e_i'|L_i'|}{e_i} - 1 \right\rceil \tag{11.4}$$

新样本集合如为

$$L_i = \begin{cases} Subsample(L_i, u), & \text{公式(1)不成立} \\ L_i, & \text{其他} \end{cases} \tag{11.5}$$

为确保经过$Subsample(L_i, u)$得到的$|L_i|$仍然大于$|L_i'|$，$|L_i'|$应满足

$$|L_i'| > \frac{e_i}{e_i' - e_i} \tag{11.6}$$

假定初始分类错误率$e_i' = 0.5$，可以通过公式(11.7)计算$|L_i'|$的初始值，并依据公式(11.4)和公式(11.5)计算每一轮中L_i的取值，每一轮的最后一步就是结合L和L_i重新训练h_i，迭代这个过程直至公式(11.2)不再成立。

$$|L_i'| = \left\lfloor \frac{e_i}{0.5 - e_i} + 1 \right\rfloor \tag{11.7}$$

2. 算法流程

将从元事件中识别触发词与事件元素视为序列标注任务，将Tri-training引入序列标注过程，基于Tri-training和CRF提出一种半监督事件抽取方法，该方法分为两个阶段：训练阶段Tri-Training-CRFs，如图11.4所示；测试阶段Testing_CoLabeling，如图11.5所示。

Tri-training-CRFs算法的目的是结合Tri-training和CRF训练元事件的序列标注模型。训练过程包括以下三个步骤：

(1) 训练初始序列标注模型：采用*Bootstrap*算法从标记数据集L中获取三个彼此之间具有差异化的训练语料，基于CRF分别训练三个初始序列标注模型(Steps 1～5)。

Input: L: The labeled samples set
U: The unlabeled samples set
$Train(X)$: The learning algorithm
$BootStrap(X)$: The bootstrap algorithm
$Subsample(X, \text{top\_k})$: The subsampling algorithm
$Error(X, h_1, \ldots)$: The simultaneous error measuring algorithm
Output: $h_i (i \in \{1,2,3\})$
1. for $i \in \{1,2,3\}$ do
2. $h_i \leftarrow Train(BootStrap(L))$
3. $e_i' \leftarrow 0.5$
4. $L_i' \leftarrow \emptyset$
5. end for
6. repeat
7. for $i \in \{1,2,3\}$ do
8. $L_i \leftarrow \emptyset$
9. $update_i \leftarrow False$
10. $e_i \leftarrow Error(L, h_j, h_k), (j, k \neq i)$
11. if $e_i < e_i'$ then
12. $L_i \leftarrow \boldsymbol{Training\_CoLabeling}(\boldsymbol{U}, \boldsymbol{h_j}, \boldsymbol{h_k})$
13. if $|L_i'| = 0$ then
14. $|L_i'| \leftarrow \left\lfloor \frac{e_i}{e_i' - e_i} + 1 \right\rfloor$
15. end if
16. if $|L_i'| < |L_i|$ then
17. if $e_i |L_i| < e_i' |L_i'|$ then
18. $update_i \leftarrow True$
19. else if $|L_i'| > \frac{e_i}{e_i' - e_i}$ then
20. $u \leftarrow \left\lceil \frac{e_i' L_i'}{e_i} - 1 \right\rceil$
21. $L_i \leftarrow Subsample(L_i, u)$
22. $update_i \leftarrow True$
23. end if
24. end if
25. end if
26. end for
27. for $i \in \{1,2,3\}$ do
28. if $update_i = True$ then
29. $h_i \leftarrow Train(L \cup L_i)$
30. $e_i' \leftarrow e_i$
31. $L_i' \leftarrow L_i$
32. end if
33. end for
34. until $update_i = False, (i \in \{1,2,3\})$

图11.4 训练阶段Tri-training-CRFs

```
Input:  T: The testing samples set
        h_i, i∈{1, 2, 3}: CRF labeling model
Output: R
1.  P_123 ← ∅
2.  P_ij ← ∅
3.  P_i ← ∅
4.  θ ← 0.5
5.  R ← ∅
6.  for each x in T do
7.      for i∈{1, 2, 3} do
8.          Y_i ← h_i(x)
9.      end for
10.     Y ← Y_1 ∩ Y_2 ∩ Y_3
11.     if Y ≠ ∅ then
12.         for y∈Y do
13.             p_123 ← P_1(y|x) + P_2(y|x) + P_3(y|x)
14.             P_123.add(p_123, y)
15.         end for
16.         y, p_max ← max(P_123)
17.         if p_max ≥ 3*θ then
18.             R ← R ∪ (x, y)
19.             continue
20.         end if
21.         for i, j∈{1, 2, 3}, i≠j do
22.             for y∈Y do
23.                 p_ij ← P_i(y|x) + P_j(y|x), (i≠j)
24.                 P_ij.add(p_ij, y)
25.             end for
26.             y_ij, p_ij ← max(P_ij)
27.         end for
28.         y, p_max ← max(p_12, p_13, p_23)
29.         if p_max ≥ 2*θ then
30.             R ← R ∪ (x, y)
31.             continue
32.         end if
33.         for i∈{1, 2, 3} do
34.             for y∈Y do
35.                 p_i ← P_i(y|x)
36.                 P_i.add(p_i, y)
37.             end for
38.             y_i, p_i ← max(P_i)
39.         end for
```

图11.5　Testing-CoLabeling

```
40.         y, p_max ← max(p1, p2, p3)
41.         R ← R ∪ (x, y)
42.     else
43.         R ← R ∪ (x, nil)
44.     end if
45. end for
46. return R
```

图11.5(续) Testing-CoLabeling

(2) 获取新训练样本集：当模型在前一轮训练完成后，下一轮是否要继续迭代训练首先取决于两个条件：① $e_i < e_i'$；② $|L_i'| < |L_i|$。当这两个条件均满足时，再判断第三个条件 $e_i|L_i| < e_i'|L_i'|$ 是否成立，如果该条件成立，则本轮继续训练模型一次；如果该条件不成立，条件 $|L_i'| > \frac{e_i}{e_i' - e_i}$ 却成立，此时令 $u \leftarrow \left\lceil \frac{e_i' L_i'}{e_i} - 1 \right\rceil$，采用 *Subsample* 算法从 $|L_i|$ 中抽取前 u 个样本作为本轮的新训练样本集(Steps 7～26)，其中 L_i，L_i' 分别表示本轮和上一轮获取到的新训练样本集，e_i，e_i' 分别表示本轮和上一轮 h_i 在 L_i 上的标记错误率。

(3) 协同训练序列标注模型：当每一轮获取到新训练样本集 L_i 后，合并 L 和 L_i 训练元事件的序列标注模型(Steps 27～33)。

CRF在训练阶段的时间复杂度为 $O(N_f S N_l^2)$，在测试阶段的时间复杂度为 $O(S N_l^2)$，其中 N_f 为待标记序列每个位置的特征数，S 为待标记序列的长度，N_l 为类别标签的数量。在Tri-training-CRFs中，每一轮都会用任意两个CRF模型标注 U，从 U 中选择样本加入第三个CRF模型的训练集，然后第三个CRF模型迭代训练一次。因此，Tri-training-CRFs每一轮的时间复杂度分为标注时间：$O(|U| S N_l^2)$ 和训练时间：$O(|L \cup L_i| N_f S N_l^2)$，$|U|$ 和 $|L \cup L_i|$ 为集合的样本数。在实际场景中，$|U|$ 的数量级很大，$|L \cup L_i| N_f$ 相对 $|U|$ 数量级较小。假设算法在迭代 N 次停止，故Tri-training-CRFs的整体时间复杂度为 $O(N|U| S N_l^2)$。

在Tri-training-CRFs算法中，为确保每一轮挑选的新训练样本具有较高的置信度需要设计一种合理的未标记样本选择方案，即Training_CoLabeling，如图11.6所示。

选用CRF++训练序列标注模型，对 U 中的每一个样本 x 进行标注，模型会输出多个标签序列及每个标签序列对应的条件概率。挑选新训练样本的方案有以下三个步骤：

(1) 挑选一致的标签序列：利用 h_j，h_k 对 U 中的每个样本 x 标注得到 Y_j，Y_k，取两者交集得到 Y。这里的 Y_j，Y_k 和 Y 是 x 对应的多个标签序列构成的集合(Steps 7～10)。

(2) 选择条件概率和满足阈值条件的样本：对于 Y 中的每一个标签序列 y，计算 $P_j(y|x)$ 和 $P_k(y|x)$ 的和 p_{jk}，如果 p_{jk} 的最大值满足给定阈值条件，则将 x 及 p_{jk} 取最大值时的标签序列 y 组合成 (x, y) 加入到集合 *NewIns*。这里的 $P_j(y|x)$，$P_k(y|x)$ 分别表示样本 x 被 h_j，h_k 标注为标签序列 y 的条件概率(Steps 11～22)。

(3) 按概率和降序排列：对于 *NewIns* 中的每一个实例，按照其 *psum* 的值将实例降序排列(Steps 24～25)。

Input: U: The unlabeled samples set
　　h_j, h_k: CRF labeling model, $(j, k \neq i)$
Output: L_i
1. $P_{jk} \leftarrow \emptyset$
2. $\theta \leftarrow 0.5$
3. $PSum \leftarrow \emptyset$
4. $NewIns \leftarrow \emptyset$
5. $index \leftarrow 0$
6. $position \leftarrow \emptyset$
7. for each x in U do
8. 　$Y_j \leftarrow h_j(x)$
9. 　$Y_k \leftarrow h_k(x)$
10. 　$Y \leftarrow Y_k \cap Y_j$
11. 　if $Y \neq \emptyset$ then
12. 　　for $y \in Y$ do
13. 　　　$p_{jk} \leftarrow P_j(y|x) + P_k(y|x)$, $(j \neq k)$
14. 　　　$P_{jk}.add(p_{jk}, y)$
15. 　　end for
16. 　　$y, psum \leftarrow \max(P_{jk})$
17. 　　if $psum \geqslant 2*\theta$ then
18. 　　　$PSum.add(index, psum)$
19. 　　　$NewIns.add(index, (x, y))$
20. 　　　$index \leftarrow index + 1$
21. 　　end if
22. 　end if
23. end for
24. $position \leftarrow sort(PSum)$
25. $L_i \leftarrow transfer(NewIns, position)$
26. return L_i, $(i \neq j \neq k)$

图11.6　Training-CoLabeling

在元事件的抽取阶段，首先利用触发词表中的触发词过滤文本中的无关信息，对每一类元事件描述语句进行预处理。然后利用训练阶段构建的三个序列标注模型，同时对预处理过的文本进行标注，对于每一个未标记序列，确定其标签的过程如图11.5所示。

确定未标记序列的标签的过程分为两个步骤：

(1) 协同标注：使用 $h_i, i \in \{1, 2, 3\}$ 同时标注测试样本集 T 中的每一个样本 x，对标记结果取交集得到 Y(Steps 6～10)。

(2) 确定样本的标签:对于 Y 中的每一个标签序列 y,首先计算 $P_1(y|x)$, $P_2(y|x)$, $P_3(y|x)$三者的和p_{123},如果p_{123}的最大值满足阈值条件,则样本x的标签序列为p_{123}取最大值时对应的标签序如y(Steps 12~20)。否则计算$P_i(y|x)$与$P_j(y|x)(i\neq j)$的和p_{ij},如果p_{ij}的最大值满足阈值条件,此时样本x的标签序列就是p_{ij}取最大值时对应的标签序列y(Steps 21~32)。如果阈值条件均不满足,样本x的标签序列就是$p_i(i\in\{1,2,3\})$取最大值时对应的标签序列y(Steps 33~41)。

通过以上步骤可知,Testing-CoLabeling 的时间复杂度为$O(|T|SN_l^2)$,其中$|T|$为测试集的样本数,S为待标记序列的长度,N_l为类别标签的数量。

11.3 实验与分析

1. 数据集

实验选用法律领域的司法判决书作为实验语料。司法判决书文本是一类长文本数据,内容大致包括五个部分:基本信息、法律角色、起诉书、案情信息和判决结果。其中案情信息内容冗长、复杂多样,包含案件多个方面的事实信息。下面以抽取案情信息的主题事件为例,验证所提方法的有效性。

从中国裁判文书网随机选择1800篇司法判决书,借助正则表达式匹配全文信息,获取案情信息的描述语句作为实验数据,并按照16:2的比例分成训练语料和测试语料。

为每一类元事件定义唯一的事件结构化表示框架,如表11.1所示。为了得到各元事件的标记语料集和未标记语料集,对案情信息做如下处理:首先,以表11.1中元事件的类型为标签,手工标记训练语料中的描述语句;然后,抽取描述语句并按照元事件类型将其分类;接着,使用哈工大的LTP工具,对训练语料进行分词、词性标注和依存句法分析,得到训练语料的特征向量集合;之后,将特征向量集合按1:1的比例分成两个集合,保留其中一个集合的副本作为未标记训练集U;最后,对两个特征向量集合中的每个元素打标签,形成训练集L_1和L_2。各类元事件的标签集合如表11.2所示。此外,利用基于熵的特征选择方法获得触发词表,在元事件抽取阶段,利用触发词过滤案情中无关的描述信息以提高元事件的抽取效率。

表11.1 事件结构化表示框架

元事件类型	事件触发词	〈元素角色,元素〉
主题信息	撞击/相撞	〈时间, 〉〈肇事者, 〉〈肇事车辆, 〉〈相关人物, 〉〈相关车辆, 〉〈原因, 〉〈结果, 〉

续表

元事件类型	事件触发词	〈元素角色，元素〉
主体责任	认定/划分	〈全部责任，〉〈主要责任，〉〈同等责任，〉〈次要责任，〉〈无责任，〉
伤残等级	评定/鉴定	〈*级伤残*处，〉
投保类型	投保/购买	〈交强险，〉〈商业险，〉〈不计免赔商业险，〉〈计免赔商业险，〉

表11.2　各类元事件的标签集合

对象	标签集合	
	主题信息	其他元事件
触发词	B-T/M-T/E-T	
元素角色	B-Time/M-Time/E-Time B-P0/M-P0/E-P0 B-C0/M-C0/E-C0 B-P1/M-P1/E-P1 B-C1/M-C1/E-C1 B-RES/M-RES/E-RES	B-R/M-R/E-R
元素	B-A/M-A/E-A	
其他	N	

2. 实验设置与评价指标

使用CRF＋＋工具训练序列标注模型，需要指定特征模板，设置超参数c的值，这里的超参数c用于平衡模型拟合训练数据的程度，c的数值越大，拟合程度越高。对于超参数c，我们设置了6个不同的值，分别为1，1.5，2，2.5，3，4。

通过准确率P、召回率R和综合指标$F1$评估元事件的抽取结果，计算分别为

$$P=\frac{N_{\mathrm{r}}}{N_{\mathrm{r}}+N_{\mathrm{e}}} \tag{11.8}$$

$$R=\frac{N_{\mathrm{r}}}{N_{\mathrm{num}}} \tag{11.9}$$

$$F1=\frac{2PR}{P+R} \tag{11.10}$$

式中，N_r是正确抽取的案情文本数，N_e是错误抽取的案情文本数，N_{num}是元事件标准集中的案情文本数。

3. 对比方法

为了验证FISTEE的有效性，我们将该方法的性能与以下对比方法进行了比较。

BasicCRF：忽略事件触发词信息，基于CRF训练事件元素的序列标注模型，对给定的案情文本，利用序列标注模型进行标注，组合标签为“-A”的词语得到事件元素。

SEE：将元事件中的触发词、事件元素的识别看作序列标注任务，基于CRF训练触发

词、事件元素的联合标注模型。

实验分别基于训练集L_1和L_1+L_2训练两个SEE模型，即SEE(L_1)和SEE(L_1+L_2)。

4. 结果分析

选择模板05为特征模板，设置参数c的值为1.5。在司法判决书案情信息的四个元事件测试语料上进行实验，综合来看，FISTEE的抽取结果优于所有对比方法。

(1) 与BasicCRF相比，BasicCRF(L_1+L_2)，SEE(L_1)， SEE(L_1+L_2)和 FISTEE(L_1+U)都是触发词和事件元素的联合标注模型，其抽取结果在准确率、召回率和$F1$上的取值都有所提高。这一方面是因为触发词含有丰富的上下文语义信息，可以促进联合序列标注模型的性能；另一方面，使用触发词可以过滤文本中的无关信息，减少噪声干扰。

(2) 与SEE(L_1)相比，FISTEE(L_1+U)在元事件测试语料上的抽取结果更优，其总体抽取结果的准确率、召回率和$F1$值分别提高了17.2%，16.8%，17%，表明FISTEE(L_1+U)可以有效地利用未标记数据，提高抽取性能。这是因为SEE(L_1)仅依靠手工标记的训练集来构建序列标记模型，而标记的训练集是有限的，并且可能存在数据稀疏问题，从而导致模型的泛化性能较差。FISTEE在训练模型时，从未标记语料集U中选择置信度高的伪标签样本添加到标记语料集L，提高数据集的覆盖率，从而提高模型的有效性。

(3) 与SEE(L_1+L_2)相比，FISTEE(L_1+U)在元事件测试语料上的抽取结果更优，其总体抽取结果的准确率、召回率和$F1$值分别提高了14.9%，14.4%，14.7%，表明FISTEE(L_1+U)在减少手工标记语料的情况下，提高了元事件抽取性能。这是因为SEE(L_1+L_2)训练模型时，利用了包括L_2在内的全部标记语料，导致模型过拟合，反而降低了算法的抽取精度，而FISTEE是逐渐挑选置信度高的样本加入训练集，直至模型收敛，因此避免了模型过拟合。

小　　结

本章提出了一种通过Tri-training改进主题事件提取模型性能的半监督方法。该方法将Tri-training引入序列标记任务，使其可以从未标记的样本集中以高置信度选择一定数量的样本作为新的训练样本。所选样本与人工标注样本一起使用，以训练更好的序列标记模型。实验验证了所提方法的有效性。此外，受框架知识表示方案的启发，设计了一个主题事件框架来组织散布在文档中的与主题相关的元事件片段。抽取的主题事件由不同类型的结构化元事件表示，因此可以全面准确地呈现文本的主题。在未来的工作中，我们计划将所提方法应用于更多领域，以进一步验证FISTEE的有效性。此外，由于在迭代学习中引入了新的训练样本，该方法不可避免地会包含噪声，这会破坏序列标记模型的性能。因此，我们将设计一种数据编辑算法来识别被错误标记的样本，从而优化训练集并进一步提高序列标记模型的性能。

第12章　基于多层图注意力网络的事件检测方法

当前的大多数事件检测方法主要依赖于语法信息,因为句法依存树能够传递丰富的结构信息,并且这些信息被证明是十分有用的。然而,这些事件检测方法中的大多数效率较低,因为其不能很好地克服以下两个问题:一是如何从给定文本中同时挖掘和使用一阶和多阶语法关系;二是在数据预处理阶段由于外部解析工具造成的信息丢失。为了解决上述两个问题,本章提出了基于多层图注意力网络和跳跃连接的语义融合增强型事件检测方法SMGED。对于第一个问题,SMGED构建了一个具有跳跃连接的多层图注意力网络,以捕获不同顺序的语法关系,避免信息过度传播。对于第二个问题,SMGED使用信息融合模块来融合每个单词的上下文信息和句法关系,以补偿由于数据预处理阶段丢失的信息。

12.1　概　　述

作为NLP领域中十分重要的研究方向之一,事件检测旨在检测文本中是否含有事件并对其进行分类。一个句子中的事件是由一个词或几个词来标记的,这样的词被称为触发词,触发词一般为动词或名词。举例来说,在图12.1所示的句子中,事件检测模型应当能够识别触发词"meet"和其对应的"Contact:Meet"事件类型。

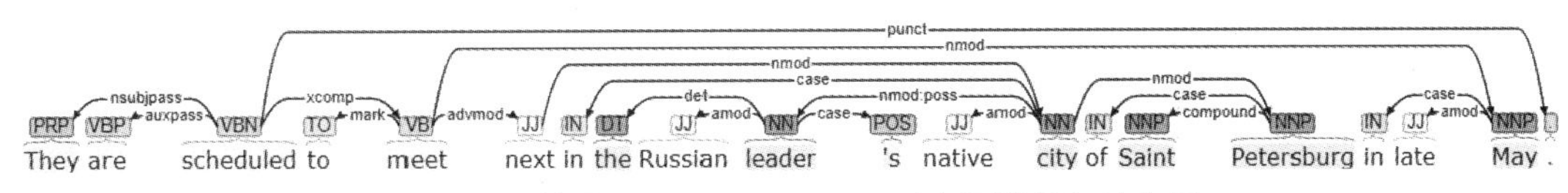

图12.1　使用Stanford CoreNLP对句子进行句法分析

而以往的事件检测研究中,一些sequence-based的方法,如卷积神经网络(CNN)、循环神经网络(RNN)、注意力机制(Attention)仅利用了句子级别特征,导致模型效率不高。句子级别的sequence-based方法在捕捉非常长范围内的依赖关系方面效率很低,而基于特征的方法需要大量的人工工作量,这在很大程度上影响了事件检测效果。此外,这些sequence-based方法不能充分地模拟事件与事件之间的关联。

众所周知,因为歧义词的存在,事件的表述十分灵活且可能具有歧义。同一事件可以有不同的描述，相同的描述也可能指代不同的事件。如“meet”一词，作为歧义词，它既有见面的意思又有满足的意思。当其意为见面时会触发“Contact：Meet”事件，而当其意为满足时则不会触发任何事件类型。该如何去区分歧义词对应的事件类型一直是事件检测的难点之一。对此，我们可以利用句子中更深层的句法特征来解决该问题，通常来说，在输入文本对应的句法依存树中存在一些需要多于1跳才能到达的句法路径，利用这些长距离的路径，模型可以通过捕捉深层的句法信息从而更精确地识别触发词及其对应事件类型。例如，在图12.1中，路径（i.e.“May”—“next”—“meet”），需要3跳去判别“meet”代表的是见面而并非满足的意思。句法依存树对于事件检测任务的有效性已经得到充分证明，利用句法依存树中的句法信息可以捕捉到触发词与触发词之间的交互关系，从而提高分类精度。因此，近年来许多事件检测研究都在模型中加入了句法特征，如Sha等在Bi-LSTM单元的基础上增加了单词之间的依赖桥信息。近年来，随着GCN的出现，句法特征不再只是与传统卷积神经网络结合，研究人员更倾向于将句法依存树与图神经网络（Graph Convolutional Networks）结合去利用句法信息捕捉单词间的关系。这种方式产生的效果要优于基于特征的序列化模型，但大多数句法特征与图神经网络结合的模型都只是利用了触发词和实体间浅层的句法信息，也就是在句法依存树中路径长度只有1跳的关系，并没有利用到深层的句法关系。触发词到其相关论元的所需要的句法跳数统计如图12.2所示。在ACE 2005数据集中，99.6%（9757/9793）的触发词与相关参数存在依存关系，除了1跳的句法弧之外，还存在许多多跳的句法弧，挖掘并利用这些深度句法信息对事件检测任务具有重要意义。

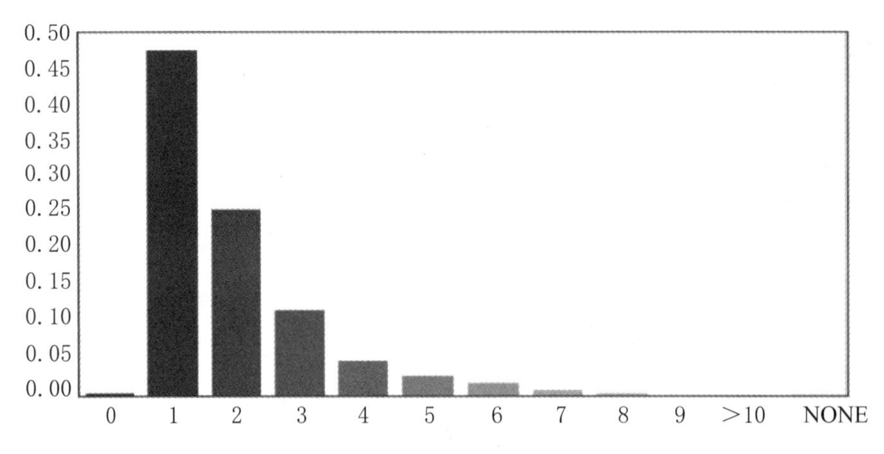

图12.2 ACE 2005数据集中基于依存树的最短路径距离统计

为了捕捉这些深层的句法依存关系，一些研究人员提出通过增加图神经网络层数来对单词的K阶邻接点编码。但是图神经网络层数的增加，会导致出现过度平滑（over-smoothing）问题。随着网络层数和迭代次数的增加，同一连通分量内的节点表征会趋向于收敛到同一个值。它的具体表现为句法依存树中相邻单词的表示会越来越相似，因此在进行多次卷积操作之后，所有节点特征都将趋于一致。若图中各个节点包含的信息差别不大，则过度平滑问题并不会造成太大影响。但对于事件检测任务而言，输入文本中的每个单词都具有丰富的语义信息,所以过度平滑问题造成的特征一致无疑会大大影响模型的效果。

此外,当触发词和论元在预处理工具中以从左到右方式分步处理的时候会出现错误传播问题。此前的事件检测研究在使用外部句法分析工具,如Stanford CoreNLP ,对数据进行预处理获得句法特征时,通常采用传递式的处理方式,即先接收原始输入文本,接着运行一系列自然语言处理注释器,生成最终的注释集。但是其处理过程通常是按照从左至右的顺序依次解析句子中的每一个单词,这样的单向方式在句法解析中的每一步都只能利用局部信息。此外,在一个长句子中会存在触发词与实体被工具处理到不同句法依存树中的情况。此前大多数基于图神经网络的方法都没有注意到这个问题。

针对上面描述的问题,SMGED在对数据进行预处理之后,首先将句法特征传入一个多层图注意力模块(Graph Attention Network),将句子中的单词和句法标签转换成对应句法图表示的节点和边,再利用3个不同的邻接矩阵来表示这些句法图的信息。模型中设置了两个平行的图注意力模块,可以有效避免过度平滑问题,且每一个GAT模块又分为3个不同的层,这些不同的图注意力层可以捕捉不同句法图中结点和其邻居结点的交互信息,经过聚合函数对不同层的图注意力模块输出进行聚合操作后,模型可以捕捉深层次的句法特征。此外,由于双向长短期记忆网络(Bi-LSTM)可以学习每一个单词的长距离上下文信息,我们在模型中将Bi-LSTM层的输出和GAT层的输出进行拼接操作,弥补对句法特征进行预处理时丢失的部分上下文信息,以此减少使用外部工具导致的错误传播问题。

12.2　基于多层图注意力网络的事件检测方法框架

事件检测的目标分别是:触发词识别,从给定的文本中识别出触发词;触发词分类,根据预先定义好的事件类型对触发词进行精准分类。与之前的研究一样,我们将事件检测看成是一个多分类任务。标签“O”代表当前词不属于任何事件中的一种。其他的标签我们用BIO标注模式标记,“B-eventType”代表当前词为触发词的第一个词,“I-eventType”代表当前词在触发词之中,所以总的标签数为$2N+1$;这里N为预先定义的事件类型总数。

如图12.3所示,SMGED的框架主要由四部分组成:

(1) 输入编码,把输入文本编码成四种不同的词嵌入向量拼接表示。

(2) 句法图的创建,将每个句子对应的句法依存树进一步表示为一个句法图,并且以邻接矩阵的形式表示。

(3) 多层注意力网络模块,通过两层图注意力网络结合句法特征进行卷积操作并且利用跳跃链接机制使得原始信息流穿过图注意力网络,与输出聚合避免过度平滑。

(4) 分类层,对每个词进行触发词识别和分类。

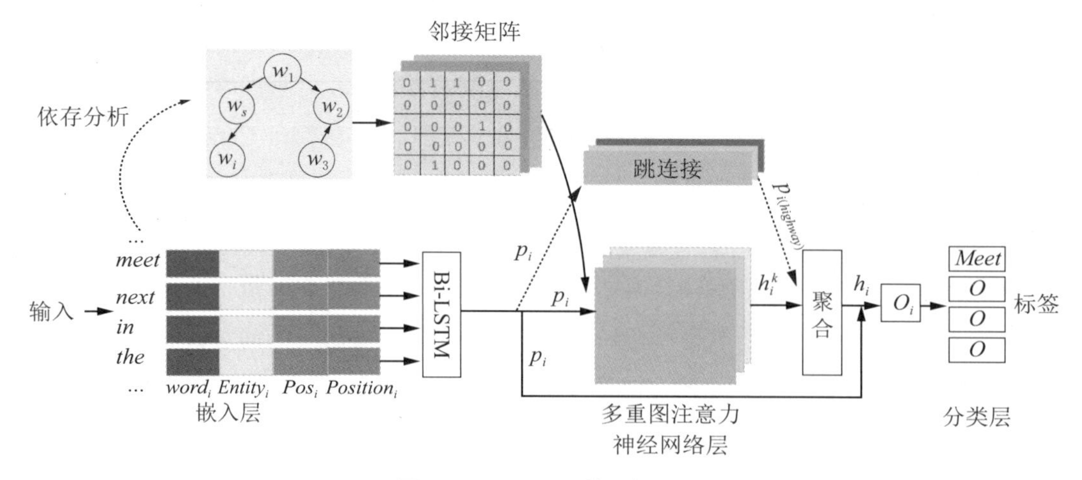

图12.3　SMGED算法框架图

12.2.1　输入编码层

我们让$S=\{w_1,w_2,\cdots,w_n\}$表示一个含有n个单词的句子，将每一个单词w_i转换成对应的向量x_i。在这里我们用以下四种词嵌入向量来表示每个单词对应的向量：

（1）Word embedding w_i：可体现出单词的语义规律性，在此处我们选择用Skip-gram在NYT 语料库上预训练好的词向量，初始状态为100维度的矩阵。

（2）Entity embedding e_i：当单词处于不同位置时，代表不同的语义和重要性，我们在使用BIO标注模式对句子中的实体进行标记后，通过预先设定的实体表来表示不同的实体，并将实体标签映射到具体值上。

（3）POS-tagging embedding pos_i：通过查找随机初始化词嵌入向量表将POS标记映射成具体值。

（4）Position embedding $posi_i$：设w_i为当前词，是w_i和另一个词w_c的相对距离。

获得四种词嵌入向量之后，则输入可以被表示为$x_i=[w_i\|e_i\|pos_i\|posi_i]\in\mathbb{R}^{d_w+d_s+d_{pos}+d_{posi}}$，这里 ‖ 表示拼接操作，$d_w,d_s,d_{pos},d_{posi}$表示这四种不同词嵌入向量的维度，最终可得到所有单词的表示$X=[x_1,x_2,\cdots,x_n]$。

双向长短期记忆网络(Bi-LSTM)可以在不增加图神经网络层数的前提下达到扩展信息流的目的。因此在得到所有单词的向量表示$X=[x_1,x_2,\cdots,x_n]$之后，我们没有直接将其送入GAT层而是先送入到Bi-LSTM模块进行编码，从而获得每个单词的上下文信息。对于每个词，前向LSTM对其进行编码，同时后向LSTM也会对其进行编码，最后拼接前向和后向的不同表示就是Bi-LSTM对其最终的表示。其公式为

$$p_i=[\overrightarrow{LSTM}(x_i)\|\overleftarrow{LSTM}(x_i)] \tag{12.1}$$

这里 ‖ 表示拼接操作，x_i 表示每个词的词向量，最终得到的输出向量 $P=[p_1, p_2, \cdots, p_n]$ 将作为GAT层的输入之一。箭头表示前向和后向两个不同的方向。

12.2.2　句法图的创建

考虑一个句子 S 的句法依存树，w_i 表示句子中的不同单词，我们首先将句法依存树转换成对应的句法图 $G(v, \varepsilon)$，其中 v 表示图中的节点，ε 表示不同的边。在节点 $v=\{v_1, v_2, \cdots, v_n\}$ 中，v_i 代表句子中的词 w_i。若单词 w_i 与 w_j 之间存在句法关系，则对应句法图存在边 $(v_i, v_j)\in\varepsilon$。除此之外，为了达到双向传输句法信息的目的，我们对每条句法边都进行reverse操作，增加一条 (v_j, v_i) 的边。每个中心节点在卷积过程中会不断收集周围节点包含的信息，同时中心节点自身的信息也是至关重要的，我们通过增加每个节点的自环边，来增加节点自身的信息，以防止在更新信息时忘记节点自身包含的信息。我们用 A 表示原始句法图的邻接矩阵，这里句法图是由句子的句法依存树直接生成的，注明在这里邻接矩阵 A 包含三个 $N\times N$ 的矩阵：$A_{along}, A_{rev}, A_{loop}$(Marcheggiani & Titov, 2017)。在邻接矩阵 A_{along} 中，如果单词 w_i 与 w_j 在语法上相关就产生对应的边 $(v_i, v_j)\in\varepsilon$，则 $A_{along}(i,j)=1$。$A_{rev}=A_{along}^{\mathrm{T}}$ 是 A_{along} 的转置矩阵，如果 $(v_i, v_j)\in\varepsilon\ \&\ i!\ =j$，则 $A_{along}(i,j)=1$。A_{loop} 代表单位矩阵，只有当 $i=j$ 时，$A_{loop}(i,j)=1$。

12.2.3　多层图注意力网络架构

在图注意力网络的层数选择方面，图神经网络层数的增加，会导致出现过度平滑问题，而过渡平滑造成的特征一致问题会严重影响事件检测模型的效果，因此我们在模型中只设置了两层GAT，而不堆叠太多的图神经网络层。由于句法依存信息中的边有三种类型，所以存在三个相同大小的邻接矩阵，所以平行的图注意力网络中又有三个不同层用以分别处理 $A_{along}, A_{rev}, A_{loop}$。处理的具体步骤是将 $A_{along}, A_{rev}, A_{loop}$ 矩阵和Bi-LSTM的输出 p_i 送入不同的层，这样做的好处是，通过对三个矩阵进行卷积可以利用不同深度的句法信息。不同层的 h_i^k 的计算公式为

$$h_i^k=L_1^k(p_i, A_{along})\oplus L_2^k(p_i, A_{rev})\oplus L_3^k(p_i, A_{loop}) \tag{12.2}$$

式中，L 表示GAT各层中的图注意卷积函数，$\oplus$ 表示相加，k 表示当前位于GAT的层数。

$$L_1(p_i, A_{along})=\sigma\sum_{j=1}^{n}\left[u_{ij}A_{along_{ij}}\left(W_{along}p_j+\varepsilon_{along}\right)\right] \tag{12.3}$$

$L_2(p_i, A_{rev})$，$L_3(p_i, A_{loop})$ 与 $L_1(p_i, A_{along})$ 同理，其中 σ 代表ELU激活函数，W_{along} 表示权重矩

阵，ε_{along} 表示偏置项。u_{ij} 是更新 w_i 时相邻单词 w_j 的归一化权重。

$$u_{ij} = softmax(e_{ij}) = \frac{\exp(e_{ij})}{\sum_{j \in N_i} \exp(e_{ij})} \tag{12.4}$$

$$e_{ij} = \gamma(W_{comb} p_i \| W_{att} p_j) \tag{12.5}$$

式中，N_i 表示单词 w_i 的相邻单词，γ 表示 $LeakyReLU$ 函数，W_{comb} 和 W_{att} 是权重矩阵。

A^k 可以对 k 阶的语法信息进行建模，由图 12.2 我们可以看到大多数语法弧位于 1 跳距离。为了防止图神经网络中短弧信息的过度传播，我们在这里利用跳过连接机制让某些数据流跳过几个图注意层，直接与多 GAT 模块中每一层的输出执行融合操作，以保留更多原始信息并达到更具表现力的表示。因此 h_i^k 的计算公式为

$$h_i^k = h_i^k + g \odot f(W_h p_i + b_h) + (1 - g) \odot p_i \tag{12.6}$$

$$g = \sigma(W_g p_i + b_g) \tag{12.7}$$

式中，σ 是 $sigmoid$ 函数，f 代表 $Relu$ 函数，W_g 和 b_g 分别表示权重矩阵和偏置项。

经过运算，输入中的每一个单词 w_i 都可以被一个新的向量 h_i^k 表示，这里 $k \in [1, K]$，K 表示模型中使用 GAT 的总层数。图卷积操作的目的是收集网格中邻居节点的信息，在得到不同层 GAT 网络的表示之后，我们增加了一个注意力聚合函数对不同 GAT 层中每一个词 w_i 的表示进行聚合来得到 h_i。这样一来，每个词的最终表示就是所有 GAT 层表示的一个汇总，其公式为

$$h_i = \sum_{k=1}^{K} v_i^k h_i^k \tag{12.8}$$

式中，v_i^k 表示第 k 层图注意力网络对于单词 w_i 的图表示归一化权重，其计算公式为

$$v_i^k = softmax(s_i^k) = \frac{\exp\left[(s_i^k)^{\mathrm{T}} ctx\right]}{\sum_{j=1}^{K} \exp\left[(s_i^j)^{\mathrm{T}} ctx\right]} \tag{12.9}$$

$$s_i^j = \tanh(W_{awa} h_i^j + \varepsilon_{awa}) \tag{12.10}$$

式中，k 表示图注意力网络的第 k 层，ctx 表示随机初始化的上下文向量。W_{awa} 和 ε_{awa} 表示权重矩阵以及偏置项。

在预处理阶段对输入进行句法分析处理时，存在这样一种情况：使用外部处理工具造成一个长句子中的触发词以及其对应的实体被分配到不同的句法依存树。如此一来触发词和对应的实体则无法在图神经网络中相互交互，导致处理完的数据会缺少部分上下文信息。除此之外，外部工具（如 Stanford Core NLP）在对数据进行预处理获得句法特征时，通常是按照 pipeline 的处理方式从左至右依次解析句子中的每一个单词，每一步都只利用局部信息而忽略了全局信息，因此很容易造成错误传播的问题。

通过这种方式获得的句法特征即使可以和图神经网络结合提高模型分类精确度，但丢

失的上下文信息还是会对模型的最终分类效果存在负面影响，具体表现为模型的低召回率。在事件检测任务中，触发词分类通常需要考虑输入序列的上下文信息，而Bi-LSTM在LSTM的基础上，结合了输入序列在前后两个方向上的信息。在所有单词转换成对应的向量表示后，Bi-LSTM可以获得每个词的上下文信息。我们将GAT输出与之前Bi-LSTM的输出进行拼接操作，以此解决外部工具带来的错误传播问题，弥补丢失的部分上下文信息并且提高模型触发词分类效果，具体计算公式为

$$O_i = [h_i \| p_i] \tag{12.11}$$

式中，p_i表示Bi-LSTM的输出，$\|$表示拼接操作。

12.2.4　分类层

在得到图注意力网络和Bi-LSTM拼接的向量表示O_i之后，我们把每个词对应的表示向量送入一个全连接网络，再通过*softmax*函数进行触发词分类，预测触发词对应具体哪一种预先定义的事件类型，其公式为

$$y_i^t = softmax(w_0 O_i + \varepsilon_0)^t = \frac{\exp(w_0 O_i + \varepsilon_0)^t}{\sum_{q=1}^{2N} EventType^{+1}(w_0 O_i + \varepsilon_0)^q} \tag{12.12}$$

式中，i表示第i个词，y_i^q表示触发词w_i被当作标签q的概率，w_0和ε_0分别表示权重矩阵和偏置项。经过*softmax*分类之后，将事件标签概率最大的类别作为当前触发词分类的结果。

12.3　实验与分析

1. 数据集及评估标准

我们选择在ACE 2005 dataset上进行实验来验证SMGED的效果。ACE2005(Automatic Content Extraction)是由语言数据联盟(LDC)标注的多语言大型语料库，常被用于ACE评测会议的任务。ACE提供了包括英语、汉语、阿拉伯语在内3种训练数据，涵盖6个不同的领域：广播会话(bc)、广播新闻(bn)、电话会话(cts)、新闻专线(nw)、usenet(un)和webblogs(w1)。其中定义了8种事件类型、33种事件子类型及子类型的36种参数。表12.1展示了ACE数据集的详细信息。我们使用The Stanford Core NLP 工具对数据进行预处理，预处理的内容包括sentence splitting、tokenizing、pos-tagging和dependency parsing。和之前工作一致，我们使用与之相同的数据划分，将40个newswire文件作为测试集，30个newswire文件作为验证集，其他的529个文件作为训练集。评价指标选择常用的评分准则：

准确率(P)、召回率(R)和$F1$,当触发词预测的事件类型都与预先定义的标签匹配时,表示触发词分类正确。

表12.1　ACE 2005数据集统计

	Documents	Sentence	Triggers	Arguments	Entity Mentions
Train	529	40	30	892	4226
Dev	14837	863	672	933	4050
Test	4337	492	422	7811	53045

2. 模型训练

在整个实验过程中,我们选择在NYT corpus上使用skip-gram预训练好的词嵌入向量,并将维度设置为100,Entity embedding、POS embedding、Position embedding的维度则统一设置为50。本实验使用一层的双向Bi-LSTM,其维度设置为250。模型中GAT的层数设置为2,实验证明层数为2时效果最好,其中每一层的Dropout设置为0.2,GCN维度设置为150。参数优化使用Adam算法,其中学习率为1e-4,梯度计算使用反向传播,batch size设置为16。实验中句子的最大长度设置为50,长度超过50则删减多余的词,小于50则增加到50。整个实验使用pytorch-1.1.0环境在Nvidia GeForce RTX 2080 Ti上进行。

3. 对比算法

为了更好地验证模型效果,我们将其与一些baselines进行对比,baselines大致上分为以下三类:

(1) **Feature-base models**:使用人工构造的特征进行事件抽取。① **Coss-event**:提出利用文档信息进行事件抽取。② **JointBeam**: 基于结构预测,通过人工设计特征提取事件。

(2) **Srquence-based models**:在word sequence上进行事件抽取。① **DMCNN**:一种基于动态池化(dynamic pooling)的卷积神经网络模型的事件抽取方法。② **JRNN**:基于双向RNN结构的事件抽取联合模型。③ **DBRNN**:结合句法信息和循环神经网络,将句法捷径加入Bi-LSTM,使句法依存的信息能够在LSTM节点中传播。④ **HBTNGMA**:提出一种分层的、门控注意力机制和偏差标记网络,融合了句子和文档信息来解决句子中多个事件的识别问题。

(3) **GCN-based models**:构造图卷积网络提取语义信息进行事件抽取。① **GCN-ED**:第一个提出将句法信息和GCN结合进行事件抽取任务。② **JMEE**:在GCN和句法信息的基础上加入自注意力机制,融合了句子和文档信息来解决句子中的多个事件识别问题。③ **MOGANED**:结合图注意力网络GAT和句法信息进行事件检测,通过注意力机制来整合不同层次的表示利用深层次句法信息。MOGANED是在ACE 2005数据集上表现最好的模型。④ **EE-GCN**:考虑到句法依存标签类型提出一种边增强的图神经网络,节点更新时也会考虑到边的信息。⑤ **GatedGCN**:通过门控机制来过滤事件检测任务中GCN模型中隐藏向量中的噪声信息。

4. 实验结果分析

表12.2所示为SMGED与其他模型对比的实验结果，可以看出SMGED的表现超过了其余的模型并且取得了最高的$F1$值，比现在已知$F1$最高的模型EE-GCN与GatedGCN高出0.3%。这样的结果证明了SMGED的有效性和优越性，我们将这样的表现归因于两点：

(1) 将句法特征加入到多层GAT中后，模型可以获取到单词之间的深层交互信息，同时注意力机制对每个单词的相邻词进行分数评估，如图12.4所示，重点评估分数高的单词，这有助于模型更精确地进行触发词分类。

表12.2　比较方法在ACE2005数据集上的实验结果

方法	P(%)	R(%)	$F1$(%)
Cross-Event	68.7	68.9	68.8
JointBeam	73.7	62.3	67.5
DMCNN	75.6	63.6	69.1
JRNN	66.0	73.0	69.3
dbRNN*	74.1	69.8	71.9
HBTNGMA	77.9	69.1	73.3
GCN-ED*	77.9	68.8	73.1
JMEE*	76.3	71.3	73.7
MOGANED*	79.5	72.3	75.7
EE-GCN*	76.7	78.6	77.6
GatedGCN*	78.8	76.3	77.6
SMGED*	76.6	79.1	77.9

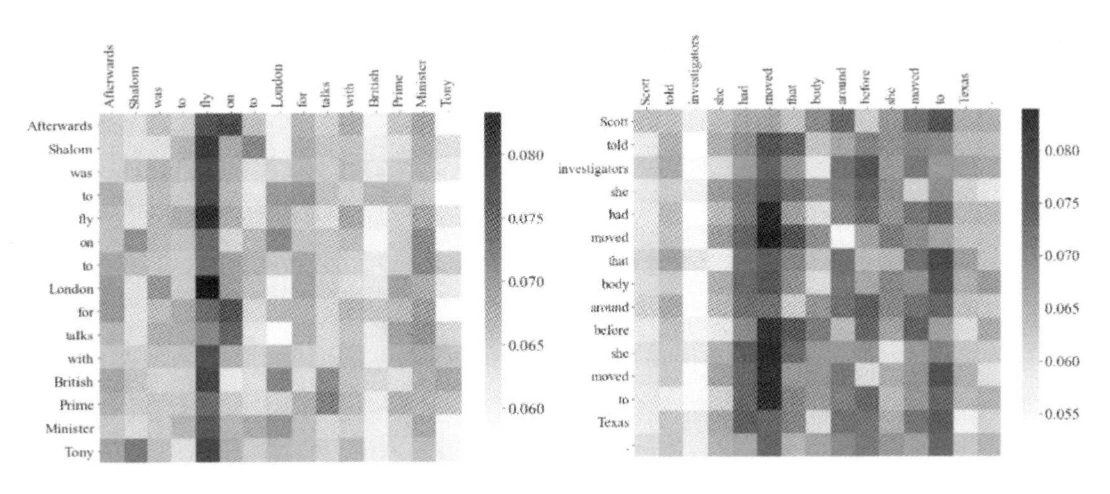

图12.4　注意力机制热力图

（2）将Bi-LSTM的输出和GCN的输出进行拼接。从表中不难看出GCN-based的召回率普遍较低，其主要原因是由于在预处理阶段使用外部工具导致错误传播，使模型虽然获得了输入文本的句法特征，却丢失了一部分上下文信息，影响了模型的效果。因此我们在得到GAT对句法特征的处理结果之后，将其输出聚合并与之前Bi-LSTM的输出进行拼接，通过这种方式来弥补丢失的部分上下文信息，减小错误传播对模型带来的影响。

从表12.2可以看到SMGED的效果要远优于所有的pipeline方法，这证明了句法特征确实可以在很大程度上提高事件检测的效果。再将SMGED与其他使用句法依存树的模型进行对比后，可以发现SMGED的三个指标分别比dbRNN提高了2.5%，9.3%，6.0%，这也验证了在同样使用句法特征的条件下，将句法特征与图神经网络结合的效果要好于循环神经网络。与GCN-based模型相比时，GAT-based的准确率指标更高，此结果证明基于图注意力网络的模型，如MOGANED、SMGED可以更精确地对触发词进行分类。与MOGANED相比，召回率的值有明显提升，这验证了将图神经网络输出与Bi-LSTM的输出进行拼接可以有效地减轻预处理阶段使用外部句法分析工具带来的错误传播问题，提高模型的召回率。

5. 消融实验

为了说明外部知识库和注意机制的影响，我们通过设计消融实验来分析这些因素对性能的影响。表12.3展示了我们的方法与其3个变种SMGED(-LSTM)、SMGED(-Fusion)和SMGED(-skip)的对比结果。实验在ACE2005数据集的dev set进行。

表12.3　SMGED及其变种在验证集上的比较结果

方法	P	R	$F1$
SMGED(full)	68.4%	66.7%	67.5%
SMGED(-LSTM)	69.0%	62.1%	65.4%
SMGED(-Fusion)	70.6%	60.9%	64.4%
SMGED(-skip)	68.9%	61.0%	64.8%

（1）由于当相关触发器和实体被解析为不同的句法依存树时，使用依存解析工具以管道方式预处理语句会导致信息丢失，因此触发器和实体之间的交互是不可能的。Bi-LSTM模块在向前和向后两个方向上组合输入序列的信息。从表12.3中可以看出对于不进行信息融合的方法，$F1$分数下降了2.1%。这也证实了使用融合机制可以改善在预处理阶段使用外部依存解析工具导致的上下文信息丢失。

（2）在图神经网络中，过度平滑问题是指当所有节点的表示变得相似时，性能恶化的问题。我们在这里使用跳过连接机制让某些数据流跳过几个图注意力网络层，可以看到，删除跳跃连接之后，召回率显著下降，这证实了短弧信息的过度传播将极大地影响模型的分类精度。

（3）Bi-LSTM模块可以在不增加GCN层的情况下扩展信息流，我们可以看到当Bi-

LSTM从SMGED中移除时，性能会严重下降。这说明Bi-LSTM捕获了GCN遗漏的信息。因此，GCN和Bi-LSTM在事件检测任务中是相辅相成的。

(4) 通过去除模型中的跳跃连接和信息融合机制，我们可以看到实验指标显著下降，证明短弧信息过度传播和数据预处理阶段的信息丢失都会严重影响分类精度。

6. 图注意力网络层数影响分析

由于堆叠GAT层可以增加信息流，因此我们通过设置不同的层数K(即$K=1$、$K=2$和$K=3$)来研究具有不同层数的多GAT模块对模型的影响。如图12.5所示，当$K=2$时，模型获得最佳性能。当$K=1$时，准确度、召回率和$F1$显著降低。这是因为该模型只能利用输入数据的一阶句法信息，不能有效地捕获词与词之间的多阶句法信息。随着K继续增加到3和4，虽然该模型可以获得单词之间的高阶句法信息，但短弧信息的过度传播和过度平滑问题将损害分类精度。

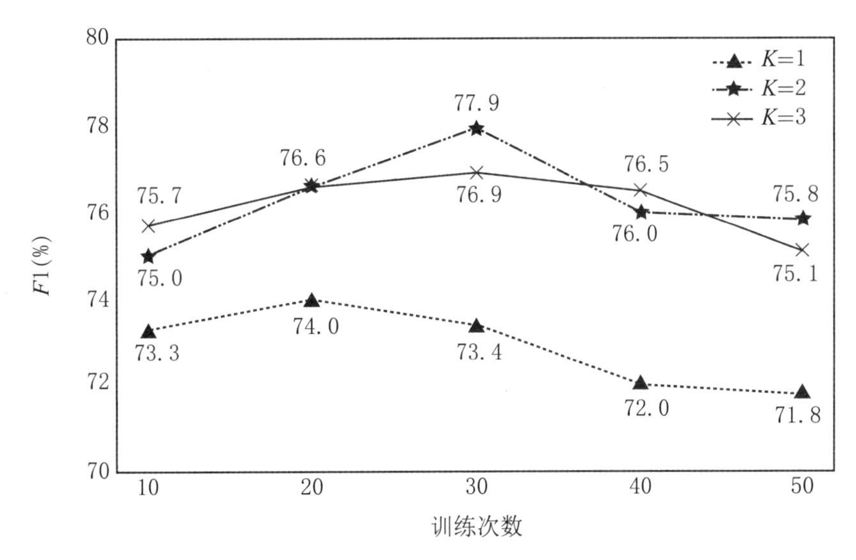

图12.5　不同层数时SMGED随训练次数的$F1$变化

小　　结

SMGED将句法信息与图形注意网络相结合，缓解了在预处理阶段使用外部NLP工具造成的错误传播问题。实验结果表明，SMGED具有以下优点：

(1) 带有跳跃连接的多GAT模块不仅使用了一阶和高阶句法信息，而且避免了短弧信息的过度传播。在利用多阶语法信息的同时，有效地避免了过度平滑问题。

(2) 融合不同顺序的上下文信息和语法信息可以补偿丢失的信息，并减轻预处理阶段外部NLP工具包对模型造成的错误传播的影响。

(3) 实验表明,我们的模型在ACE 2005数据集上取得了最好的结果。

在未来,我们将尝试利用语法信息和不同类型的句法依存标签信息来执行事件检测任务。在SMGED模型中,为了避免图神经网络卷积过程中的参数爆炸问题,我们选择不使用原始的句法树标签信息,而是用三种标签替换所有的句法标签。但事实上,单词之间的句法标签有几十种,它们为事件检测传递了丰富而有用的语言知识,因此下一步的研究将是如何利用依存标签信息,并将其与图卷积网络合理地结合起来。

第13章　基于图扰动策略的事件检测方法

事件检测是一项重要的信息抽取子任务。句法信息和图卷积网络相结合的方法被证明在事件检测领域是有效的，但是该方法只使用了原始句法图，导致与触发词识别无关的冗余信息被聚合，而且大多数只使用了低阶句法信息，忽略了多跳邻居对句子语义理解的重要性。为了克服这些局限性，本章提出了一种深度对称的图卷积网络模型来捕获高阶句法关系，优化句子的语义特征并且平衡句子的语义信息。首先，我们设计了两种图扰动方法，分别从节点密度和边的稀疏性上更好地抽取句法图中的有用信息；其次，提出了一种带有注意力门控机制的跳跃连接来加强高阶和低阶句法信息的聚合；最后，在广泛使用的ACE 2005数据集上进行了大量的实验，实验结果证明该方法显著地优于其他最先进的方法。

13.1　概　　述

事件抽取的目的是从广播新闻、政策公告等文本中提取完整的事件结构。事件抽取一般分为两个子任务：事件检测和事件论元抽取。事件检测是从原始文本中识别出相应事件的触发词并进行正确分类。以图13.1为例，事件检测是从给定的句子中识别出触发词"deaths"的具体位置，并将其分类为"Die"类型。事件论元抽取是在事件检测任务的基础上，识别事件论元在句子中的准确位置并进行分类。两个子任务抽取出来的触发词和论元构成一个完整的事件结构，也是事件抽取任务的最终结果。事件检测是事件抽取的重要组成部分，也是一系列下游任务的基础，促进了问答系统、阅读理解、自动文摘等任务的发展。

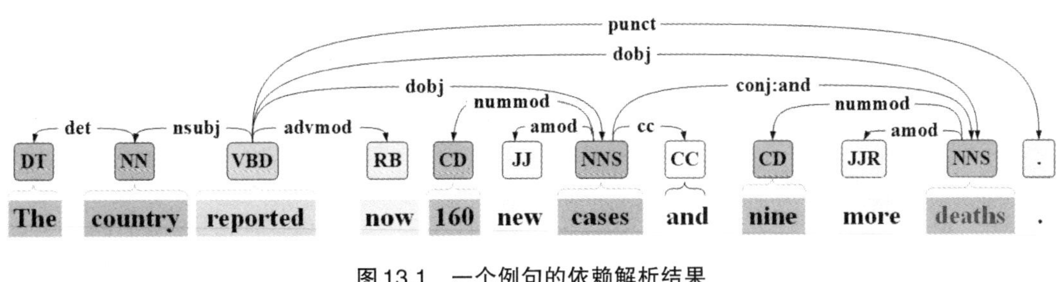

图13.1　一个例句的依赖解析结果

将图卷积网络(GCN)引入事件检测领域取得了不错的实验效果。与传统的基于序列的模型不同,基于GCN的模型考虑的是在空间维度上快速聚合全局信息,挖掘高维特征。对事件检测任务而言,基于GCN的模型通过聚合节点自身和邻居节点的信息来学习复杂的句法结构并理解句子的语义。实验表明,与传统的方法相比,使用GCN来理解句子的完整语义可以取得更好的实验效果。

现有的基于GCN的模型只使用原始的句法图,很难在图卷积的过程中避免冗余信息的聚合。一般而言,句子中每个单词的重要性是不同的,不重要的单词信息在句法图中传播会导致模型不能深入理解句子的语义,从而影响事件检测的效率。以图13.1为例,在识别触发词"deaths"的过程中,"new""and"和"more"等单词提供了较少的帮助。此外,从"deaths"到达"more"只需要1跳,这会带来一定的干扰。因此,只有减少冗余信息的聚合并且保留重要单词节点的信息才能正确地识别和分类句子中的触发词。

在事件检测领域,过度平滑一直是阻碍基于GCN的模型捕获高阶句法关系的因素之一。随着图卷积层数的增加,低阶邻居的权重逐渐减小,高阶邻居的权重逐渐增大,这就会导致信息聚合过程中同一连通分量内的节点表示变得相似。为了减少由过度平滑问题带来的语义损失,以往的做法通常是使用浅层的基于GCN的模型。但是当触发词与语义丰富的单词距离较远时,模型需要依赖解析树中的多跳路径来连接触发词和语义丰富的单词。显然,堆叠多层GCN的方法可以有效地捕获多跳邻居并且学习高阶句法关系,因此,如何在挖掘深度句法关系的同时缓解过度平滑现象对于事件检测而言是非常重要的。

为了解决上述问题,本章提出了一个深度语义增强的事件检测模型DSEED。首先,为了过滤句法图中的噪声信息,该方法使用图池化操作和随机删边操作来扰动句法图,分别从节点密度和边稀疏性来实现语义增强。除此之外,DSEED还执行图扰动的逆操作,从而避免了扰动过程中句法信息的损失。其次,为了使用高阶句法信息并且避免过度平滑现象,使用带有注意力门控机制的跳跃连接,它可以增强低阶和高阶句法信息的聚合。

13.2 基于图扰动策略的事件检测方法框架

图13.2所示为基于图扰动策略的事件检测方法框架图。第一模块是输入模块,首先对输入句子的多种信息进行编码,然后通过Bi-LSTM来获取句子的上下文表示。第二模块是对称图卷积网络模块,包括句法图扰动部分、修复部分、带有注意力门控机制的跳跃连接部分。第三模块是分类模块,它主要是将注意力聚合后的结果送入分类器,对每一个单词的所属类型进行预测。

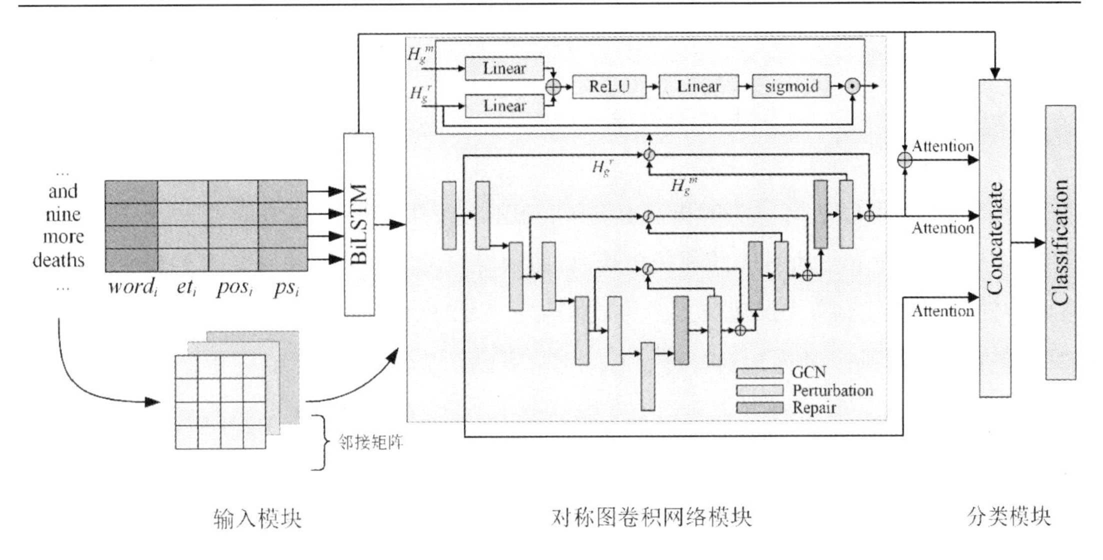

图13.2　DSEED框架图

13.2.1　输入层

给定一个长度为n的句子：$W=\{w_1, w_2, \cdots, w_n\}$，$w_i$表示句子中的第$i$个单词。我们通过拼接以下向量来将$w_i$转换成一个实值向量：

（1）**词嵌入 $word_i$**：通过查找预训练的词嵌入表来获得每个单词的语义丰富的词表示。

（2）**实体嵌入 et_i**：句子中的实体通常由多个单词组成，我们使用BIO模式来标注句子中的每个实体，然后通过查找实体嵌入表来将每个实体转换成一个实值向量。

（3）**POS-tagging嵌入 pos_i**：句子中的每个单词对应一个POS-tagging标签，通过查找POS-tagging标签嵌入表将其转化为实值向量。

（4）**位置嵌入 ps_i**：通过查找随机初始化的位置嵌入表，将句中每个单词与其他单词的相对距离编码为实值向量。

输入的句子W将会被转换成一个实值向量序列$X\in\mathbb{R}^{d_w+d_e+d_p+d_o}$，其中$d_w$、$d_e$、$d_p$和$d_o$分别是词嵌入的维度、实体嵌入的维度、POS-tagging的维度和位置嵌入的维度。我们遵循之前的方法，将输入向量送到Bi-LSTM中，充分学习每个单词的上下文信息：

$$h_i=\left[\overrightarrow{LSTM}(x_i)\|\overleftarrow{LSTM}(x_i)\right] \tag{13.1}$$

Bi-LSTM的输出$H=[h_1, h_2, \cdots, h_n]^{\mathrm{T}}$将会成为对称图卷积网络模块的输入，其中$\|$表示拼接操作。

13.2.2 对称图卷积网络层

每个句子都可以使用句法解析工具Stanford Parser生成一个句法依存树，根据句法依存树可以生成这个句子所对应的邻接矩阵，从而获得句子的一阶句法图。为了减少参数量，本模型使用的邻接矩阵A仅包含三个维度均为$n\times n$的矩阵：A_{along}，A_{rev}，A_{loop}。当句法依存树中有一条从w_i到w_j的连边时，$A_{along}(i,j)=1$，其余的为0。A_{rev}是A_{along}矩阵的转置矩阵，$A_{rev}(j,i)=1$对应单词w_i到w_j的反向边。A_{loop}是单位矩阵，表示每个节点都有一个自环，以此来聚合节点自身的信息。在一个L层的GCN模块中，第l层的卷积向量计算公式为

$$H^l=ReLU\left[Pool\left(A^lH^{l-1}\right)W^l+b^l\right] \tag{13.2}$$

式中，W^l是第l层GCN的权重矩阵，b^l是第l层GCN的偏置项，A^l是第l层GCN的邻接矩阵，H^{l-1}是第$l-1$层GCN的特征矩阵，H^l是第l层GCN的特征矩阵，$Pool$是平均池化。

为了聚合不同的信息，多种门控机制被提出。下面在对称图卷积网络模块中使用一种新的注意力门控机制，在跳跃连接中聚合低阶句法信息和高阶句法信息。其方程为

$$\begin{aligned}&\alpha^l=sigmoid\left[ReLU\left(H_g^lW_g^l+H_x^lW_x^l\right)W_{gx}^l\right]\\&H_s^l=\alpha^l\cdot H_x^l\\&H_{in}^{l+1}=H_e^l+H_{out}^l\end{aligned} \tag{13.3}$$

式中，H_x^l是浅层GCN的输出，H_g^l是深层GCN的输出，W_g^l，W_x^l和W_{gx}^l是权重矩阵，α^l是第l层的注意力系数，H_{out}^l是第l层GCN的输出，H_{in}^{l+1}是第$l+1$层GCN的输入。

从节点密度扰动句法图就是一种图池化操作。主要操作就是训练一个投影向量p，根据p将H^l投影到y。在对结果进行降序排序后，选择前k个节点来生成一个新的子图。具体的计算公式为

$$\begin{aligned}&y=sigmoid\left(\frac{H^lp}{\|p\|}\right)\\&idx=rank(y,k)\\&\tilde{y}=select(y,idx)\\&\widetilde{H}=select(H^l,idx)\\&A^{l+1}=select(A^l,idx)\\&H^{l+1}=\widetilde{H}\cdot\tilde{y}\end{aligned} \tag{13.4}$$

式中，H^l第l层GCN的特征矩阵，$rank$表示从y中选择k个节点，idx是k个节点的位置，$select$表示根据idx从原始矩阵中生成一个新的矩阵，$\widetilde{H}$是一个过渡的特征矩阵，A^l是第l层GCN的邻接矩阵，A^{l+1}是第$l+1$层GCN的邻接矩阵，H^{l+1}是第$l+1$层GCN的特征矩阵，·表示点乘。

在浅层GCN中扰动句法图之后，我们还需要在深层GCN中修复句法图。具体步骤就是，在扰动句法图时记录选择的节点位置，在修复句法图时首先生成一个和对应特征矩阵相同大小的空矩阵，然后根据记录的位置将当前特征矩阵的向量放到空矩阵中，从而获得一个新的特征矩阵。

另一个图扰动策略就是从边的稀疏性上扰动句法图，具体操作就是随机删除句法图中指定比例的句法边。我们仅在第一个和最后一个GCN层中使用原始的邻接矩阵，在其余的GCN层中使用随机删边操作后生成的新的邻接矩阵。这种图扰动策略对应的图修复操作是在最后一层GCN中使用原始的句法图。随机删边操作的计算公式为

$$A' = delete(A, q) \tag{13.5}$$

式中，A是原始的邻接矩阵，A'是随机删边后生成的新的邻接矩阵，q是随机删除边的比例，$delete$表示从A中随机删除比例为q的边。

需要说明的是，从节点密度扰动句法图和从边稀疏性上扰动句法图是两种不同的图扰动策略，这两种策略是分开执行的。在其他部分不变的情况下，对称图卷积网络模块中的图扰动部分要么全部使用从节点密度扰动句法图的策略，要么全部使用从边稀疏性扰动句法图的策略。

13.2.3　分类层

在获得对称图卷积网络模块的输出后，我们使用注意力机制对其进行优化，并将优化的结果与Bi-LSTM的输出进行拼接。在获得拼接操作的结果C后，我们将其输入到一个全连接层，然后使用$softmax$函数来获得$\overline{C}$，它包括句子中的每个单词属于每种事件类型的概率。具体的计算公式为

$$\overline{C} = softmax(CW_c + b_c) \tag{13.6}$$

式中，W_c是权重矩阵，b_c是偏置项。在使用$softmax$函数后，我们选择概率最大的事件标签作为单词的分类结果。

数据集类别不平衡是许多领域的研究人员都会面临的问题，事件检测领域的通用ACE 2005数据集也存在着多种事件类型比例不平衡的问题。如图13.3所示，“Attack”类型的数量远远大于“Acquit”类型的数量。此外，ACE 2005数据集中大约有84.8%的事件实例数量小于200，因此ACE 2005数据集存在着严重的类别不平衡问题。在多分类任务中，未加约束的神经网络往往会倾向于比例偏大的事件类型，这样的优化方向可以取得不错的性能，但却忽略了小类别事件的分类需求。为了改善这一状况，我们采用有偏的*focal loss*损失函数。

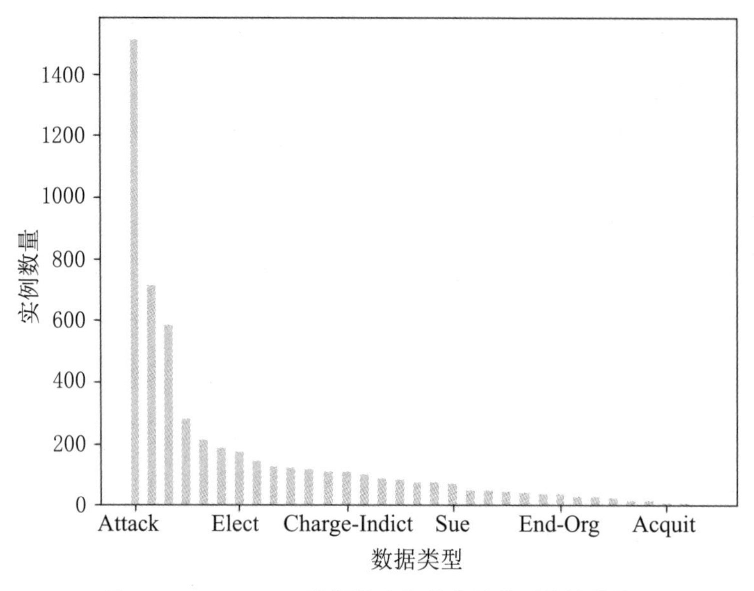

图13.3　ACE 2005数据集中每种事件类型的统计结果

这种*focal loss*损失函数是对标准交叉熵损失函数的改进，可以缓解数据集类别不平衡的问题。它在标准交叉熵损失函数的基础上，添加权重系数α和调制系数γ。顾名思义，α是分配给各个类别事件的权重，它的值与事件比重成反比。调制系数γ的提出是为了让模型在训练时更加关注难分类的样本，减少易分类样本的损失贡献。具体的计算公式为

$$J(\theta)=-\sum_{i=1}^{Ns}\sum_{j=1}^{n_i}\alpha_j\left(1-p\left(z_j^t|\overline{C}\right)\right)^{\gamma}\ln p\left(z_j^t|\overline{C}\right) \tag{13.7}$$

式中，N_S是句子个数，n_j是第i个句子中的单词个数，α_j是第j个单词类型对应的权重，$p\left(z_j^t|\overline{C}\right)$是第$j$个单词的真实标签$z_j^t$的预测概率。我们将$\gamma$设为2，非触发词的单词权重系数$\alpha$设为1，触发词的权重系数$\alpha$设为5。

13.3　实验与分析

1. 数据集及评估标准

我们在ACE 2005数据集上进行训练和测试，并与其他模型做比较。ACE 2005是事件检测领域常用语料库之一，它定义了包括商业、交易、冲突在内的8种事件类型和33种事件子类型。为了正确表示非事件类型，我们使用None类型。同时，为了生成实体嵌入和POS-tagging嵌入，我们构造了包含54种实体类型的实体表和45种类型的POS-tagging表。

为了与前人的研究做比较，我们采用三种评价指标，分别是准确率(P)、召回率(R)和$F1$值。准确率反映了模型预测正确的样本在所有正确样本中的比例，召回率反映了模型预

测正确的样本在所有样本中的比例，$F1$是根据准确率和召回率生成的综合指标。

2. 对比方法

为了验证DSEED的有效性，我们将其与最先进的模型进行比较，并将这些模型分为三类：基于特征的模型、基于序列的模型、基于GCN的模型。

基于特征的模型使用手工设计的特征来进行事件检测：Cross Event使用文档级信息来进行事件抽取；Cross Entity在检测事件时使用跨实体推理；Max Entropy基于结构化预测来进行事件抽取。

基于序列的模型采用顺序建模的方式：DMCNN提出一种动态多池的卷积神经网络模型；JRNN使用双向RNN和手工设计的特征来进行事件抽取；dbRNN提出一种带有依赖桥的Bi-LSTM模型。

基于GCN的模型对句法图进行卷积以提取句法信息：GCN-ED首次将GCN方法应用到事件检测领域；JMEE提出一种使用多头自注意力机制聚合GCN层输出信息的模型；MOGANED使用多阶图注意力网络模型进行事件检测；EE-GCN提出一种在GCN中同时使用句法依存结构和关系标签的方法，这是在ACE 2005数据集上性能最佳的方法。

3. 结果分析

表13.1展示了具体的实验结果。其中，DSEED(gpool)表示使用从节点密度扰动句法图的策略，DSEED(dropedge)表示使用从边稀疏性扰动句法图的策略。

表13.1　基于图扰动策略的事件检测方法与其他方法的实验结果

方法	P	R	$F1$
Cross Event	68.7%	68.9%	68.8%
Cross Entity	72.9%	64.3%	68.3%
Max Entropy	73.7%	62.3%	67.5%
DMCNN	75.6%	63.6%	69.1%
JRNN	66.0%	73.0%	69.3%
dbRNN	74.1%	69.8%	71.9%
GCN-ED	77.9%	68.8%	73.1%
JMEE	76.3%	71.3%	73.7%
MOGANED	79.5%	72.3%	75.7%
EE-GCN	76.7%	78.6%	77.6%
DSEED(gpool)	78.4%	77.4%	77.9%
DSEED(dropedge)	77.9%	77.5%	77.7%

结果表明，在相同的数据集上，DSEED取得了最高的$F1$值，与基于特征的方法相比，DSEED在$F1$指标上提高了9.1%，这说明该方法更好地理解了单词间的句法关系。与基于序列的模型相比，我们的模型提高了6.0%；与基于GCN的模型相比，此方法（节点密度）取得了最高的$F1$值。DSEED在Bi-LSTM的基础上使用GCN捕获句法依赖信息，而句法依赖信息可以有效提高事件检测的性能，因此取得了更好的效果。实验结果证明了DSEED

方法的优越性。

小　结

本章提出了一种基于图扰动策略的事件检测方法DSEED来处理事件检测任务。大量的实验结果表明该方法具有以下的优点：

(1) 分别从节点密度和边稀疏性上扰动句法图,不仅可以减少句法信息的损失,还可以避免冗余信息的聚合。

(2) DSEED使用带有注意力门控机制的跳跃连接来加强高阶句法信息和低阶句法信息的聚合,同时可以在一定程度上缓解过度平滑现象。

(3) 在真实数据集上的实验结果表明该方法显著的优于其他先进的方法。

在未来的工作中,我们计划同时从节点密度和边稀疏性上扰动句法图,以进一步提高事件检测的效率,此外还计划将所提方法应用于更多领域,从而验证图扰动策略的有效性。

第14章　进出口食品风险信息云平台业务需求

14.1　概　　述

14.1.1　必要性

2018年4月20日，按照国务院统一部署关检业务正式合并，新海关工作业务进一步拓展。2019年1月17日全国海关工作会议上，海关总署署长倪岳峰表示，海关将把构建新型监管机制作为重点工作之一，包括实施《海关全面深化业务改革2020框架方案》，持续深化重点领域和关键环节改革；加快建立健全科学随机抽查与精准布控协同分工、优势互补的风险统控机制；完善一体化作业流程，实施进口“两步申报”通关模式，实行进境安全风险防范“两段准入”和口岸分类提离；改革完善邮寄、快递渠道通关监管；深化加工贸易监管改革等。在具体的“两步申报”“两段准入”“两轮驱动”“两类监管”以及“两区优化”措施中，“两轮驱动”更加明确提出了加大随机抽查和人工风险分析布控的协调工作机制，实现精准打击和全面覆盖的新工作目标任务。此外，还将继续严把进出口食品安全关，完善进口食品准入管理，强化口岸食品检验把关，开展进口重点敏感食品专项治理，加强进出口食品源头监管，加大违法行为处罚力度，深化进出口食品预包装标签检验监管制度改革，推进食品安全国际共治。同时，完善进出口商品安全风险预警和快速反应监管体系，加快商品检验制度改革，科学稳步推进第三方检验结果采信。强化重点敏感商品安全风险防控，固体废物属性鉴别、检验鉴定监管，优化进口大宗资源性商品“先放后检”模式，加强进出口危险货物监管。

1. 建设该项目是深入推进落实党的十九大精神及我市食品安全城市工作方案(2018—2020年)的需求

为加强我国食品安全监管，新版《中华人民共和国食品安全法》已由中华人民共和国第十二届全国人民代表大会常务委员会第十四次会议于2015年4月24日修订通过，自2015年

10月1日起施行。《中华人民共和国食品安全法》突出了习近平总书记提出的"四个最严"要求,即最严苛的标准、最严格的监管、最严厉的惩戒、最严肃的追责。该法第四十二条指出,我国应逐步建立食品安全全流程的可溯源规章,食用商品的生产企业和流通企业必须遵照最新的食品安全法的相关内容,上报食品安全追溯所必须的数据信息,使食品安全溯源系统的数据采集工作正常进行。国家同时支持各类食品生产和经营企业运用最新的计算机技术对自身的生产、加工等流程进行信息化管理,对产品数字信息进行存储。基于当前的食品安全形势,根据国家最新的食品安全相关的法律法规,在广东省委和省政府的指导下,计划建立广东省统一的食品电子追溯平台,利用信息化手段使食品追溯覆盖生产、流通、零售、消费的各个节点,是企业、监管部门、公众对食品安全溯源的迫切需要,对形成国内食品溯源生态体系也非常重要。

2015年7月,深圳市被国务院食品安全委员会办公室(以下简称食安办)确定为第二批国家食品安全城市创建试点城市,2015年8月起,深圳全面开展国家食品安全城市创建工作,重点围绕食品药品安全重大民生工程、食用农产品质量和安全保障工程等开展,以打造出让市民满意的食品安全城市为目标。

为全面贯彻党的十九大精神,以习近平新时代中国特色社会主义思想为指导,落实党的十九大报告中提出的"实施食品安全战略,让人民吃得放心"的要求,突出食品科技引领和改革创新,大力实施食品安全战略,建立供深食品标准体系,打造市民满意的食品安全城市,切实保障市民食品健康安全,深圳市人民政府印发了《深圳市实施食品安全战略 建立供深食品标准体系打造市民满意的食品安全城市工作方案(2018—2020年)》,该方案明确提出:围绕九大策略,实施十三大工程,对标国际、国内先进经验做法,开展"进出口食品追溯与预警平台建设项目"等项目。

《2019年重要产品追溯体系建设工作要点》指出:重要产品追溯体系建设工作要以习近平新时代中国特色社会主义思想为指导,全面贯彻党的十九大和十九届二中、三中全会精神,坚持以人民为中心的发展思想,按照全国商务工作会议和部党组决策部署,围绕"一个奋斗目标、六项主要任务、八大行动计划"和"一促两稳三重点",出台重要产品追溯体系建设制度性文件,进一步完善工作机制,复制推广先进经验,建立健全法规制度,加快重要产品追溯体系建设,服务市场监管,促进消费安全。其中第三条"(三) 完成省级重要产品追溯管理平台建设。建立本地区追溯数据统一共享交换机制,实现与国家重要产品追溯管理平台、相关部门追溯信息化管理平台以及各试点示范地区追溯管理平台互联互通。启动地市级重要产品追溯管理平台建设。"提出了互联互通的需求。第七条"(七) 积极扩大追溯覆盖范围。加快推进现代供应链、电商平台、进出口等领域信息化追溯体系建设,鼓励支持第三方追溯服务平台、电商平台和重点企业建设追溯系统并与政府追溯管理平台的数据对接。有条件的地区可探索开展追溯体系建设国际合作,推动追溯体系建设标准和数据对接。"提出了加快推进进出口领域信息化追溯体系建设的需求。

因此,建设该项目完全符合《深圳市实施食品安全战略 建立供深食品标准体系打造市民满意的食品安全城市工作方案(2018—2020年)》的要求,符合国家产业政策导向,有助于全面推进政府、企业、社会各方协同共治,具有良好的经济效益和社会效益。

2. 建设该项目是开创对外开放新局面、扩大食品进口、满足市民美好生活需要的需求

深圳市在稳步推进打造国内领先、国际一流、市民满意的食品安全城市工作中,以市民满意为基本准则,落实食品安全"党政同责"和属地责任,突出改革创新和科技引领,结合国家食品安全示范城市创建考核指标,构建从质量安全保障到品质营养提升的全方位食品安全治理体系,有效保障有质量、可持续的食品供给。

随着社会经济和对外贸易的不断发展,进口食品逐渐走入了越来越多消费者的家庭。但在保证进口食品安全方面,由于每个国家的食品安全监管水平参差不齐,各国食品安全相关标准也不尽相同,因此,随着进口食品品种和数量的逐年增加,我国进口食品质量和安全方面的问题也日益凸显。

人们对食品的质量安全关注度越来越高,建立食品可追溯体系的呼声也日益高涨。目前,在相关政府部门的支持和推动下,北京、上海等多个城市已经开展了蔬菜和猪肉等食品可追溯体系的试点工作。食品可追溯体系还只是在我国部分地区的少数种类食品上试行,而对于进口食品并没有一套完善的进口食品可追溯体系。由于进口食品的生产企业多数为发达国家的大型企业,自身可追溯体系已经十分完善,因此我们只需将国内的相关环节与其相应对接,即可整合出一个相对流畅的进口食品可追溯体系,并能吸取经验将其运用到国内其他食品的可追溯体系中,从而为更好控制食品安全、提高食品质量发挥积极作用,满足百姓美好生活的需要。

3. 建设该项目是对接国际食品安全追溯和预警体系、引领深圳进口食品产业转型升级的需求

食品安全问题不仅关系到人类的身体健康,还关系到国家的经济发展及和谐稳定,因此各国政府对食品安全的要求日益提高。为了保证进口食品安全,各国政府都在不断加强监管力度。面对食品安全风险挑战,加强安全追溯和预警体系建设具有极为重要的意义。追溯技术和智能技术则是国家食品安全战略的基础支撑。大数据、区块链、人工智能、物联网等追溯新技术的发展,带动了进口食品企业数字化转型升级,为食品安全和食品企业破局提供了更多可能,更为食品安全提供了技术保障。同时,进口食品追溯和预警体系以信息化数据为支撑,能有效帮助深圳进口食品企业建立信息化数据管理体系,促进进口食品企业的"互联网+",有利于进口食品企业完善质量全流程控制体系,有利于进口食品企业拓展销售渠道、提升品牌价值,有利于提高进口食品认证许可服务水平。

因此,建设该项目有利于推动深圳乃至中国建立与国际接轨的法规及标准,为与国际主流食品追溯和预警体系对接做好准备,引领深圳进口食品产业转型升级,增加中国食品在国际中的竞争力。

4. 建设该项目是实施科技兴关、应用进口食品追溯和预警手段加强进口食品质量监管

和快速通关的需求

党的十八大以来,以习近平同志为核心的党中央高度重视科技创新,对此习近平总书记作出了一系列重要论述,为新时代大力推进科技创新战略部署、建设社会主义现代化强国注入了强劲动力,也为实施科技兴关指明了前进方向。近年来,全国海关科技战线人员担当奉献、改革创新,大力推进科技创新应用,为海关依法全面履职提供了强有力的支撑保障。

进口食品在国内市场占比越来越高,与消费者的生活密切相关。据不完全统计,我国现有进口食品贸易涉及287个口岸。由于深圳口岸毗邻香港,通关较为便利,进口食品量非常大,2017年进口额约440亿元,占深圳地区进口贸易额3.83%,居全国第4。其中,排在前10位的进口食品分别是肉类、乳制品、酒类、大米、粮食制品、水产品、糕点、坚果、食用油以及饮料。进口食品的质量安全需要现代化、信息化的技术监控措施来加持。进口食品的追溯和预警体系建设已刻不容缓。截至申请本项目立项之际,本项目工作人员调研发现国内尚缺乏获得进口食品追溯及风险预警信息的途径和渠道。现有追溯信息具有碎片化、具体化、陈旧化特点,多数集中于高附加值的酒类、肉类农产品安全保障应用方面。有关进口食品风险预警的信息资料,多数为"表格化""流水账"形式,难以发挥应有的监督、预警以及追溯作用,无法满足消费者、企业、政府监管部门日益增加的生活、生产、监管工作需要。深圳口岸是全国重要进口食品口岸之一,食品进口量约占全国口岸量10%以上,整体提升深圳口岸食品安全保障工作能力具有重要的现实意义和深远的社会影响力。

进口食品追溯和预警体系的建立可以实现进口食品批次管理和一标一码追溯管理。在对原产地供应商的工厂进行认证以后,将来可以对原产地生产的每一个产品附加认证。基于一标一码的管理体系、进口食品的单品身份数据库、精细化管理数据,符合快速通关的需求。此外,针对进口食品的风险分析和预警,有助于提高风险管理的针对性,也符合快速通关的需求。

因此,建设国家级进出口食品风险信息云平台,有利于深度研究深圳乃至全国进口食品安全追溯和预警体系,这也是实施科技兴关、应用进口食品追溯和预警手段加强进口食品质量监管和快速通关的现实需求。

14.1.2 国外食品追溯和预警体系

国外关于食品可追溯的研究和实践已经相当成熟,研究集中在食品控制体系和食品安全管理技术方面,从多学科角度出发,如经济学、政治学、法学、社会学、管理学和行为学等,研究的深度和范围都很广。在实践中,企业自主建设的食品可追溯系统处于主导地位,政府只是对重点领域进行监管。相比之下,我国的食品可追溯系统研究起步晚,目前的研究集中于可追溯系统的制度设计探讨、追溯技术手段的设计,相关实证性分析和案例研究很少,为数不多的可追溯系统设计主要集中在供应链的某个或某几个环节,追溯对象范围窄,多集中在猪肉、蔬菜、少数水产品等方面。目前,我国的可追溯建设以政府主导为主。

1. 美国

美国对于食品的可追溯要求:

美国建立食品追溯制度的原因有两个方面:一是为了应对日益增多的食品安全事件,二是出于反恐的考虑,将食品质量安全上升到了国防安全需要的层面。在食品追溯体系的构建上,美国的设计方式是以食品企业自建为主体,政府要求为辅助。国家政府部门对动物源性产品的生产和流通发布了原产地标识,并建立了国家动物产品的追溯体系,而其他食品的可追溯性建立则更强调市场需求的导向,鼓励企业自行开发建立食品的可追溯系统。在建立的范围上聚焦于食品可追溯的上游环节,强制要求生产企业建设食品可追溯体系,并明确规定产地种养殖环节标签标识的各类要求。在建立的手段和形式上,美国政府引导食品行业采用RFID射频识别技术作为个体标识载体的追溯技术。与此同时强化养殖和加工环节的质量安全管控,例如在食品加工环节采用GMP(Good manufacture Practice,良好作业规范)和HACCP(Hazard Analysis And Critical Control point,危害分析和关键控制点)体系认证,加强质量监管。

美国食品风险预警机制:

风险分析在美国整个食品可追溯体系中占有重要的地位,美国食品管理力求以最少的人员投入达到最有效的管理,而要达到这一目标,必须在工作中开展风险分析,通过风险分析使得管理工作更有侧重点,做到有的放矢,把更多的人力物力投入到高风险的产品中去。正如美国官员所讲的,他们实施管理的目的就是“让更多良好的货物快速通关,让更多的问题产品进入监管视线”。

多年来,由于美国对于在食品中存在的化学危害管理的重视,制定了一系列对于杀虫剂、添加剂、药品以及其他有可能对人体造成一定危害的物理和化学制剂的法规。而从最近几年看,美国政府部门将关注面转向了微生物可能造成的危险性情况,依靠全方位监控来抑制微生物所造成的危害。因此美国政府在1996年发布的“总统食品安全计划”中重点表明风险分析制度在食品安全管理工作中的重要地位,要求美国的所有食品管理部门设立“机构间风险评估协会”,美国FDA下面的机构中一共有14个部门参与微生物致病菌、食品添加剂、化学物质等的相关风险分析。

(1) 风险评估:美国FDA对于风险的要求是要确保风险分析的方面不会被遗漏。① 危害鉴定。首先要确定危害鉴定需要做哪些工作。在美国,这些工作是由法律和经验决定的。食品生产商在食品在供应时,一定要按照法规先做相应的危害分析。② 危害描述。美国一般用最为敏感的动物实验数据来体现风险。安全阈值是不能假设的,所以美国是通过不会忽略风险系数的线性数学模型来进行风险评级的。③ 暴露评估。要分清楚短期暴露所造成的急性危害情况以及长期暴露所造成的慢性危害情况。例如在急性危害方面,病原体容易使易感群体生病的数值是最为重要的。而在慢性危害方面,比如能产生累积性长期损害人体健康的化学品,则采用人的一生所摄取量的平均暴露程度的实验数据。④ 风险分类。依据上述评估所得到的结果对不同风险级别进行分类,采取相应有效的风险管理方法来应对。

(2) 风险管理:风险管理的意义是为了尽量使风险降到能够接受的程度。比如,美国相关的法律会要求食品添加剂和杀虫剂在使用前要制定相应的安全标准。又比如美国联邦管理机构要求在抗生素被允许使用前,一定要进行监测并确定抗性阈值,持续一段时间监测人类或者动物肠道内细菌的抗性,以此来得到能促进抗性因子的第一手情况。

(3) 风险交流:所有法律应该有其基本的意义,相应的,每一条规则也是这样。政府的信息应该对公众公布,政府部门的专家也应该通过各种渠道发布相关的信息。

另外一方面,美国也比较注重食品安全的预防机制建设,也就是在风险评估的基础上采取相应的前端风险管理,比如美国的食品管理部门每年都统一制定一个系统性的年度抽样计划用以监测美国流通领域食品中有可能存在的风险,以便能够及时实施风险管理,最大程度地防止潜在风险的发生。

但是因为风险分析本身耗费巨大的人力和物力,美国食品部门并不是对所有的食品制定相关的风险分析,只有那些影响度巨大的政策制定或者食品才会开展风险分析。

美国食品召回的法律依据主要有:《联邦肉产品检验法》(FMA)、《禽产品检验法》(PPIA)、《食品、药品及化妆品法》(FDCA)以及《消费者产品安全法》(CPSA)。FSIS和FDA是在法律的授权下监管食品市场,召回缺陷食品。

FDA对于不合格的食品具有强制召回的权力,只要FDA“有理由相信”某种食品掺杂造假或者标签标注错误,消费者在食用或者接触此类食品时有可能导致比较严重的健康后果或者会造成人或动物死亡时,在事件造成的责任方不采取主动召回或者未在法律规定的时限内按照相关流程,自主停售或召回此类食品,FDA就可以发布强制的召回指令,责令其停止销售该类食品。实施强制召回所产生的所有费用均由责任方面来承担。

2. 欧盟

欧盟对于食品的可追溯要求:

欧盟的食品追溯制度的构建起源于一直持续的“疯牛病危机”。因此,欧盟分别在2001年推行了鱼类产品的可追溯建立,2003年出台了相关政策要求对转基因食品进行标识,并且要求具备可追溯功能,在2004年开始建立蛋制品产销档案制度,2005年1月颁布了法令《食品法》,明确要求在其境内销售的蔬菜水果和牛肉等食品必须可追溯。欧盟食品可追溯体系的建立是以政府主导为主体,以法律来推进食品可追溯体系的建立。而且其食品追溯技术手段不断进步,相关的理论体系的研究也与实践紧密结合,自动识别技术、条码技术和生物技术针对不同的食品都有不同的运用。

欧盟的食品安全预警机制:

欧盟从1996年开始实行“Residue Monitoring Planning”并且开始使用“预防性原则

(Precautionary principle)”,因此先于其他国家和地区构建了食品快速预警系统(RASFF)。这个系统对于食品安全具有重要意义,且相对成熟。

在食品安全方面,欧盟对于食品安全的风险控制一直处于前列,在欧盟形成的初期,就已经将食品的安全设定为整个欧盟的重点工作。对于近年来欧盟地区不断出现的食品安全事件,欧盟正在不断地对其已经运行了二十多年的体系进行完善,最终希望构建一个全方位的“从农田到餐桌”食品安全管理体系。2000年1月12日,欧盟在其公布的《食品安全白皮书》中,阐述了之前存在于食品安全快速预警系统中的缺陷,并且说明了想要建立新的食品安全快速预警系统的意愿,高效地发布食品安全信息来保障消费者和欧盟成员国的信息知情权,并且努力把该系统延伸到第三国,加大与其他国家和地区在食品安全信息方面沟通的力度。

根据《食品安全白皮书》显示,欧盟理事会和欧洲议会在2002年1月28日正式通过了EC178/2002号规定。这个规定制定了欧盟统一的食品法的基本原则与要求,提出建立欧洲食品安全局(European Authority,EFSA),并且出台了相关的程序。此规定提出“目前食品危害已经明确了需要拥有一套囊括食品和饲料等产品的更加先进快速预警系统”,提出了新型食品和饲料快速预警系统(Rapid Alert System of Food and Fed, RASFF)的目标,并明确了该系统的组成部分。

RASFF系统根据危害风险的严重性和实效性把信息分成两类:即警示通报和信息通报。

警示通报是在市场出现存在风险的食品或饲料时,需要尽快采取相应措施的时候发布的。警示通报的内容由发现问题并且已经采取措施的欧盟成员国提出,是为了在给其他欧盟成员国提供相关信息,排查他国市场上是否也有类似的产品,以便于使用必要的手段。

而信息通报表明食品或者饲料的风险分析已经完成,但其他成员国不一定在边境的口岸检查时发现不合格食品或饲料。通过这种信息通报,可预防存在风险的食品从欧盟其他口岸进入该国的市场。

RASFF是一个以信息传递为基础的预警系统,欧盟委员会负责管理RASFF网络。依据欧盟制定的“危机管理”机构必须和“危机评估”机构互相分离的原则,欧洲食品安全局并不是一个决策机构,而是咨询机构,和美国FDA不同。欧盟委员会是决策机构,它需要以专家意见为基础,综合社会、传统、经济等因素提供相应的决策方案。食品和兽医办公室(Food and Veterinary Office,FVO)是食品安全的执行机构,负责监督各个成员国执行欧盟相关法律规定以及其他国家出口到欧盟的食品安全的情况。各个欧盟成员国必须将其发现的食品和饲料的相关信息通报给RASFF。

如果警示通报中提到的食品已经出口到其他国家,委员会也有相应的义务通知该国;当原产于他国的食品被通报时,委员会也应该通知该国,以便其能采取措施避免再次出现该类危害。

3. 小结

欧美等发达国家食品可追溯体系的建设起步早，总体呈现如下几方面的特色：第一，各个环节对接一体化程度高，导致食品可追溯的长度缩短，源头监管的必要性得到了充分体现；第二，以企业自行建立的食品可追溯系统为主体，国家政策强制性要求的食品可追溯系统为辅助，后者倾向于重视技术、政策法律等方面规范和引导；第三，食品风险预警工作完善，为实现食品可追溯体系建设打下了良好的基础。

反观我国国内的食品追溯体系建设是以政府为主体，而现有的食品的监管是“分段监管为主、品种监管为辅”。我国食品可追溯体系的建设集中于流通领域，产地作为食品原料的来源没有被纳入其中，人为地将食品可追溯体系进行了分割，可追溯功能的发挥受到了一定影响。未来对全食品供应链的监管，将流通环节的可追溯体系与产地的追溯系统进行无缝对接势在必行。

14.2 现状梳理

14.2.1 管理目标

1. 构建进口食品追溯和预警体系

加强进口食品安全追溯系统研究与规划，建立进口食品追溯体系系列标准；鼓励企业、技术机构和行业协会以商业运作等方式，开发建设和维护管理进口食品追溯和预警体系；在全市进口食品生产经营企业推广进口食品安全追溯和预警体系，建立以数据库为基础的进口食品安全追溯和预警体系。有效控制进口食品追溯与预警平台建设项目的工作开展进度，保障建设工作顺利实施完成。对进口食品以进口批次为单位进行信息化追溯和预警管理，在现行海关HS编码的基础上，细化完善进口食品品类管理规则，拟定对应的试行标准规范。试行对进口食品的一物一码信息化追溯办法。拟定统一的采集指标、统一的编码规则、统一的数据传输格式、统一的接口规范、统一的追溯规程，推进对进口食品追溯的标准化、信息化、安全化管理。实现(和预留)与进口食品追溯和预警相关的多个系统平台互联互通，保证进口食品与预警平台的灵活性、兼容性、延展性，充分发挥进口食品信息化追溯的实际效益和潜在效益。

2. 提升进口食品安全风险研判能力

通过进口食品追溯和预警体系的建设，借助网络信息收集、信息筛选、信息分析等手段，有效提升深圳海关对进口食品安全风险的研判能力。

3. 提升进口食品风险预警及管控能力

通过进口食品追溯和预警体系的建设,借助追溯数据库和风险分析数据库的支撑,推进对进口食品风险的精准打击和全面覆盖,有效提升进口食品风险预警及管控能力。

4. 维护进口食品企业利益

通过进口食品追溯和预警体系的建设,规范企业操作流程,改善深圳口岸营商环境,帮助企业对商品确权,保护企业品牌价值。

14.2.2 管理依据

依据文件包含而不限于以下内容:

(1)《中华人民共和国食品安全法》。

(2)《中华人民共和国食品安全法实施条例》。

(3)《中华人民共和国进出口商品检验法》。

(4)《中华人民共和国进出口商品检验法实施条例》。

(5) GB/T 37029—2018 食品追溯 信息记录要求。

(6) GB/T 38154—2019 重要产品追溯 核心元数据。

(7) GB/T 38155—2019 重要产品追溯 追溯术语。

(8) GB/T 38156—2019 重要产品追溯 交易记录总体要求。

(9) GB/T 38157—2019 重要产品追溯 追溯管理平台建设规范。

(10) GB/T 38158—2019 重要产品追溯 产品追溯系统基本要求。

(11) GB/T 38159—2019 重要产品追溯 追溯体系通用要求。

(12)《食品安全国家标准管理办法》。

(13)《进出口商品认证管理办法》。

(14)《进出口商品报验的规定》。

(15)《进出口商品免验办法》。

(16)《进出口预包装食品标签检验监督管理规定》。

(17)《进口食品进出口商备案管理规定》及《食品进口记录和销售记录管理规定》。

(18)《食品标识管理规定》。

(19)《食品召回管理规定》。

(20)《进口食品境外生产企业注册管理规定》。

(21)《进境水果检验检疫监督管理办法》。

(22)《中华人民共和国农产品质量安全法》。

(23)《食品检验机构资质认定条件》和《食品检验工作规范》。
(24)《网络食品安全违法行为查处办法》。
(25)《保健食品注册与备案管理办法》。
(26)《广东省工商行政管理局流通环节食品抽样检验工作规范》。
(27)《中华人民共和国进出境动植物检疫法》。
(28)《生猪屠宰管理条例》。
(29)《农业转基因生物安全管理条例》。
(30)《国务院关于加强食品等产品安全监督管理的特别规定》。
(31)《中华人民共和国粮食法》。
(32)《中华人民共和国进出境动植物检疫法实施条例》。
(33)《国家质检总局进出口食品管理措施》(第144号令)。
(34)《进出口检验检疫措施管理条例》。
(35)《国家质检总局进口食品认证要求》(第327号措施)。
(36)《实施进口食品不良记录管理规定》。
(37)《跨境电商管理政策》。
(38)《进口乳品检验检疫监督管理工作指引》。
(39)《进口大米检验检疫监督管理工作指引》。
(40)《进口水产品检验检疫监督管理工作指引》。
(41)《进口肉类及其制品检验检疫监督管理工作指引》。
(42)《进口植物油检验检疫监督管理工作指引》。
(43)《进口酒类检验检疫监督管理工作指引》。
(44)《进口保健食品、特殊医学用途配方食品检验检疫监督管理工作指引》。
(45)《进口植物源性食品检验检疫监督管理工作指引》。
(46)《进口日本食品检验检疫监督管理工作指引》。
(47)《进口食用蜂产品检验检疫监督管理工作指引》。
(48)《进境中药材检疫监督管理工作指引》。
(49)《进口化妆品检验检疫监督管理工作指引》。
(50)《进口食品检验检疫监督管理不合格信息上报工作指引》。
(51)《深圳海关进出口食品安全情况通报工作指引》。
(52)《进口预包装食品标签检验监管工作指引》。
(53)《进出口食品安全管理办法》(海关总署令第243号)。
(54)《进出口水产品检验检疫监督管理办法》(海关总署令第243号)。
(55)《进出口肉类产品检验检疫监督管理办法》(海关总署令第243号)。
(56)《有机产品认证管理办法》(原总局第155号令)。
(57)《进出境转基因产品检验检疫管理办法》(海关总署令第243号)。

（58）《海关总署关于进出口预包装食品标签检验监督管理有关事宜的公告》（海关总署公告〔2019〕70号）。

（59）《关于发布〈进口食品进出口商备案管理规定〉及〈食品进口记录和销售记录管理规定〉的公告》（2012年第55号公告）。

（60）《国家卫生计生委办公厅关于规范进口尚无食品安全国家标准审查工作的通知》（国卫办食品发〔2017〕14号）。

（61）《质检总局关于印发〈进出口食品化妆品安全抽样检验和风险监测实施细则〉的通知》（国质检食〔2017〕162号）。

（62）《关于印发〈进出口食品安全信息及风险预警管理实施细则〉的通知》（国质检食〔2012〕98号）。

（63）《质检总局关于进一步规范进口食品、化妆品检验检疫证单签发工作的公告》（2015年第91号）。

（64）《质检总局关于启用进口食品进出口商备案系统升级版的公告》（2015年第98号）。

（65）《质检总局关于启用进口食品进出口商备案系统升级版的通知》（质检办食函〔2015〕950号）。

（66）《关于严格执行〈食品安全法〉加强进口食品检验监管工作的通知》（质检食函〔2015〕204号）。

（67）《质检总局关于发布香港、澳门产含肉、蛋月饼输内地检验检疫要求的公告》（2017年第80号）。

（68）《质检总局关于做好重要展会检验检疫工作的意见》（国质检通〔2015〕341号）。

（69）《关于进一步加强进出口食品化妆品不合格信息管理工作的通知》（质检食函〔2017〕31号）。

（70）《关于规范进出口食品化妆品不合格信息管理系统填报的通知》（标法函〔2017〕228号）。

（71）《质检总局关于印发〈进口食品合格评定作业指导书（2016版）〉的通知》（国质检食〔2016〕382号）。

（72）《关于编发〈出入境检验检疫审单放行工作审单指南〉的通知》（质检通函〔2018〕190号）。

（73）《关于做好审单放行有关工作的通知》（质检通函〔2017〕803号）。

（74）《质检总局关于简化检验检疫程序提高通关效率的公告》（2017年第89号）。

（75）《质检总局关于印发〈出入境检验检疫流程管理规定〉的通知》（质检通函〔2017〕437号）。

（76）《总署通关业务司关于印发〈检验检疫单证电子化实施方案（试行）〉的通知（通关函〔2018〕39号）。

(77)《海关总署办公厅关于深入推进检验检疫单证电子化工作的通知》(署办通函〔2018〕10号)。

(78)《关于贯彻落实〈进出口化妆品检验检疫监督管理办法〉有关事项的通知》(国质检食函〔2012〕242号)。

(79)《食品局关于印发〈进口预包装食品标签检验作业指导书〉的通知》(食品函〔2019〕257号)。

(80)《深圳地区进出口食品复验工作管理办法》(深检食〔2014〕254号)。

14.2.3 主要工作流程

进口食品追遡与预警平台的建设内容主要是完成进口食品追溯与预警平台的需求分析、设计、开发、部署、集成、测试、试运行等技术工作;完成系统的培训、布点实施等技术服务工作;完成进口食品追溯与预警平台相关的专业服务工作。进口食品追溯与预警平台包括但不限于以下内容:

1. 进口食品追溯及风险预警平台

食品分类系统、追溯码管理系统、食品信息系统(产品信息、生产商信息、原产地、进口商(人)、收货人(经销人))、进口食品预警信息收集分系统(对检测业务、监管业务、政府监管部门信息汇总)、食品安全媒体信息数据采集系统、食品安全信息数据分析系统、食品安全信息数据清筛子系统、食品安全信息发布系统、用户管理及维护系统。实现进口食品追溯系统与进口食品预警系统信息交换;平台满足设计要求。

2. 进口食品追溯系统

包括管理追溯系统(适用于深圳口岸进口食品贸易情况的管理追溯,参考区块链原理)。

3. 进口食品预警系统

食品风险预警分析分系统(包含预警子系统、食品安全预警应对决策支持子系统等功能子系统)。

14.2.4 现有应用系统情况

深圳海关目前无专门的进口食品风险预警与追溯信息化系统,风险预警依照上级风险管理部门下发指令由相关查验岗位实施。存在的问题与差异分析如下:

1. 组织与功能

一是进口食品安全保障工作的手段较为滞后,难以实现前置、精准监督;二是目前大部分食品查验业务仍靠人工方式、纸质流转开展工作，未能提供有效的信息化手段和实现途径。

2. 功能和数据

一是数据相互独立，缺乏有效整合；二是数据运用程度不够深入，停留在就事论事的层面，没有揭示数据背后可能存在的食品安全隐患、原因，没有发挥食品安全追溯在食品安全保障工作的重要意义。

3. 工作流程

进口食品查验监管工作流程节点缺乏信息化支持和管理。

4. 用户展示

目前无信息化系统支撑，缺乏展示手段。

5. 系统性能

目前以人工操作为主，缺乏信息化系统支持。

6. 防范风险

目前食品风险预警及追溯工作未实现全流程"进系统、限权责、留痕迹、受监督"，在强化内部监督的手段上不足。

7. 互联互通

现有系统侧重人工化管理，采集、分析、整理及数据交换以人工为主，未实现与其他系统的信息互联互通。

8. 系统现状与目标是否一致

没有实现信息化、智能化。

14.3　业务需求

14.3.1　业务目标描述

1. 总体目标

通过搭建进口食品追溯和预警的信息化管理体系，在一个进口食品追溯及风险预警平台上，实现进口食品追溯和进口食品风险预警两个系统协调运转，将平台打造成具有追溯管理、快速检索、预警提示、决策技术支持诸多功能的食品安全智慧保障平台;实现提升深圳市进口食品安全保障水平,完成供深食品安全标准体系建设的战略既定目标。同时通过食品安全追溯和预警信息化数据库的建设,为进口食品相关业务部门提供进口食品流通基础数据支持,推进深圳进口食品的来源可查、去向可追、责任可究。借鉴区块链技术原理,实现数据可信同步,保障进口食品追溯和预警平台信息安全。

构建进口食品追溯和预警分析体系,深度挖掘数据潜力,解决进口食品安全保障工作中的资源有限与进口货物快速增长以及问题责任难于追溯的问题,推动食品安全质量追溯体系逐步建立,推动食品安全质量管理由被动监督向主动出击转变、粗放笼统向集约精准转变、发挥大数据信息化优势,促进精准进口食品全过程追溯,提升海关食品安全保障综合能力。具体有以下三个方面:

(1) 服务政府监管工作。为监管部门制定科学监管政策、贸易政策以及决策咨询提供第一手技术资料。

(2) 服务科研机构。为科研技术部门提供科学、及时、可靠的专业信息和数据。

(3) 服务企业。为维护和规范市场秩序、营造良好商业氛围提供针对性信息和数据,帮助企业实现商品确权,保护进口食品企业品牌价值。

2. 基本原则

(1) 系统总体设计原则

为确保系统的建设成功与可持续发展,在系统的建设与技术方案设计时应遵循以下原则:

① 统一设计原则。统筹规划和统一设计系统架构,尤其是应用系统建设结构、数据模型结构、数据存储结构以及系统扩展规划等内容,均需从全局出发、从长远的角度考虑。

② 先进性原则。系统构成必须采用成熟、具有国内先进水平,并符合国际发展趋势的技术、软件产品和设备,在设计过程中充分依照国内国际上的规范、标准,借鉴国内外成熟的主流网络和综合信息系统的体系结构,保证系统具有较长的生命力和扩展能力,保证先进性的同时还要保证技术的稳定、安全性。

③ 高安全性原则。系统设计和数据架构设计中要充分考虑系统的安全和可靠。

④ 标准化原则。各项技术遵循国际标准、国家标准、行业和相关规范。

⑤ 成熟性原则。系统要采用国际主流、成熟的体系架构来构建,可实现跨平台应用。

⑥ 适用性原则。保护已有资源,急行先用,在满足应用需求的前提下,尽量降低建设成本。

⑦ 可扩展性原则。信息系统设计要考虑到业务未来发展的需要,尽可能设计得简明,降低各功能模块耦合度,并充分考虑兼容性。系统要能够支持多种格式数据的存储。

⑧ 系统单独运行原则。本系统独立运行,满足业务流程需要。

⑨ 闭环管理原则。该模块绑定固定IP地址,限授权人在固定电脑端操作。

⑩ 互联互通原则。可从其他相关系统获取数据，可开放双向数据接口。

（2）业务应用支撑平台设计原则

业务应用支撑平台的设计遵循以下原则：

① 遵循相关规范或标准。遵循J2EE、XML、JDBC、EJB、SNMP、HTTP、TCP/IP、SSL等业界主流标准。

② 采用先进和成熟的技术。系统采用三层体系结构，使用XML规范作为信息交互的标准，充分吸收国际厂商的先进经验，并且采用先进、成熟的软硬件支撑平台及相关标准作为系统的基础。

③ 可灵活地与其他系统集成。系统采用基于工业标准的技术，方便与其他系统集成。

④ 快速开发的原则。系统提供了灵活的二次开发手段，在面向组件的应用框架上，能够在不影响系统的情况下快速开发新业务，增加新功能，同时提供方便地对业务进行修改和动态加载的支持，保障应用系统应能够方便支持集中的板块控制与升级管理。

⑤ 具有良好的可扩展性。系统能够支持硬件、软件系统、应用软件多个层面的可扩展性，能够实现快速开发/重组、业务参数配置、业务功能二次开发等多个方面，使得系统可以支持未来不断变化的特征。

⑥ 平台无关性。系统能够适应多种主流主机平台、数据库平台、中间件平台，具有较强的跨系统平台的能力。

⑦ 安全性和可靠性。系统能保证数据安全一致，高度可靠，应提供多种检查和处理手段，保证系统的准确性。针对主机、数据库、网络、应用等各层次制定相应的安全策略和可靠性策略保障系统的安全性和可靠性。

⑧ 用户操作方便的原则。系统提供统一的界面风格，可为每个用户群提供一个一致的、个性化定制的和易于使用的操作界面。

⑨ 应支持多CPU的SMP对接多处理结构。

（3）安全保障体系设计原则

① 全面考虑、重点部署、分步实施。安全保障体系是融合设备、技术、管理于一体的系统工程，需要全面考虑；同时，尽量考虑涉及网络安全的重点因素，充分考虑可扩展性和可持续性，为解决眼前问题、夯实基础、建设整个体系等方面做好安全工作。

② 规范性、先进性、可扩展性、完整性并重。安全防护涵盖的对象较多，涉及管理、技术等多个方面，包括系统定级、安全评测、风险评估等多项环节，是一项复杂的系统工程。为保证平台和各业务系统安全防护工作的有效性和规范性，相关工作应按照国家有关标准实施。系统应采用成熟先进的技术，同时，网络安全基础构架和安全产品必须有较强的可扩展性，为安全系统的改进和完善创造条件。

③ 适度性原则。安全是相对的，没有绝对的安全。安全建设需要综合考虑资产价值、风险等级，实现分级适度的安全。平台及系统的安全防护工作应始终运用等级保护的思想，制定和落实与环保网络和系统重要性相适应的安全保护措施要求，要坚持运用风险评估的

方法，提出相应的改进措施，对网络和系统进行适度的安全建设。

④ 经济性原则。充分利用现有投资，采取有效的措施和方案尽量规避投资风险。

⑤ 分级分域的安全防护原则。根据信息安全等级保护的相关要求，结合网络特点，网络安全设计应遵循分级分域的安全防护策略，保障物理层、网络层、系统层、数据层、应用层的安全性。

⑥ 技术和管理并重原则。安全保障体系是融合设备、技术、管理于一体的系统工程，重在管理。在技术体系建设的同时，需要加强安全组织、安全策略和安全运维体系的建设。

(4) 技术标准与管理规范体系设计原则

① 科学性。科学性是标准化的基本原则，是应用系统和技术系统安全、可靠、稳定运行的根本保障。

② 完整性。将平台建设所需的各项标准分门别类地纳入相应的体系中，并使这些标准协调一致、相互配套，构成一个完整的框架。

③ 系统性。系统性是标准体系中各个标准之间内部联系和区别的体现，即能恰当地将系统涉及的各类标准安排在相应的专业序列中，做到层次合理、分明，标准之间体现出相互依赖、衔接的配套关系，并避免相互间的交叉。

④ 先进性。平台系统的标准体系所包括的标准，应充分体现等同采用或修改采用国际标准的精神，达到平台系统的标准与国际、国家标准的一致性或兼容性。

⑤ 预见性。在编制平台系统标准体系时，既要考虑到目前的信息技术水平，也要对未来信息技术的发展有所预见，使标准体系能适应食品追溯和预警信息系统各项应用技术的迅猛发展。

⑥ 可扩充性。应考虑平台系统建设的发展对标准提出的更新、扩展和延伸的要求。信息化标准体系的内容并非一成不变，它将随着信息技术的发展和相关国际标准、国家标准、行业标准的不断完善而不断充实和更新。

3. 管理策略

(1) 法制保障策略

项目建设工作的开展和管理应遵循现行法律法规、标准、规范要求，同时针对本项目组建食品追溯领域专业法律法规人才队伍，拟定符合本项目需要的执行标准规范，提升相关人员法律法规意识、专业水平，为进口食品安全追溯的依法治理提供基础保障，以保障项目工作的顺利开展和执行。

相关法规、标准、规范包含而不限于以下内容：

①《中华人民共和国食品安全法》。

②《中华人民共和国食品安全法实施条例》。

③《中华人民共和国进出口商品检验法》。

④《中华人民共和国进出口商品检验法实施条例》。

⑤ GB/T 37029—2018 食品追溯 信息记录要求。

⑥ GB/T 38154—2019 重要产品追溯 核心元数据。

⑦ GB/T 38155—2019 重要产品追溯 追溯术语。

⑧ GB/T 38156—2019 重要产品追溯 交易记录总体要求。

⑨ GB/T 38157—2019 重要产品追溯 追溯管理平台建设规范。

⑩ GB/T 38158—2019 重要产品追溯 产品追溯系统基本要求。

⑪ GB/T 38159—2019 重要产品追溯 追溯体系通用要求。

⑫《食品安全国家标准管理办法》。

⑬《进出口商品认证管理办法》。

⑭《进出口食品安全管理办法》。

⑮《进出口商品报验的规定》。

⑯《进出口商品免验办法》。

⑰《进出口预包装食品标签检验监督管理规定》。

⑱《进口食品进出口商备案管理规定》及《食品进口记录和销售记录管理规定》。

⑲《食品标识管理规定》。

⑳《食品召回管理规定》。

㉑《进口食品境外生产企业注册管理规定》。

㉒《进境水果检验检疫监督管理办法》。

㉓《中华人民共和国农产品质量安全法》。

㉔《食品检验机构资质认定条件》和《食品检验工作规范》。

㉕《网络食品安全违法行为查处办法》。

㉖《保健食品注册与备案管理办法》。

㉗《广东省工商行政管理局流通环节食品抽样检验工作规范》。

㉘《中华人民共和国进出境动植物检疫法》。

㉙《生猪屠宰管理条例》。

㉚《农业转基因生物安全管理条例》。

㉛《国务院关于加强食品等产品安全监督管理的特别规定》。

㉜《中华人民共和国粮食法》。

㉝《中华人民共和国进出境动植物检疫法实施条例》。

㉞《国家质检总局进出口食品管理措施》。

㉟《进出口检验检疫措施管理条例》。

㊱《国家质检总局进口食品认证要求》。

㊲《实施进口食品不良记录管理规定》。

㊳《跨境电商管理政策》。

㊴ HS/T 22—2018 海关信息化术语。

㊵ HS/T 37—2012 海关物流监控前端集成系统建设。

㊶ HS/T 28—2010 海关信息系统信息安全风险评估规范。

㊷ HS/T 33—2011 net安全编码规范。

㊸ HS/T 34—2011 代码复查指南。

㊹ HS/T 35—2011 单元测试指南。

㊺ HS/T 42—2013 海关信息系统运维服务保障等级定级规范。

㊻ HS/T 20.1—2006 海关信息系统安全等级保护 通用技术要求。

㊼ HS/T 20.2—2006 海关信息系统安全等级保护 管理要求。

㊽ HS/T 20.3—2006 海关信息系统安全等级保护 网络安全技术要求。

㊾ HS/T 20.4—2006 海关信息系统安全等级保护 操作系统安全使用技术要求。

㊿ HS/T 20.5—2006 海关信息系统安全等级保护 数据库管理系统安全使用技术要求。

(51) SZDB/Z 219—2016 食品安全追溯 信息记录要求。

(52) SZDB/Z 220—2016 食品安全追溯 数据接口规范。

(53) SZDB/Z 217—2016 食品可追溯控制点及一致性准则。

(54) SZDB/Z 218—2016 食品可追溯一致性认证审核指南。

(55) SZDB/Z 164—2016 基于追溯体系的预包装食品风险评价及供应商信用评价规范。

(56) SZDB/Z 128—2015 突发事件预警信息发布系统数据交换规范。

(57) GB/T 16260—1996(ISO/IEC9126.1991)信息技术、软件产品、质量特性及其使用指南。

(58) ISO9000—1997 质量管理和质量保证标准第三部分。

(59) ISO9001—1994 在计算机软件开发、供应、安装和维护中的应用指南。

(60) GB 9385—88 计算机软件需求说明编写指南。

(61) GB 9386—88 计算机软件测试文件编制规范。

(62) GB/T 12504—90 计算机软件质量标准保证计划规范。

(63) GB/T 12505—90 计算机软件配置管理计划规范。

(64) ISO/IEC 12207—1995 信息技术、软件生存周期过程。

(65) GB/T 14079—93 计算机软件维护指南。

(66) GB/T 14394—93 计算机软件可靠性和可维护性管理。

(67) GB/T 15532—95 计算机软件单元测试。

(68) GB/T 11457—1995 软件项目术语。

(69) GB/T 1526—1989 信息处理 数据流程图、程序流程图、系统流程图、程序网络图和系统资源图的文件编制符号及约定。

(70) GB/T 8566—2001 信息技术软件生存过程。

(71) GB/T 8567—1988 计算机软件产品开发文件编制指南。

⑫ GB/T 13502—1992 信息处理 程序构造及其表示的约定。

⑬ GB/T 13702—1992 计算机软件分类与代码。

⑭ GB/T 14085—1993 信息处理系统 计算机系统配置图符号及其约定。

⑮ GB/T 15535—1995 信息处理 单命中判定表规范。

⑯ GB/T 15538—1995 软件项目标准分类法。

⑰ GB/T15697—1995 信息处理 按记录组处理顺序文卷的程序流程。

⑱ GB/T 16260—1995 信息技术 软件产品评价 质量特性及其使用指南。

⑲ GB/T 16680—1996 软件文档管理指南。

⑳ GB/T 17544—1998 信息技术 软件包 质量要求和测试。

㉑ GB/T 35253—2017 产品质量安全风险预警分级导则。

㉒ GB/T 30975—2014 信息技术 基于计算机的软件系统的性能测量与评级。

㉓ GB 17859—1999 计算机信息系统安全保护等级划分准则。

㉔ GB/T 9387.2—1995 信息处理系统开放系统互连基本参考模型第2部分安全体系结构(ISO7498—2:1989)。

㉕ BG/T 15278—1994 信息处理 数据加密 物理层互操作性要求(ISO9160:1988)。

㉖ GB 15851—1995 信息技术 安全技术 带消息恢复的数字签名方案(ISO/TEC9796:1991)。

㉗ GB/T 15843.2—1997 信息技术 安全技术 实体鉴别第2部分:采用对称加密算法的机制(ISO/IEC9798—2:1994)。

㉘ GB 15853.3—1991 信息技术 安全技术 实体鉴别第3部分:用非对称签名的机制(ISO/IEC9798—3:1997)。

㉙ GB/T 15843.4—1999 信息技术 安全技术 实体鉴别第4部分:采用密码校验函数的机制(ISO/IEC9798—4:1995)。

㉚ GB/T 15843.1—1999 信息技术 安全技术 实体鉴别第1部分:概述(ISO/IEC9798—1:1991)。

㉛ GB/T 17902.1—1999 信息技术 安全技术 带附录的数字签名第1部分:概述(ISO/IEC14888—1:1994)。

㉜ GB/T 17903.2—1999 信息技术 安全技术 抗抵赖第2部分:使用对称技术的机制(idtISO/IEC13888—1:1998)。

㉝ GB/T 17903.3—1999 信息技术 安全技术 抗抵赖第3部分:使用非对称技术的机制(ISO/IEC13888—3:1997)。

㉞ GB/T 17143.7—1997 信息技术 开放系统互连 系统管理 安全报警报告功能(ISO/IEC10164—7:1992)。

㉟ GB/T 17143.8—1997 信息技术 开放系统互连 系统管理 安全审计跟踪功能(ISO/IEC10164—8:1993)。

⑯ GA/T 389—2002 计算机信息系统安全等级保护数据库管理系统技术要求。

⑰ GA/T 390—2002 计算机信息系统安全等级保护通用技术要求。

⑱ GA/T 391—2002 计算机信息系统安全等级保护管理要求。

⑲ ISO/IEC 17799—2000 Information technology—Code of practice for information security management。

⑩⓪ ITU-TRecommendationX.509(03/2000) 信息技术 开放系统互联 目录:公钥和属性证书框架。

⑩① ITU-TRecommendationX.812(11/95) 信息技术 开放系统互联 开放系统安全框架:访问控制框架。

⑩②《进口食品追溯与安全预警项目业务需求报告》。

⑩③《海关信息化应用项目管理办法》(署科发〔2018〕193号)。

⑩④《深圳海关信息化应用项目管理实施细则》(深关科〔2019〕51号)。

⑩⑤《海关政务信息系统整合技术规范(试行)》(科技函〔2018〕37号)。

⑩⑥《海关信息系统跨网传输指导方案》(科技函〔2016〕66号)。

(2) 科技引领策略

针对监管力量不足以及新技术、新业态带来的食品安全新问题、新风险,着力提升食品安全追溯和预警信息化、智能化水平,打造具有先进水平的进口食品安全追溯和预警信息化平台、公共互动平台、产品研发创新平台、法规标准动态数据库和追溯预警体系。突出科技引领,强化科技支撑,鼓励食品安全追溯相关技术的研发应用,实现智慧管理,不断提升进口食品安全追溯管理水平和效率,推动深圳进口食品产业优化升级。

(3) 供深进口食品标准体系策略

以法律法规、食品安全国家标准和相关地方标准为基础,结合深圳实际,借鉴国际标准、发达国家和地区先进标准,研究建立国内领先、国际一流、绿色健康的供深进口食品标准体系。强化全流程追溯与风险防控,制定一批包括产地供应、产品追溯、物流运输、检验检测、信息公示、风险交流、信用奖惩、认证认可、品牌培育、社会共治等在内的关键技术标准,积极参与上级标准制定,为进口食品追溯和预警体系提供坚实的技术标准保障。

(4) 全链条管理策略

针对深圳进口食品分布和供应的特点,有效整合进口食品现有数据资源,形成信息化创新管理模式,强化风险防控,进一步完善进口食品安全追溯权责清单,探索建立第三方追溯管理和专业服务机制,推进行政执法与刑事司法衔接。严把产地生产、来深准入、市内供给、餐饮消费四个端口,加强输入源头与各环节把控,有效降低各类进口食品安全风险,打造覆盖全链条的追溯管理体系。

(5) 风险防控策略

针对深圳进口食品管理工作难度大的特点,提升信息化管理水平,加强风险管理,持续深入开展对进口食品行业共性问题的研究,强化风险因子大数据收集,进一步完善风险分析模型,提升风险研判和预测的精准度,提出风险预防的有效防控措施,构建符合深圳实际的进口食品安全风险防控体系,杜绝区域性、系统性进口食品安全风险的发生。

(6) 社会共治策略

充分调动与整合政府部门、市场和社会各方资源,发动社会各界共同参与食品安全治理;完善制度,打造进口食品相关平台载体,培育社会第三方服务平台;开展科普宣传教育与互动体验式活动,普及进口食品安全科学知识,提高依法维权意识;构建进口食品安全诚信体系、责任保险机制等机制,打造进口食品安全风险交流国际高地,实现进口食品安全共治、共建、共享。

(7) 项目投入管理策略

项目投入要与项目需求有必然联系。项目投入管理必须树立以优取胜观念,其投入管理必须建立在科学管理、科学决策的基础上。这就是投入管理要紧紧围绕各环节展开,要实现从传统的事后算账向事先预测决策、事中控制调节、事后分析考核的转变。

(8) 项目需求管理策略

需求的变更要经过业务主管部门的认可。需求的变更均要经过正规的需求管理流程。

① 建立需求管理模型。软件需求建模是根据人际沟通的随意性做出的,只有沟通准确、预案标准,才能得到理想的模型。建模需要使用标准的语言诠释和表达软件的目的。软件需求模型最大的优点是能依据个人的需要进行反复的修改。在了解软件的需求之后进行相关讨论,再进行准确有效地阐述,让使用者和开发者都能准确理解,就是建模的基本要求。

② 掌握需求文档的基线,对文档做好管理。需求变更的基本分界线就是基线。在和客户进行沟通之后由需求分析人员建立需求文档,再经过评审人员对文档进行评价,达到标准后便能建立需求基线。如果出现需求变化,经过需求评审后,建立新的软件需求基线。想对软件需求变更进行有效控制,要保存好各个版本的需求基线,保存好这些资料才能使以后的查找更方便。

③ 需求管理。对需求的管理是需求工作的主要内容,从设计开始的提出需求,到软件设计成功后被使用,需求一直在不断变化。不论怎样的需求变更都需要经过分析、选择及决策的过程。软件的开发比较复杂,而且使用者的要求一直变化,所以要采取策略实施变更控制,把需求变化对项目产生的影响降到最低。

14.3.2 业务模式描述

通过进口食品追溯与风险预警平台的建设,搭建进口食品追溯系统和进口食品风险预警系统,借助信息化管理手段,在不影响现行工作流程的情况下,打造进口食品追溯和风险预警的信息化管理体系。进口食品追溯与风险预警平台可以独立运行,可以与海关相关系统实现数据对接,提升了进口食品安全追溯和预警信息化管理能力。

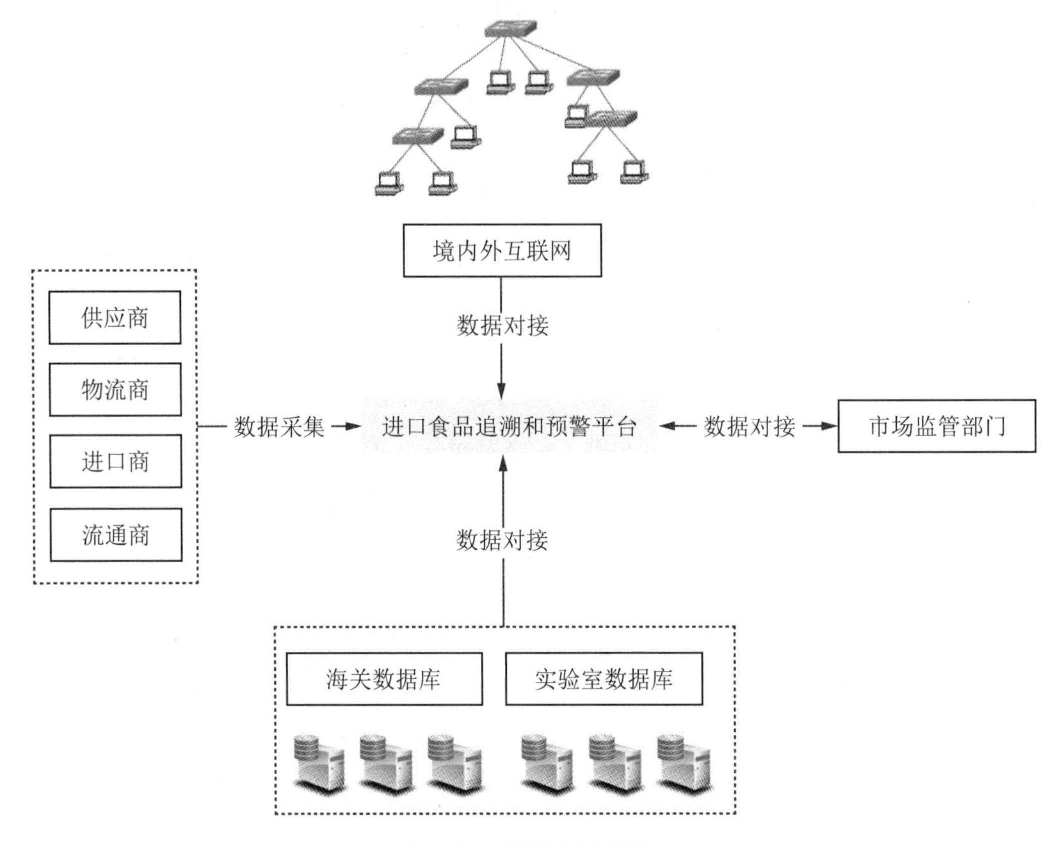

图14.1　数据交互框架

1. 平台建设步骤

(1) 进口食品追溯和预警相关试行标准拟定

通过相关标准的拟定,达到实现统一的编码规则、统一的技术安全评级体系、统一的数据采集指标、统一的数据传输格式、统一的接口规范、统一的追溯章程等便于工作开展的执行文件。

(2) 进口食品追溯系统建设

在一个平台两个系统的建设架构中,进口食品追溯系统主要负责进口食品追溯信息的采集和记录,建立进口食品安全追溯基础数据库。进口食品追溯系统作为进口食品追溯信息的对接平台,是与进口食品追溯相关各方进行数据互联互通的依托,在需要时可通过它调取查看进口食品追溯的详细信息。依据平台需求的数据格式,各方将进口食品追溯基础信息对接到进口食品追溯系统数据库,形成追溯管理和预警分析基础数据。进口食品追溯系统主要负责进口食品唯一身份标识管理、追溯信息查询管理和各方数据对接。

(3) 进口食品预警系统建设

在一个平台两个系统的建设架构中,进口食品预警系统主要负责进口食品风险信息的采集、清筛、分析、预警、信息公布等。预警系统侧重于潜在风险分析和应用、趋势研判、信息发布等功能。

(4) 进口食品追溯和预警平台整合试运行

进口食品追溯系统和进口食品预警系统建设完成后,进行两个系统的整合调试,完成试运行目标。两个系统相辅相成共同实现进口食品追溯和预警平台建设的阶段目标。

(5) 平台验收形成项目建设报告

总结进口食品追溯和预警平台建设过程中的经验,将过程文件进行整理形成项目建设报告。

2. 平台技术框架

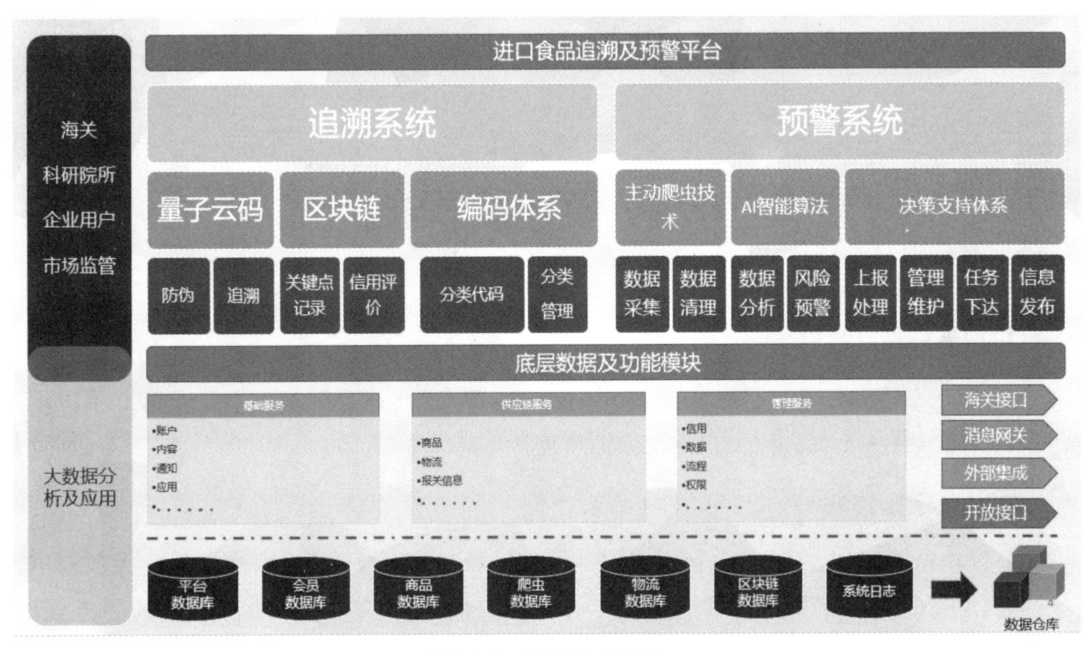

图14.2　平台技术框架

追溯与预警平台建设的初衷是保障食品安全,对进口食品严管严控,切实保障人民健康利益以及生命财产安全,营造良好的品质食品氛围。因此追溯与预警信息、待追溯进口食品的安全性与真实性是系统建设的重中之重。深圳市进口食品溯源与预警平台的建设,面向的是所有进口食品细分市场,管理对象多样,管控数量巨大,获取的信息量庞大。面对大宗贸易商品,如何高效追溯,简易追踪,尽量减少客商负担,降低参与者的时间成本和使用成本,保障追溯与预警信息化管理切实有效,都是需要考量的重要因素。因此,充分应用当前成熟的前沿科技成果,运用大数据分析、人工智能技术、区块链技术以及爬虫类信息检索技术保障进口食品追溯与预警系统工作安全、高效,成为必然的选择。

区块链技术被认为是继蒸汽机、电力、互联网之后,下一代颠覆性的核心技术。区块链技术建立了新的信任方式,可以被量化,从技术的角度实现了信任基础。区块链本质上是一种特殊的分布式数据库,去中心化是其最大特点,被区块链记录的信息数据具有不可修改性，因此获得了天然的技术信任背书，区块链信息真实可查，其可量化的评分奖励机制为单位个体的信用评价以及信用风险控制提供了完美的解决方案。

“1”句话概括区块链：可信的分布式数据库；

“2”个核心优势：分布式、不可篡改；

“3”个关键机制：密码学原理、数据存储结构、共识机制。

狭义来说，区块链是一种将数据区块以时间顺序相连的方式组合成的，并以密码学方式保证不可篡改和不可伪造的分布式数据库（或者叫分布式账本技术，Distributed Ledger Technology，DLT）。分布式包含两层意思：

一是数据由系统的所有节点共同记录，所有节点既不需要属于同一组织，也不需要彼此相互信任；

二是数据由所有节点共同存储，每个参与的节点均可复制获得一份完整记录的拷贝。

14.4 安全运行保障

1. 业务信息安全和系统服务安全

业务信息安全遵照总署信息系统相关安全保密办法执行，对业务数据提供数据保护。代码及配置文件中不保存明文口令及数据库连接信息。

2. 认证授权要求

各模块依托H4A完成身份管理、授权管理、认证管理和安全审计，保障认证授权要求，使用H4A实现统一身份管理，单点登录。用户登录后，可与第三方系统通过标准的互认协议实现相互认证。

3. 业务数据保密性要求

项目采集、生产的数据中，风险预警、突发事件等为敏感信息，其余为内部数据。

相应数据按照总署数据分级安全管理办法的对应级别要求进行管理。服务器单独配置使用。

4. 业务数据完整性需求

针对系统内涉及的鉴别信息及重要业务数据（篡改后会对社会秩序、市场公正和社会公众利益造成一定影响），在传输及存储过程中会对其采取相关措施（如数据签名）。系统能够检测到业务数据的完整性被破坏。

5. 安全审计要求

系统结合安全保护级别，满足安全审计需求：提供覆盖到每个用户增、删、改、查的安全审计功能，对应用系统重要数据查询操作进行审计；保证无法单独中断审计进程，无法删除、修改或覆盖审计记录；审计记录的内容至少应包括事件的日期、时间、发起者信息、类型、描述和结果等；日志记录的保存周期应不少于6个月。系统保证3年内数据正常在线运转，超过3年的数据归档进入历史库。

6. 容灾要求

为保证系统的不间断运行以及数据信息的安全，应满足以下的系统容灾要求：

按照署级项目的相关保障要求，采用当天增量备份，一周完整备份并且按季存放的备份策略，备份数据应保存至少6个月。按照业务要求，当天的增量备份能够满足在发生故障后数据恢复的要求。

除正在运行的设备外，主要设备和易损件要有备份；有备份设备或备件的，尽量做到热备份、自动切换，无法做到的，要做好切换准备，切换时间要少于24小时；无备份设备或备件的，要及时购置、更换；系统软件备份运行版本，应用程序要备份当前运行版本。

7. 运维保障要求

平台应具备完善的运维管理体系并严格按照体系执行，系统运行维护基本要求应符合GB/T 28827.1的要求；系统运行维护的交互应符合GB/T 28827.2的要求；系统运行维护的应急响应应符合GB/T 28827.3的要求。参照二级运维等级进行保障。

应建立健全数据对接维护机制，设置专人负责维护与国家和地区级重要产品追溯管理平台、第三方追溯平台、生产经营企业追溯系统的数据对接维护工作，并定期整理信息。

8. 安全等级保护要求

结合实际业务，参照安全等级保护定级指南中有关说明，本项目安全等级保护要求为二级。

14.5　业务应急措施

1. 发现网页被篡改或出现非法信息时的紧急处置措施

（1）网站、网页由业务主管部门的具体负责人员随时密切监视信息内容，每天早、晚两次不少于1小时。

（2）发现网页被篡改或出现非法信息时，负责人员应立即向应急组组长通报情况；情况紧急的，应急组长应先及时安排维护人员采取恢复或删除等处理措施，再按程序报告。

（3）应急组的维护人员应在接到通知后 10 分钟内处理出现问题的服务器，并做好必要的记录，恢复正常网页或清理非法信息，强化安全防范措施。

(4) 应急组的维护人员应妥善保存有关记录及日志或审计记录。

(5) 应急组的维护人员应立即追查非法信息来源。

(6) 应急领导小组召开应急领导小组会议,如认为情况严重,应及时向有关上级机关和公安部门报警。

2. 核心业务数据遭受破坏性攻击的紧急处置措施

(1) 核心业务数据平时必须存有至少两份备份并必须有至少保存1个月的日备份,并将它们保存在两个不同的地方。

(2) 一旦核心业务数据遭到破坏性攻击,应立即向应急维护人员报告,应急维护人员10分钟内将系统停止运行。

(3) 应急维护人员负责核心业务数据的恢复。应急维护人员先检查云主机备份数据是否正常,若正常直接恢复,若异常则从公司机房备份数据提取到网站服务器上进行恢复。

(4) 应急维护人员应备份检查日志等资料,分析日志确认攻击来源。

(5) 应急领导小组认为情况极为严重的,应立即向公安部门或上级机关报告。

3. 数据库安全紧急处置措施

(1) 各数据库系统至少要准备两个以上数据库备份,平时一份放在云主机上,另一份放在本地机房服务器中。

(2) 应急维护人员一旦发现数据库出现问题,应立即向应急维护组长报告,同时通知应急协调人员。

(3) 应急维护人员应对主机数据库系统进行检查,若能立即修复,尽快修复,如若无法解决问题,应立即向应急维护组长或云主机提供商请求支援。

(4) 系统修复启动后,先检查云主机上的数据库备份,若备份正常,则将其恢复到数据库系统中。

(5) 如云主机上的备份损坏,无法恢复,则应立即提取出本地服务器上的备份来进行恢复。

(6) 恢复完成,应检查数据库数据的完整性,确认数据库出现问题原因,根据原因对数据库系统进行安全加固,预防下次出现同样的问题。

4. 云主机网络线路中断紧急处置措施

(1) 云主机线路中断后,发现人员应立即向应急维护组长报告。应急维护组长立即向应急领导组长汇报。

(2) 应急维护组长接到报告后,立即安排维护人员进行处理,维护人员应迅速判断故障节点,查明故障原因。

(3) 如属我方管辖范围,由维护人员立即予以恢复;如属云主机提供商管辖范围,立即与云主机提供商技术人员联系,请求修复。

（4）恢复完成后，维护人员应确认故障原因，并进行总结，对所有服务器进行全面的检查，判定是否存在同样的安全隐患，若有及时修复。

5. 非上班时间的紧急处置措施

（1）维护人员应在平时24小时保持手机开机状态，确保一出现故障能联系上维护人员。

（2）一旦非上班时间出现故障的情况，首先应向应急维护组长说明情况。应急维护组长应立即处理或通知维护人员进行故障处理。

（3）根据故障原因，维护人员按上面应急预案处置。

第15章　进出口食品风险信息云平台方案及应用

15.1　概　　述

本项目致力于解决进出口食品信息化管理难题,在搭建进出口食品风险监控数据湖的基础上,研发国家级进出口食品风险信息云平台,集成开发多源信息融合、实时态势理解、食品风险评估、态势分析预测以及追溯信息管理等功能并开展应用,利用科技手段助力提升进出口食品安全保障水平。

1. 追溯

国际标准化组织在ISO8042:1994中将食品可追溯定义为“通过记载信息,追踪实体的历史、应用状况或位置的能力”。虽然目前有ISO认证、HACCP(危害分析和关键控制点)、GMP(良好操作规范)和SSOP(卫生标准操作程序)等多种有效的手段来控制食品在生产环节中的安全,并取得了一定的效果,但是仍然缺少将整个供应链连接起来的手段。因此,如何深层次地革新中国安全监管体制,加强食品可追溯体系的建设,是我们当下亟待解决的重要问题。

《中华人民共和国食品安全法》第四十二条明确规定:“国家建立食品安全全程追溯制度。食品生产经营者应当依照本法的规定,建立食品安全追溯体系,保证食品可追溯。国家鼓励食品生产经营者采用信息化手段采集、留存生产经营信息,建立食品安全追溯体系。国务院食品安全监督管理部门会同国务院农业行政等有关部门建立食品安全全程追溯协作机制。”

食品质量安全追溯,是食品安全管理的一项重要手段。它利用现代化信息管理技术给每件商品标上编码、保存相关的管理记录,从而实现追踪溯源。一旦在市场上发现危害消费者健康的食品,就可根据标记将其从该市场中撤出。食品质量安全追溯系统是一个能够连接生产、检验、监管和消费各个环节的系统。系统提供了全链条、高透明的追溯模式,提取了生产、加工、流通、消费等供应链环节中消费者关心的公共追溯要素,建立了食品安全信息数据库,一旦发现问题,能够根据溯源进行有效地控制和召回,从源头上保障消费者的合法权益。我国作为最大的发展中国家和WTO成员国,积极应对出现的各种问题,进行了食品可追溯系统的初步研究,制定了一些相关的标准和指南,一些地方和企业初步建立了部分食品的可追溯制度,发布了一些法规,并建立了一批可追溯食品和可追溯企业,形成了一系列的追溯子系统。

2. 预警

食品安全预警体系是指通过对食品安全问题进行监测、追踪、量化分析、信息通报及预报等,而建立的一套完整的针对食品安全问题的功能系统。只有建立了食品安全预警体系才能避免发生严重的食品安全问题。建立和发展食品安全预警体系,是提高我国食品安全与风险管理水平的要求,也是全球食品安全管理的发展趋势。安全预警最早起源于德国的Vorsorge法则,其核心是强调公众通过前期的有效规划准备,减少或避免出现严重的破坏行为,通过有效的计划来减少破坏的行为,从而降低或避免对环境的破坏。一直以来,这一法则在其他领域逐步得到应用。当前,在食品安全和粮食安全领域也采取这一法则,食品预警体系成为全世界关注的焦点。食品安全预警是指对食品中有毒、有害物质的扩散与传播进行早期警示和积极防范的过程。通过对食品生产、加工、配送和销售过程中的安全隐患进行监测、跟踪和分析,建立一整套有针对性的预测和预报体系,对潜在的食品风险及时发出警报,以便及时有效地预防和控制食品安全事件,最大限度地降低损失,避免对消费者的健康造成不利影响。食品安全预警体系就是一套为保障食品安全而进行风险预警的信息系统,能够实现预警信息的快速传递和及时发布,类似于欧盟食品和饲料快速预警系统(RASFF)。食品安全预警系统具有发布信息、沟通、预测、控制和避险等功能,是实现食品安全控制管理的有效有段。近年来,我国政府正积极加强食品安全预警体系的建设工作。我国现行的食品安全监测预警体系,为我国食品安全工作作出了贡献,有效降低了食源性危害事故的发生。

3. 信息化服务平台

进出口食品风险信息云平台结合国内外相关实施经验,打造符合改革创新、科技引领宗旨的信息化服务平台,为政府监管部门、科研机构、相关企业用户提供针对性、科学性、及时性服务,满足不同用户多方面、多方位需要。

(1) 服务政府监管工作。为监管部门制定科学监管政策、贸易政策以及决策咨询提供第一手技术资料。

(2) 服务科研机构。为科研技术部门提供科学、及时、可靠的专业信息和数据。

(3) 服务企业。为维护和规范市场秩序、营造良好商业氛围提供针对性信息和数据。

综上,进出口食品风险信息云平台能够使进出口食品信息化管理体系更加完善,同时它与海关最新的管理要求相契合,运用当前IT最新技术手段,实现与海关进出口食品业务数据互通,能够为食品安全监管提供技术支撑。

15.2 系统架构

15.2.1 系统总体技术架构

1. 业务框架

根据需求，业务可分为追溯业务与安全预警业务，此次系统建设可分为一个平台、两个主系统，如图15.1所示。

图15.1 食品追溯与安全预警平台

(1) 平台的主要功能

① 食品追溯管理。追溯码管理、食品一批一档、通关检测报告、智能追溯报表、追溯信息查控追溯链路图。

② 食品安全管理。安全信息查探、信息研判、风险分析模型、应对决策支持、发布预警、食品安全概览图。

(2) 食品安全预警系统主要功能

食品安全预警系统如图15.2所示,其主要功能包括食品安全信息采集清筛、食品安全信息国际化翻译、食品安全信息研判工具、自动分析模型管理、食品安全画像、食品安全智能预警、风险应对决策支持、食品安全信息发布。

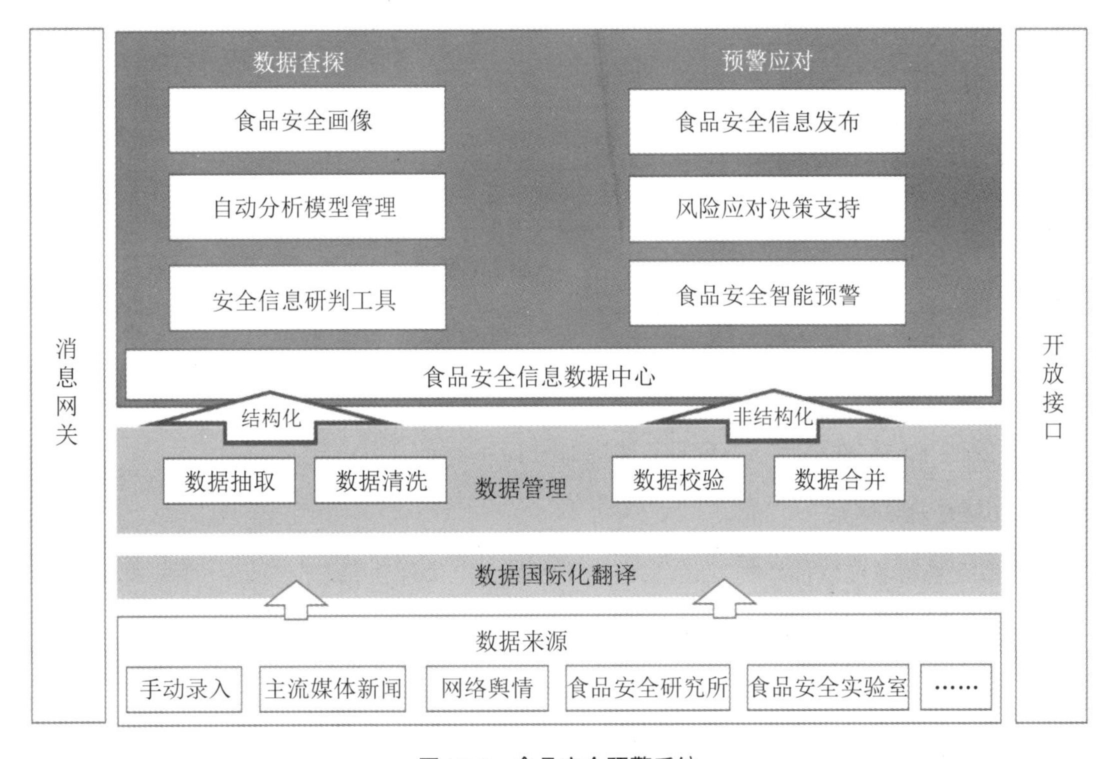

图15.2 食品安全预警系统

(3) 食品安全追溯系统主要功能

食品安全追溯系统如图15.3所示,其主要功能包括食品追溯信息采集清筛、食品编码字典、食品供销链画像、食品追溯查探、供销链追溯信息评估、食品正反向追溯追踪、食品智能追溯报表。

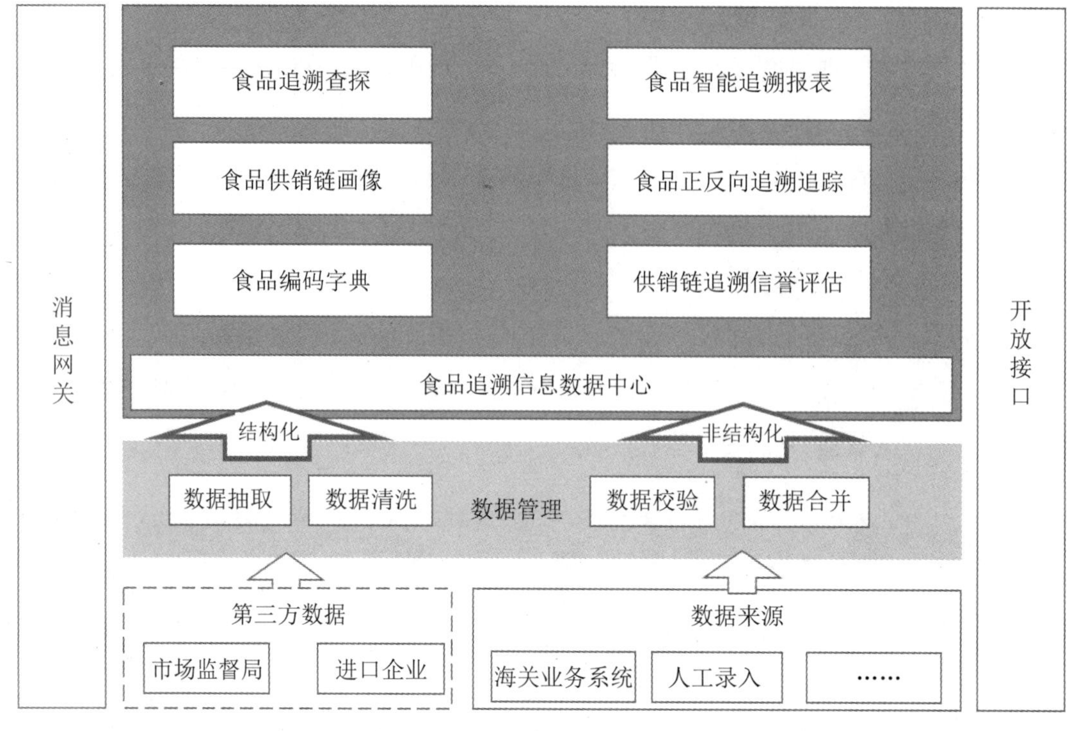

图15.3 食品安全追溯系统

2. 技术总框架

整个平台基于Spring Cloud微服务架构,集合多种主流的开源技术,是一个可扩展的、可靠的、高性能的软件平台。平台服务架构如图15.4所示。

3. J2EE B/S体系

本系统采用多层软件架构方式,将整个平台分成三个层次:数据访问层、业务逻辑层(领域层)、展示层,如图15.5所示。

多层软件架构模式将界面交互、业务逻辑处理、数据存储访问等进行了分层处理,并且在每个层次内部又进行了多个更细粒度的划分,这样就使得软件功能都被封装成一个个小的部件,当需求发生变更时,只要修改受影响的那个小部件,然后替换即可,不影响整个系统其他部分的功能,从而使系统具备非常好的灵活性和扩展性。

① B/S构建技术。应用开发采用B/S架构,遵循J2EE标准,客户端不需要安装单独的应用软件,只需要具备浏览器即可。

② 展现与数据分离。

③ 传输数据格式支持JSON、XML等格式。

④ 异步无刷新,改变的只是数据,比如翻页。

⑤ 平台采用多层软件架构技术。

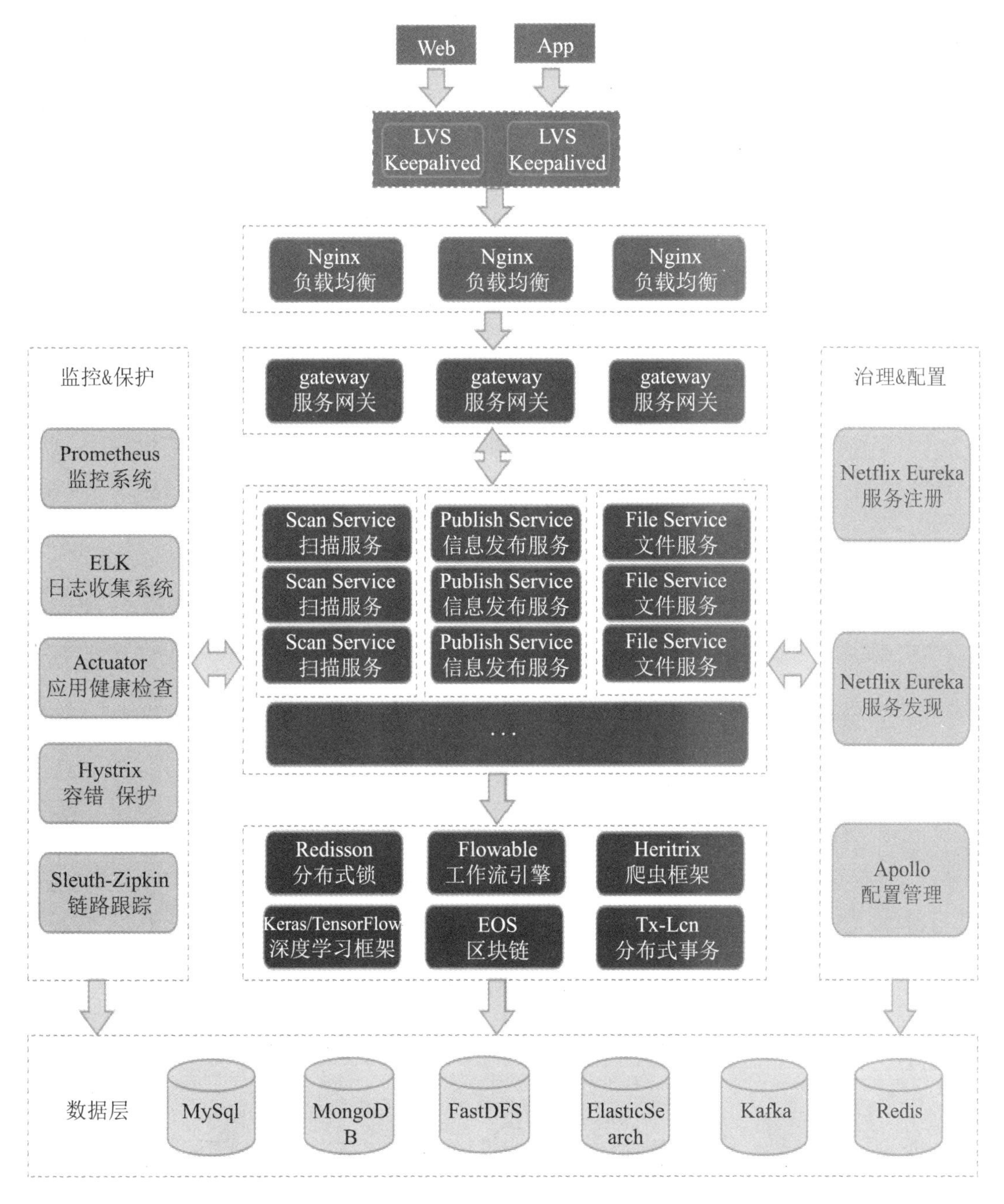

图15.4　平台服务架构图

4. 业务逻辑组件

为了满足复杂应用环境的使用需求，系统采用了B/C架构。系统基于J2EE标准的软件资源和硬件资源多层的分布式架构，采用“平台+组件”的开发模式，如图15.6所示。系统在实现了跨操作系统、跨浏览器、跨数据库，成熟稳定的同时，具有良好的扩展性。

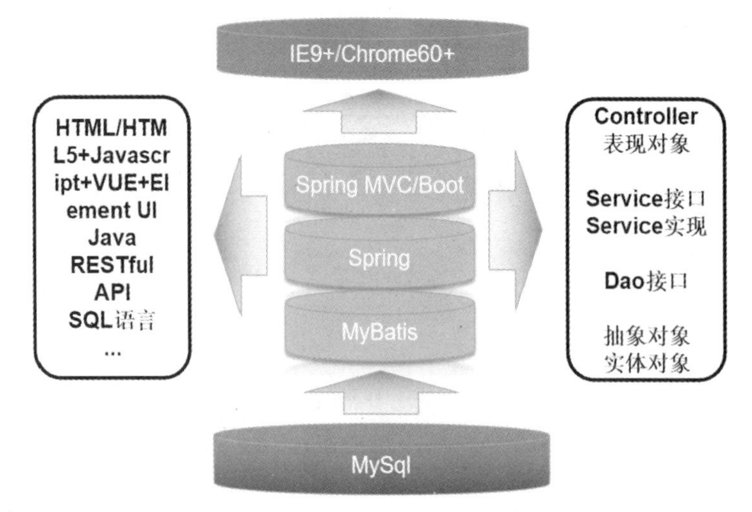

图15.5　系统架构图

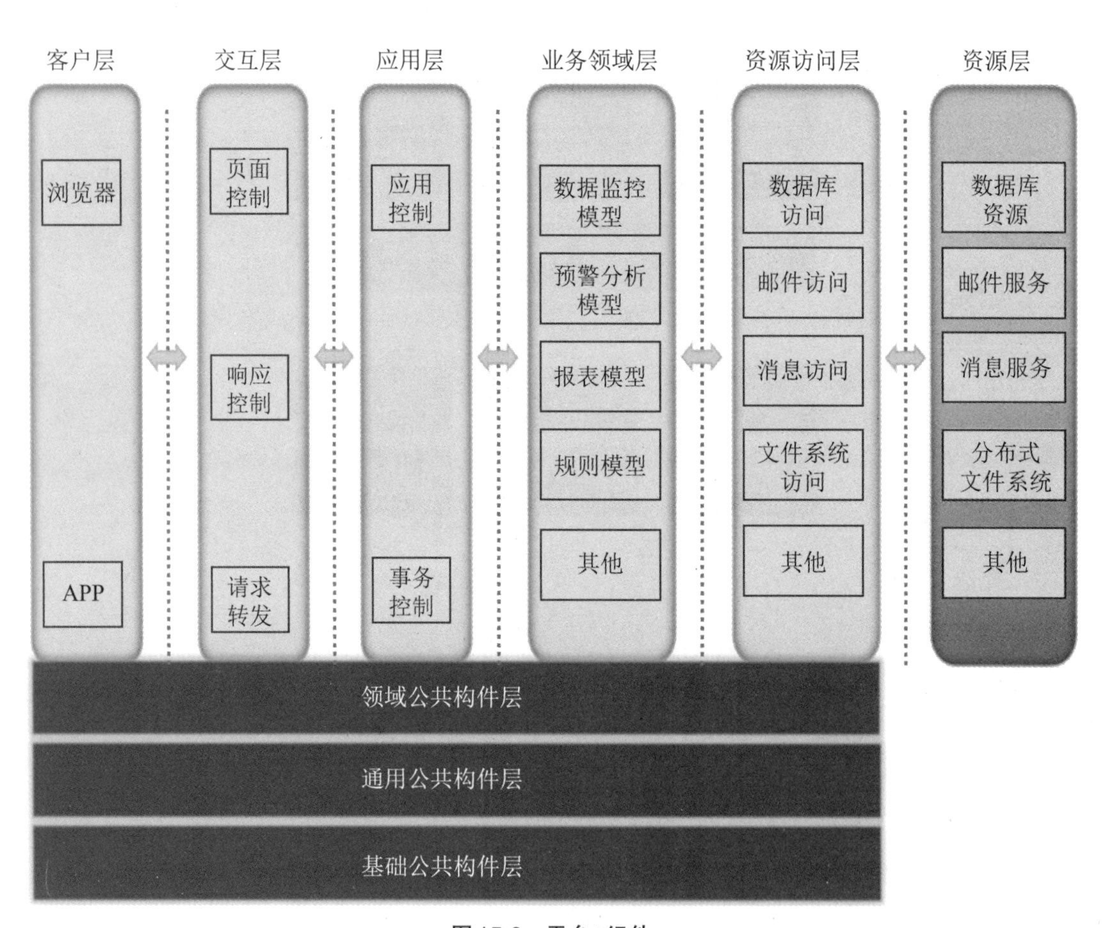

图15.6　平台+组件

5. 区块链技术

应用区块链技术于进出口食品追溯与预警平台，提升追溯信息与预警信息的安全程度以及可信度，为溯源、监管查证提供坚实可靠的数据保障。

6. AI智能算法

依托大数据、人工智能、区块链技术，采用AI智能算法对数据进行分析、建模，为进口食品正反追溯、安全分析、安全预警提供线索数据支持、智能预警，及时防控进出口食品安全问题(图15.7)。

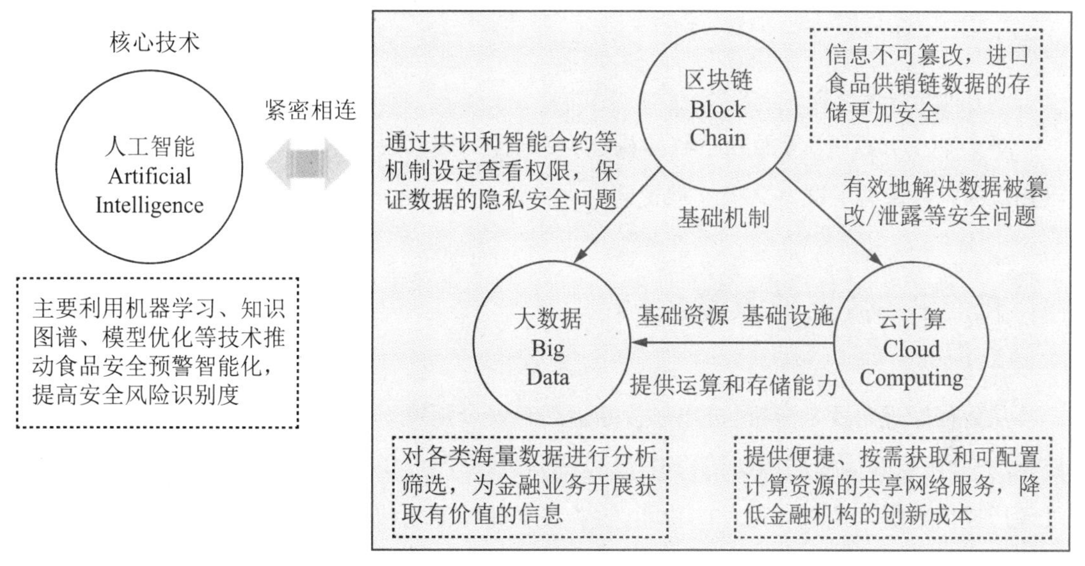

图15.7　AI智能算法

7. 分布式采集

为了支持不同国家、地区的大容量数据并行采集，每个采集节点(采集服务器)之间是相互独立的，支持采集节点独立扩展，一个采集节点可以由一台或多台服务器组成(图15.8)。

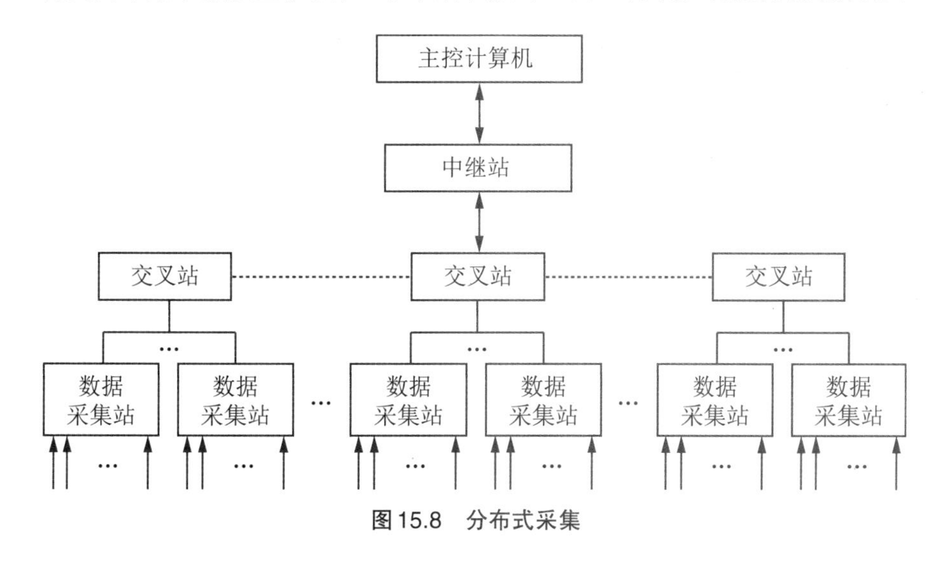

图15.8　分布式采集

8. 统一的数据交换

所有联动接口组织成面向SOA架构的组件，其职能是负责所有的跨系统平台请求调用、数据获取，服务联动统一开放式平台。

(1) 对内数据交换

对内数据交换分成两种数据交换形式，提供统一标准的Rest接口形式，基于统一的安全认证与授权机制，对于敏感性数据进行SSL通信并应用安全证书机制，供对方系统调用。另外一种是基于JMS服务的通信机制，具体的接口调用规范和形式，在技术解决方案有相应的描述。

(2) 对外数据交换

对于第三方系统，考虑到系统异构性、安全性的因素，统一采用Http的服务规范，并提供相应的声纹库相关联动API文档说明。

15.2.2 数据资源整合

从数据处理角度来分析，进出口食品追溯与安全预警体系架构是按照数据层、数据处理层、业务分析层和应用层四层架构进行设计的。数据层提供基础数据采集及管理服务；数据处理层提供数据清洗过滤处理的功能，为业务层提供主题结果，业务层提供各种业务模型分析服务以及算法预测服务，应用层为用户提供系统交互、数据呈现、追溯与安全预警办公等功能，如图15.9所示。

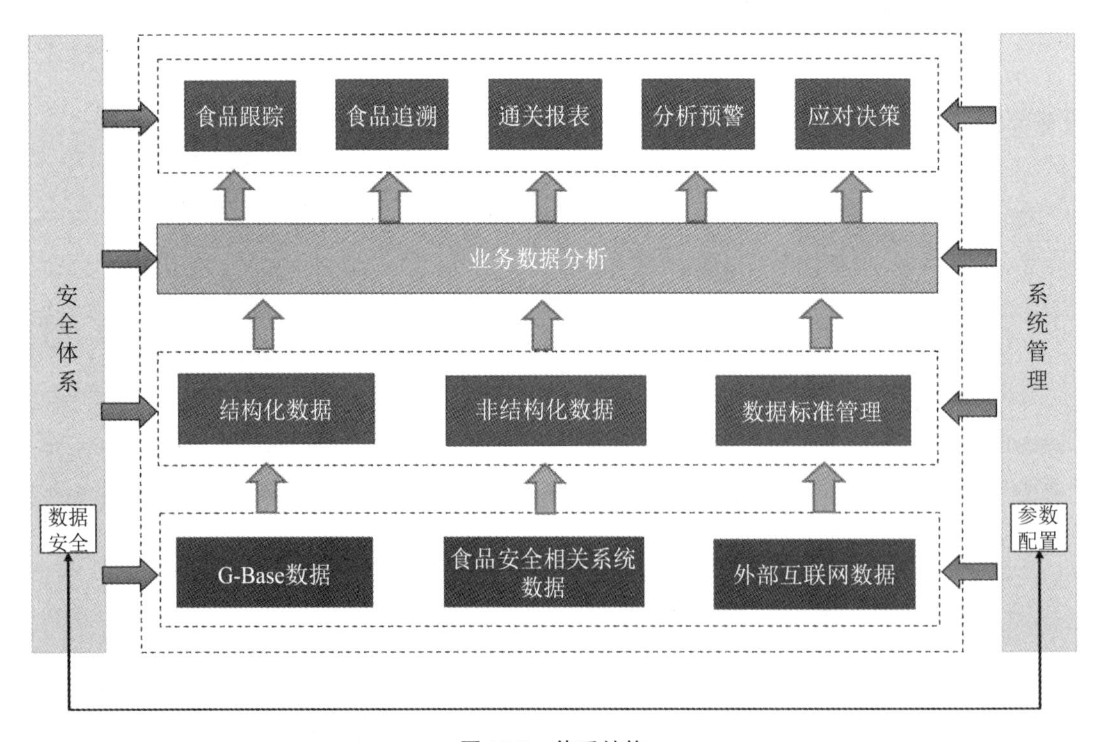

图15.9 体系结构

数据整合服务对来源数据的整合包括对结构化数据、非结构化数据、半结构化数据的采集、清洗、转换和加载入库，同时对数据进行封装，提供查询服务接口，为上层指挥应用提供数据服务支撑。

1. 数据来源

各类不同来源的数据资源，采集进入海关内网后，统一、有序地汇总入数据中心和文件中心，如表15.1所示。

表15.1　数据来源、整合、流向

数据来源名称	整合方式	数据流向
生产商及相关进出口商(代理商)信息(海关业务系统)	抽取工具抽取	结构化数据首先入资源库，再到标准库；非结构化数据接入云文件中心
进出口食品批次信息、申报信息、税单、查验、价格等数据(海关业务系统)	抽取工具抽取	结构化数据首先入资源库，再到标准库；非结构化数据接入云文件中心
进出口食品的经销、物流信息、仓储信息(进出口企业信息化系统)	抽取工具抽取、统一入口手动上传	结构化数据首先入资源库，再到标准库；非结构化数据接入云文件中心
食品安全动态新闻(主要进出口国及国内机构的最新食品风险与隐患研究报告及主流媒体新闻)	通过手工拷贝、网络爬虫等方式先到海关内网、翻译，再通过清洗抽取工具清筛	结构化数据首先入资源库，再到标准库；非结构化数据接入文件中心
食品安全动态相关网络舆情(进出口国家的权威新闻官网、热点舆情网站)	通过手工拷贝、网络爬虫等方式先到海关内网、翻译，再通过清洗抽取工具清筛	结构化数据首先入资源库，再到标准库；非结构化数据接入文件中心
人工预警信息	通过手动	结构化数据首先入资源库，再到标准库；非结构化数据接入文件中心
其他社会资源数据	通过手工拷贝、网络爬虫等方式先到海关内网、翻译，再通过清洗抽取工具清筛	结构化数据首先入资源库，再到标准库；非结构化数据接入文件中心

2. 数据抽取

数据抽取是指由数据采集工具实现对海关外网数据的采集、清洗、转换和入库工作。数据抽取采用分布式架构设计，多节点独立运行，当节点不够时可以横向扩展，通过多线程方式将数据定时同步抽取。

3. 数据处理流程调度

任务调度模块负责所有数据处理任务的调度及顺序逻辑控制，主要功能如下：

(1) 任务触发

当任务的启动条件满足用户预先设定的条件时,自动加载任务并运行。任务触发条件包括时间条件和任务条件两种。

① 时间触发:指定任务在特定时间开始运行。

② 事件触发:发生特定的事件后任务自动运行,比如接口处理任务在其依赖的接口文件全部到达后自动启动。

③ 时间和事件结合:多个条件组合都满足后自动运行任务。

(2) 任务排序

对数据处理流程的先后顺序进行排序。具体体现在以下方面:

① 依赖关系:任务之间具有逻辑上绝对的先后关系,一个任务的启动必须依赖于其前置任务的成功完成。

② 优先级:如果两个或多个任务同时满足启动条件,任务的执行先后顺序可以通过任务的优先级来决定,具有较高优先级的任务将先运行。

(3) 全局任务同步

对于运行在不同机器和系统上的任务,调度模块可以对其进行同步。

(4) 并行执行

多个任务可以并行执行,各类任务的并行度可以设置。并行度有不同机器任务之间的并行和同一机器内部任务的并行。

(5) 任务管理

允许用户灵活地添加新的任务、设置任务的触发条件、依赖关系等,可以方便地重置任务状态,重启和结束任务运行等。

4. 数据同步

(1) 全量抽取

将来源数据进行全量抽取,结构化数据按数据量大小进行存储,非结构化文本数据存入GFS/FastDFS中。

全量抽取是指将来源中所有的数据一次性全部加载到目标库中,全量抽取的逻辑简单,但一次性处理的数据量非常大。因此,全量抽取适用于第一次数据同步或数据量较小且抽取频率不高的情况。

(2) 增量抽取

增量抽取只抽取自上次抽取以后数据库中新增或修改的数据。捕获变化的数据有两点要求:

① 准确性:能够将业务系统中的变化数据按一定的频率准确地捕获到。

② 性能:不能对业务系统造成太大的压力而影响现有业务。

(3) 数据加载

将转换和加工后的数据装载到目的库中。装载数据的方法包括以下两种:

① 直接用SQL语句进行insert、update、delete。

② 采用批量装载方法,如bcp、bulk、关系数据库特有的批量装载工具或api。

5. 数据存储

基于海关特性,选择数据存储方式的考虑因素如下:

① 数据是否具有明显的结构化特性。结构化数据以警综数据为典型,具有典型的属性结构,每一个属性由基本的数据类型构成;非结构化数据以视频、音频、文档等为典型代表,不具备属性结构,其往往含有大量信息,需要特殊的处理及分析手段。

② 数据的量级。大数据平台的数据资源量级从几千、几万到几百亿条,一些组织机构、单位数量级通常在几千到几万条,食品、食品安全信息、追溯码产生的数据量级可能达到几十亿到几百亿条。

③ 数据的访问需求。食品数据资源通常要进行多个字段的条件查询。关联库的主数据资源需要与大量数据进行关联查询等操作,且对并发能力要求较高,一些资料文档数据的访问频次往往较低。

依据以上原则,针对深圳海关具体数据情况,数据库物理存储结构设计如下:

① 结构化数据。对于结构化数据,采用多种数据库混合存储。针对追溯码、食品安全信息等更新频率较高、记录数较多的数据,采取分布式列式数据库、数据仓库、关系型数据库以及共同存储的方式。

② 半结构化数据。涉及的半结构化数据主要包括文本报告报单、海关内网和外网的各类信息,采用分布式列式数据库汇聚存储;对于关键词等特征描述信息,采用结构化的方式进行管理和存储;对于数据种类繁多、总量大,如互联网信息等,在海关内网汇聚存储时,采用分布式列式数据库;对于数据来源、内容项目、关键词等特征描述信息,采用结构化方式进行定义存储,为关联整合提供基础支撑。

③ 非结构化数据。海关采集的非结构化数据主要包括食品申报、通关、安全信息以及食品安全事件相关的视频、音频、照片、电子笔录、执法记录通等各种多媒体信息,采用分布式列式数据库;对于视频、照片相关的人员、案件等特征描述信息,结合其数据规模,可以采用结构化方式进行描述和存储,为与结构化数据的关联整合做好准备,非结构化数据本身采用GFS/FastDFS相结合方式进行存储。

6. 数据标准建设

数据标准化建设在数据整合、管理及共享服务方面发挥着重要作用:在数据整合阶段,它能够有效消除数据冗余;在数据共享方面,它能够降低数据共享的复杂性,减少系统接口间的数据转换,实现系统和数据的高效融合。通过数据标准化工作,能够从根本上提升数据的整合、管理及共享服务能力,为构建高层次的信息应用系统,支持高效的数据处理、数据深度分析及信息资源共享，打造坚实的数据基础。

建设形成汇集社会信息、海关信息、互联网等信息资源的数据库，并同步建立相对应的标准模型和规范，从数据汇集、整合处理、更新维护、管理的全流程设计资源路径，满足资源服务体系的灵活应用需求，并建立全局统一的数据标准体系。

建设数据标准管理模块，用于标准发布、标准检索、执行情况反馈、统计分析以及支持相关人员考核工作。

标准规范体系是建设海关进出口食品的管理基础，是推动海关食品信息资源共享应用的基础和核心。标准规范体系是在参考国家标准、行业标准、地方标准以及国际标准的基础上，采用直接引用和自行制定相结合的办法形成的一套可供信息资源标准化服务平台建设使用的标准、规范，用以保障平台顺利建设和平台运行。通过实施全方位的标准规范体系，将海关食品信息资源采集、加工、整合、交换共享、应用和管理各个环节业务有机地连接起来，为海关食品信息资源数据共享和信息服务提供技术准则和指导。

标准规范建设主要包括以下几方面的内容：

① 标准规范体系建设。建设统一的标准规范体系，明确标准体系建设的指导思想、主要流程以及标准内容等。

② 数据标准的建设。基于国家及公安行业有关标准，结合实际需求和业务特点，通过规范、完整的信息资源描述逻辑，形成信息资源的元数据、进出口食品数据元、标准代码、资源目录、数据交换等标准，支持全面描述各类资源信息。

③ 服务标准建设。以国际上通用的Web服务相关技术规范为指导，结合海关现有业务系统技术构成、对外提供的服务类型和服务功能，形成平台对外提供的服务标准规范。

④ 管理标准建设。为了保证系统建设过程中的规范化管理，需要制定项目管理标准规范体系，包括软件工程管理规范、平台运维管理规范、验收与监理制度、软件开发标准、系统测试和评估等标准。同时为了保证信息的安全管理和使用，需要采纳和制定一系列安全标准规范，包括信息安全基础规范、物理安全标准、系统与网络安全标准、应用安全标准、安全管理标准。

开展数据标准化建设需要建立本地数据标准体系，数据标准体系的建设按照海关食品数据的管理体系进行规划和设计，具体如下：

① 深圳海关食品数据元标准。数据元是进行数据整合的关键，其在基础库建设中用于对元数据字段的含义进行准确描述，在关联库及专题库建设中用于规范字段的类型、长度及命名方式，并基于数据元建立数据间的自动关联关系。

② 元数据标准。在遵循海关对进出口食品管理的相关标准的基础上，根据本地数据实际情况，形成本地的元数据标准。本系统的元数据规范和标准主要包括业务元数据、技术元数据和数据元数据三类。元数据主要记录数据的名称、资源标识、描述等基本信息以及数据更新信息、数据来源信息、数据处理流程、相关业务系统等。

③ 数据资源目录标准。对结构化数据与非结构化数据统一进行资源编码，针对资源名

称、资源标识码、数据表名、描述信息、字段信息等建立统一的标准，最终将所有数据资源汇总到一个数据资源目录中，并按应用需求建立专题资源目录。

④ 分类代码标准。结合海关对食品数据元标准建立相应的分类代码标准，并与各数据资源中相应的字段进行关联，约束字段的取值范围，控制数据的质量。

7. 数据服务

数据服务主要用于解决服务整合共享问题，通过服务治理形式有效改善现有系统之间服务共享调用的网状关系，使得系统之间的关系更加可视化，并提高管控能力。它的高性能、高可靠、高扩展和业务化给使用者带来高管控、高运营等能力，从而使提高服务质量和服务深度成为可能。

数据服务是基于信息化建设、分布式计算、应用集成能力的认识和技术积累而推出的服务整合产品，支持接入适配、授权管理、访问控制、路由调度和日志分析等功能。

① 接入适配。提供Rest、API等应用接入适配方法，可实现服务请求方、服务提供方与资源服务总线的对接。

② 授权管理。发布人员指定服务的授权范围，未在授权范围内的用户无法通过服务目录查看、申请该资源；对于授权范围内的用户，通过平台申请服务使用权限并经审核通过后才有资格调用该服务，审核流程可通过平台灵活配置。

③ 访问控制。验证接入总线的服务请求和服务接口的身份合法性，检查服务请求方发出的请求权限，拒绝越权访问。访问控制既包括对具体应用的权限检查，也包括对具体用户的权限检查。

④ 路由调度。通过代理访问模式实现服务请求和服务接口之间的信息交互。

⑤ 日志分析。对服务资源的注册、授权和访问三类行为进行日志的采集和分析。

15.3 项目安全要求

1. 安全原则

安全对象主要有网络安全、系统安全、数据库安全、信息安全、设备安全、信息介质安全和计算机病毒防治等。

(1) 需求、风险、代价平衡分析的原则

对任一网络来说，绝对安全难以达到，也不一定必要，要对网络进行实际分析，对网络面临的威胁及可能承担的风险进行定性与定量相结合的分析，然后制定规范和措施，确定本系统的安全策略。保护成本和被保护信息的价值必须相称，价值仅1万元的信息如果用5万元的技术和设备去保护则是一种不适当的保护。

(2) 综合性、整体性原则

运用系统工程的观点、方法分析网络的安全问题,并制定具体措施。较好的安全措施往往是多种方法适当综合应用的结果。一个计算机网络包括个人、设备、软件、数据等环节,只有从系统综合的整体角度去看待和分析它们在网络安全中的地位和作用,才可能获得有效、可行的措施。

(3) 一致性原则

这主要是指网络安全问题应与整个网络的工作周期(或生命周期)同时存在,制定的安全体系结构必须与网络的安全需求相一致。实际上,在网络建设之初就应考虑网络安全对策,若等网络建设好后再考虑,不但难度大,而且花费也多得多。

(4) 易操作性原则

安全措施要由人来完成,如果措施过于复杂,对人的要求过高,本身就降低了安全性。其次,采用的措施不能影响系统正常运行。

(5) 适应性、灵活性原则

安全措施必须能随着网络性能及安全需求的变化而变化,要容易适应、容易修改。

(6) 多重保护原则

任何安全保护措施都不是绝对安全的,都可能被攻破。因此要建立一个多重保护系统,各层保护相互补充,当一层保护被攻破时,其他层保护系统仍可保护信息的安全。

2. 业务信息安全和系统服务安全

业务信息安全遵照总署信息系统相关安全保密办法执行,对业务数据提供数据保护。代码及配置文件中不保存明文口令及数据库连接信息。

3. 物理安全要求

物理安全隐患主要是指由系统周边的环境和物理特性引起的系统构建设备和线路的不可使用,从而会造成系统的不可使用,甚至会导致整个系统的瘫痪。例如:

① 机房缺乏控制,人员随意出入带来的风险。

② 网络设备被盗、被毁坏。

③ 线路老化或是线路被有意、无意地破坏。

④ 设备在非预测情况下发生故障、停电等。

⑤ 自然灾害,如地震、水灾、火灾、雷击等。

⑥ 电磁干扰等。

4. 网络安全要求

网络安全主要是防止非法入侵,并对网络通信流进行有效的监控,对已知的潜在威胁进行有效的防范,保障网络正常工作。

网络安全主要包括网络结构安全、网络安全审计、网络设备防护、通信完整性与保密性等方面。

(1) 网络结构

网络结构合理能够有效地承载业务需要,网络结构具备一定的冗余性,带宽应能满足业务高峰时期数据交换需求。

(2) 网络设备防护

交换机、防火墙、入侵检测等设备的自身安全可防止网络设备被非法攻击、设备设置被非法篡改、服务器被攻击。

例如,交换机口令泄漏、防火墙规则被篡改、入侵检测设备失灵等都将成为威胁网络系统正常运行的风险因素。

(3) 通信完整性与保密性

在信息传输和存储过程中,信息内容的发送、接收及保存要确保一致性。防止信息遭受篡改,实现通信的完整性。数据在传输过程中,采用加密措施保证数据的保密性。

(4) 网络可信接入

对非法客户端实现禁入,并能监控网络,能够阻断没有合法认证的外来网络访问,保护好已经建立起来的安全环境。

5. 系统安全要求

(1) 认证授权要求

各模块依托H4A完成身份管理、授权管理、认证管理和安全审计,保障认证授权要求,使用H4A实现统一身份管理,单点登录。用户登录后,可与第三方系统通过标准的互认协议实现相互认证。

(2) 系统入侵防范要求

主机操作系统本身应可防范针对系统的入侵行为,定时及时更新存在的安全漏洞。

(3) 防计算机病毒

在系统中安装防病毒软件,防病毒软件及时升级;对计算机使用人员进行防病毒教育和必要培训,提高对病毒的防范意识,防止计算机病毒对系统造成破坏。

(4) 业务数据保密性要求

由业务部门(数据所有部门)对敏感数据进行声明,明确数据名称、类别、敏感级别、失效日期等。到期后的敏感数据按总署数据安全管理规范执行。

业务数据分级:本项目采集、生产的数据中,进出口检验检疫报告、食品安全信息分析结果、安全信息核实结果、未发布的安全预警、突发事件应对决策等为敏感信息,其余为内部数据。

相应数据按照总署数据分级安全管理办法的对应级别要求进行管理。服务器单独配置使用。

(5) 业务数据完整性需求

针对系统内涉及的鉴别信息及重要业务数据(篡改后会对社会秩序、市场公正和社会公众利益造成一定影响),在传输及存储过程中采取相关措施(如数据签名)。

(6) 信息传输安全

要在数据传输过程中采用加密手段,利用国家批准的密码算法对数据加密,保证数据安全。

(7) 信息存储安全

根据国际容灾备份标准,采用容灾备份,考虑远程异地备份。

(8) 信息访问安全

要对数据资源访问规定不同的访问等级,不同用户只可访问经过授权的数据资源。同时,要加强对数据资源访问的安全审计。

(9) 安全审计要求

系统结合安全保护级别,满足安全审计需求:提供覆盖到每个用户增、删、改、查的安全审计功能,对应用系统重要数据查询操作进行审计;保证无法单独中断审计进程,无法删除、修改或覆盖审计记录;审计记录的内容至少应包括事件的日期、时间、发起者信息、类型、描述和结果等;日志记录的保存周期应不少于6个月。系统保证3年内数据正常在线运转,超过3年数据归档进入历史库。

(10) 容灾要求

根据业务部门需要,本项目的数据不做常规备份,由业务部门按需备份,备份数据由业务部门自行管理。

6. 安全管理要求

安全管理是保障安全技术手段发挥具体作用的最有效手段,根据国家相关标准、行业规范、国际安全标准等规范和标准来指导,形成可操作的体系。它主要包括安全管理制度、安全管理机构、人员安全管理、系统建设管理、系统运维管理。根据等级保护的要求在上述方面建立一系列的管理制度与操作规范,并明确执行。

7. 运维保障要求

参照三级运维等级进行保障。

8. 安全等级保护要求

结合实际业务,参照安全等级保护定级指南中有关说明,本项目安全等级保护要求为三级。

15.4　基础环境约束

15.4.1　食品追溯与安全预警平台

1. 运行环境约束

表15.2　食品追溯与安全预警平台-运行环境约束

开发技术路线	JAVA			√ JDK1.8及以上	数据计算环境	结构化	MYSQL8.+	√
	.NET						X86服务器MYSQL	√
	移动			√ Android IOS			X86服务器MONGODB	√
							内存数据库(REDIS)	√
物理部署	运行网络	运行网					大数据云	
		管理网		√			并行库(Gbase)	√
		电子口岸专网		√			多维数据库	
		对外接入局域网		√				
	数据部署地点	集中部署	北京			非结构化	NAS(网络存储)	
			广东	√ 深圳			大数据云	
			上海		应用计算环境	计算环境	X86实机	
		分布式部署	直属	√			X86虚机(基础设施云)	√
			隶属				大数据云	
	应用部署地点	集中部署	北京			操作系统	Windows	
			广东	√ 深圳			Centos 7	√
			上海			桌面环境	C/S	
		分布式部署	直属	√			B/S	√
			隶属				桌面云	
							移动	√

续表

中间件	应用中间件	NGINX	√	浏览器	IE 8 及以上版本	
		OMCAT	√			
	消息中间件	MSMQ			Chrome 59 及以上版本	√
		KAFKA	√			

2. 服务调用约束

表 15.3　食品追溯与安全预警平台-服务调用约束

工作流	√	信息资源共享服务平台	组合查询服务		统一资源管理平台	大数据云平台	弹性计算服务(ECS)	
ESB			数据可视化服务				负载均衡服务(SLB)	√
统一客户端			元数据查询服务				关系数据库服务(RDS)	√
数据交换			主数据查询服务				对象存储服务(OSS)	√
数据交换非核心			标准化规范服务				分析数据库服务(ADS)	
统一开发框架 SDK	√		信息资源目录体系查询服务				大数据计算服务(ODPS)	
日志	√		运维监控服务			基础设施云平台	云主机服务	√
H4A 平台	√		数据质量比对服务				云硬盘服务	√
GIS			基础数据增量分发服务				弹性 IP 服务	√
分布式缓存	√		指标订阅发布服务				物理机服务	
移动支撑	√		组合查询集成服务				中间件服务(非集群)	
电子签章			基础数据查询服务				数据库服务(非集群)	√
手写签名			多维数据库查询服务				应用自动部署服务	√
数据加解签	√		元数据变更服务					
数据加解密	√		元数据关联分析服务					
服务请求单提交和反馈	√		主数据订阅发布服务					

续表

<table>
<tr><td>配置信息查询和上传</td><td>√</td><td rowspan="2"></td><td>数据生命周期管理服务</td><td></td><td></td><td></td><td></td></tr>
<tr><td>告警接收和发布</td><td>√</td><td>数据挖掘服务</td><td></td><td></td><td></td><td></td></tr>
</table>

15.4.2　食品追溯系统

1. 运行环境约束

表15.4　食品追溯系统-运行环境约束

<table>
<tr><td colspan="2" rowspan="4">开发技术路线</td><td colspan="2">JAVA</td><td>√
JDK1.8及以上</td><td rowspan="10">数据计算环境</td><td rowspan="8">结构化</td><td>MYSQL8.+</td><td>√</td></tr>
<tr><td colspan="2">.NET</td><td></td><td>X86服务器
MYSQL</td><td>√</td></tr>
<tr><td colspan="2">移动</td><td>√
Android
IOS</td><td>X86服务器MONGODB</td><td>√</td></tr>
<tr><td colspan="2"></td><td></td><td>内存数据库(REDIS)</td><td>√</td></tr>
<tr><td rowspan="13">物理部署</td><td rowspan="4">运行网络</td><td colspan="2">运行网</td><td></td><td>大数据云</td><td></td></tr>
<tr><td colspan="2">管理网</td><td>√</td><td>并行库(Gbase)</td><td>√</td></tr>
<tr><td colspan="2">电子口岸专网</td><td>√</td><td rowspan="2">多维数据库</td><td rowspan="2"></td></tr>
<tr><td colspan="2">对外接入局域网</td><td>√</td></tr>
<tr><td rowspan="3">数据部署地点</td><td rowspan="3">集中部署</td><td>北京</td><td></td><td rowspan="2">非结构化</td><td>NAS(网络存储)</td><td></td></tr>
<tr><td>广东</td><td>√
深圳</td><td>大数据云</td><td></td></tr>
<tr><td>上海</td><td></td><td>应用计算环境</td><td>计算环境</td><td>X86实机</td><td></td></tr>
<tr><td rowspan="6">应用部署地点</td><td rowspan="2">分布式部署</td><td>直属</td><td>√</td><td rowspan="6"></td><td rowspan="2"></td><td>X86虚机(基础设施云)</td><td>√</td></tr>
<tr><td>隶属</td><td></td><td>大数据云</td><td></td></tr>
<tr><td rowspan="4">集中部署</td><td rowspan="2">北京</td><td rowspan="2"></td><td rowspan="2">操作系统</td><td>Windows</td><td></td></tr>
<tr><td>Centos 7</td><td>√</td></tr>
<tr><td>广东</td><td>√
深圳</td><td rowspan="2">桌面环境</td><td>C/S</td><td></td></tr>
<tr><td>上海</td><td></td><td>B/S</td><td>√</td></tr>
</table>

续表

		分布式部署	直属	√			桌面云	
			隶属				移动	√
中间件	应用中间件	NGINX		√	浏览器		IE8 及以上版本	
		OMCAT		√				
	消息中间件	MSMQ					Chrome59 及以上版本	√
		KAFKA		√				

2. 服务调用约束

表 15.5　食品追溯系统-服务调用约束

工作流	√	信息资源共享服务平台	组合查询服务		统一资源管理平台	大数据云平台	弹性计算服务(ECS)	
ESB			数据可视化服务				负载均衡服务(SLB)	√
统一客户端			元数据查询服务				关系数据库服务(RDS)	√
数据交换			主数据查询服务				对象存储服务(OSS)	√
数据交换非核心			标准化规范服务				分析数据库服务(ADS)	
统一开发框架 SDK	√		信息资源目录体系查询服务				大数据计算服务(ODPS)	
日志	√		运维监控服务			基础设施云平台	云主机服务	√
H4A 平台	√		数据质量比对服务				云硬盘服务	√
GIS			基础数据增量分发服务				弹性 IP 服务	√
分布式缓存	√		指标订阅发布服务				物理机服务	
移动支撑	√		组合查询集成服务				中间件服务(非集群)	
电子签章			基础数据查询服务				数据库服务(非集群)	√
手写签名			多维数据库查询服务				应用自动部署服务	√
数据加解签	√		元数据变更服务					

续表

数据加解密	√		元数据关联分析服务				
服务请求单提交和反馈	√		主数据订阅发布服务				
配置信息查询和上传	√		数据生命周期管理服务				
告警接收和发布	√		数据挖掘服务				

15.4.3　食品安全预警系统

1. 运行环境约束

表15.6　食品安全预警系统-运行环境约束

<table>
<tr><td colspan="2" rowspan="4">开发技术路线</td><td colspan="2">JAVA</td><td>√
JDK1.8及以上</td><td rowspan="10">数据计算环境</td><td rowspan="8">结构化</td><td>MYSQL8.+</td><td>√</td></tr>
<tr><td colspan="2">.NET</td><td></td><td>X86服务器MYSQL</td><td>√</td></tr>
<tr><td colspan="2">移动</td><td>√
Android
IOS</td><td>X86服务器MONGODB</td><td>√</td></tr>
<tr><td colspan="2"></td><td></td><td>内存数据库(REDIS)</td><td>√</td></tr>
<tr><td rowspan="12">物理部署</td><td rowspan="4">运行网络</td><td colspan="2">运行网</td><td></td><td>大数据云</td><td></td></tr>
<tr><td colspan="2">管理网</td><td>√</td><td>并行库(Gbase)</td><td>√</td></tr>
<tr><td colspan="2">电子口岸专网</td><td>√</td><td rowspan="2">多维数据库</td><td rowspan="2"></td></tr>
<tr><td colspan="2">对外接入局域网</td><td>√</td></tr>
<tr><td rowspan="6">数据部署地点</td><td rowspan="3">集中部署</td><td>北京</td><td></td><td rowspan="2">非结构化</td><td>NAS(网络存储)</td><td></td></tr>
<tr><td>广东</td><td>√
深圳</td><td>大数据云</td><td></td></tr>
<tr><td>上海</td><td></td><td rowspan="6">应用计算环境</td><td rowspan="3">计算环境</td><td>X86实机</td><td></td></tr>
<tr><td rowspan="3">分布式部署</td><td>直属</td><td>√</td><td>X86虚机(基础设施云)</td><td>√</td></tr>
<tr><td rowspan="2">隶属</td><td rowspan="2"></td><td>大数据云</td><td></td></tr>
<tr><td rowspan="2">操作系统</td><td>Windows</td><td></td></tr>
<tr><td rowspan="2">应用部署地点</td><td rowspan="2">集中部署</td><td>北京</td><td></td><td>Centos 7</td><td>√</td></tr>
<tr><td>广东</td><td>√
深圳</td><td>桌面环境</td><td>C/S</td><td></td></tr>
</table>

续表

			上海				B/S	√
		分布式部署	直属	√			桌面云	
			隶属				移动	√
中间件	应用中间件	NGINX		√	浏览器		IE 8 及以上版本	
		OMCAT		√				
	消息中间件	MSMQ					Chrome 59 及以上版本	√
		KAFKA		√				

2. 服务调用约束

表 15.7 食品安全预警系统-服务调用约束

工作流	√	信息资源共享服务平台	组合查询服务		统一资源管理平台	大数据云平台	弹性计算服务(ECS)	
ESB			数据可视化服务				负载均衡服务(SLB)	√
统一客户端			元数据查询服务				关系数据库服务(RDS)	√
数据交换			主数据查询服务				对象存储服务(OSS)	√
数据交换非核心			标准化规范服务				分析数据库服务(ADS)	
统一开发框架 SDK	√		信息资源目录体系查询服务				大数据计算服务(ODPS)	
日志	√		运维监控服务			基础设施云平台	云主机服务	√
H4A 平台	√		数据质量比对服务				云硬盘服务	√
GIS			基础数据增量分发服务				弹性 IP 服务	√
分布式缓存	√		指标订阅发布服务				物理机服务	
移动支撑	√		组合查询集成服务				中间件服务(非集群)	
电子签章			基础数据查询服务				数据库服务(非集群)	√
手写签名			多维数据库查询服务				应用自动部署服务	√
数据加解签	√		元数据变更服务					

续表

数据加解密	√		元数据关联分析服务				
服务请求单提交和反馈	√		主数据订阅发布服务				
配置信息查询和上传	√		数据生命周期管理服务				
告警接收和发布	√		数据挖掘服务				

15.4.4　跨网传输访问

项目有与互联网数据交互的需求，食品追溯与安全预警平台、食品安全预警系统主要应用于海关内网，食品追溯服务主要应用于互联网。食品安全信息需在互联网中进行数据收集，同时食品追溯与安全预警平台需要相关的追溯数据支撑。

按照海关安全规范，通过专线与对外局域网对接。其中外部服务器需满足海关安全管理规定，并在上线前进行海关安全扫描。具体设计如图15.10所示。

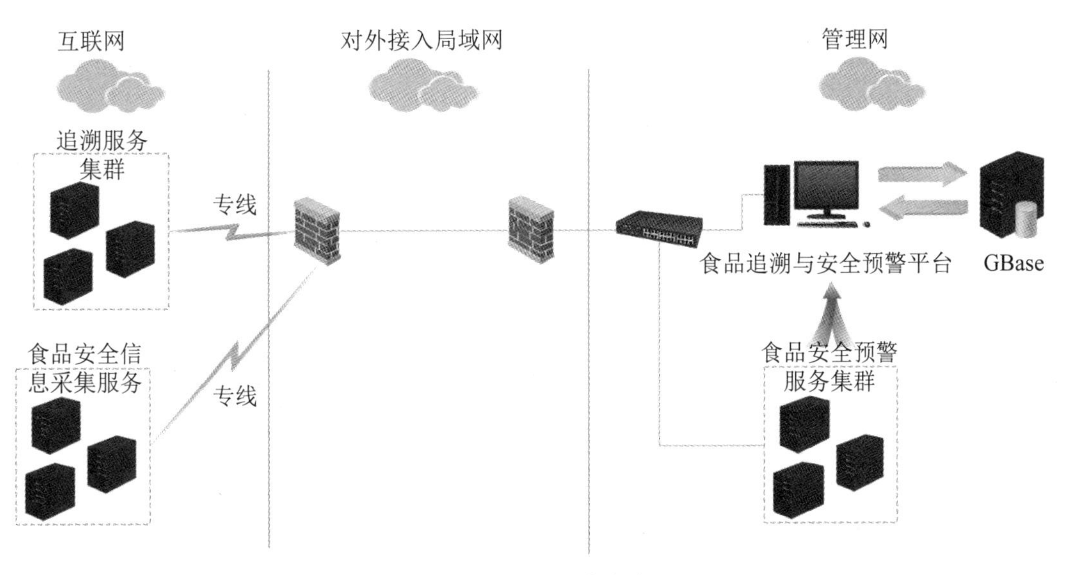

图15.10　跨网传输访问

1. 海关内网

海关内网主要承载食品安全信息的分析、预警、应对、发布等应用，以及食品追溯数据分析统计业务。

2. 海关对外局域网

海关对外局域网是作为外部数据进入海关内网的桥梁。外部数据（食品追溯数据、食品安全信息数据)通过专线与外部局域网对接。

3. 互联网

互联网主要承载本次新建的进出口食品跟踪追溯与食品安全信息采集等应用。通过互联网入口对接、获取各类进出口企业以及相关的经销流通数据,以及食品安全相关的新闻、舆论、通报等信息。

15.5 平台应用展示

1. 登录页面和首页

图15.11 登录页面

图15.12 平台首页

2. 主菜单

图 15.13　主菜单

3. 食品追溯管理

(1) 追溯码管理

图 15.14　追溯码管理

（2）追溯综合查询

图 15.15　追溯综合查询

（3）食品追溯管理

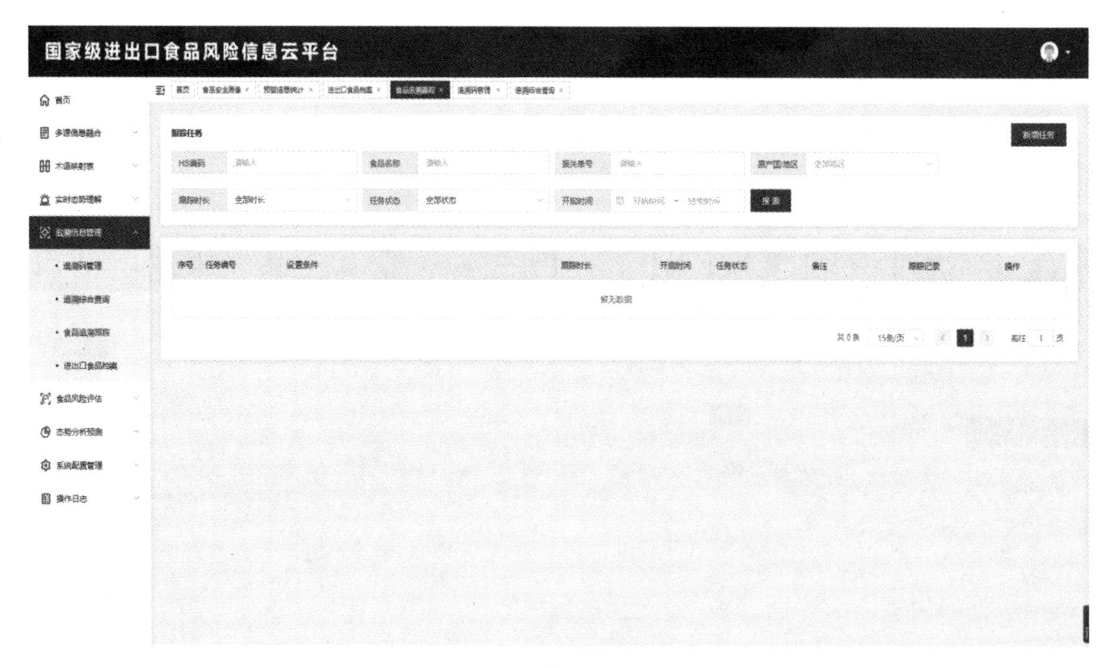

图 15.16　食品追溯管理

（4）进出口食品档案

图15.17　进出口食品档案

4. 食品安全预警

（1）食品安全画像

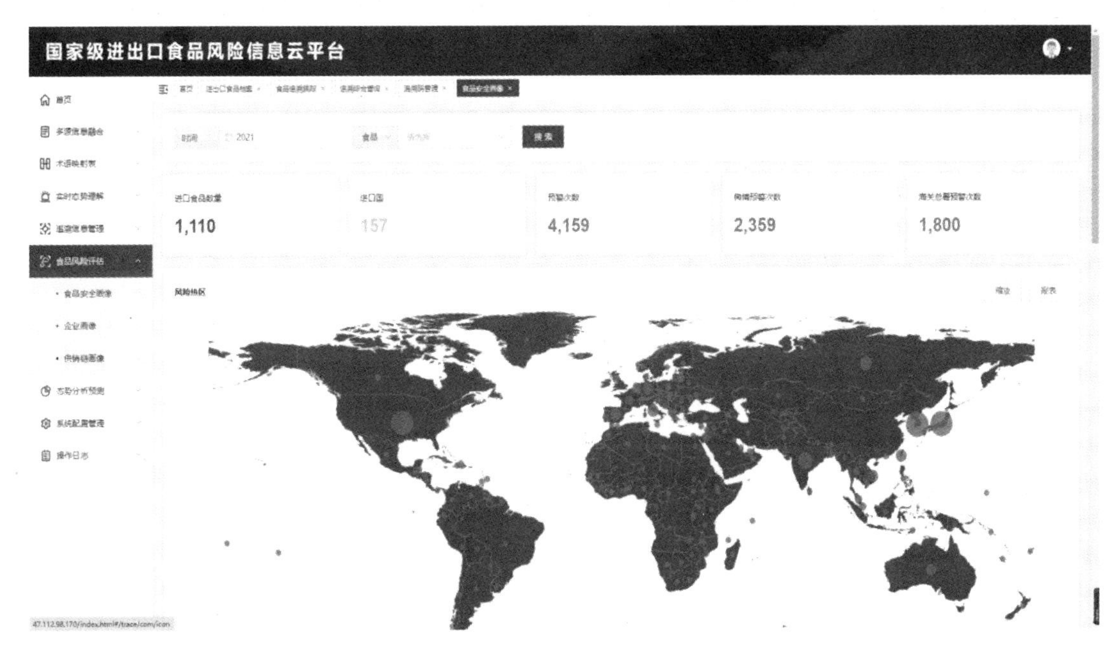

图15.18　食品安全画像

（2）企业画像

图 15.19　企业画像

（3）供销链画像

图 15.20　供销链画像

5. 态势分析预测

(1) 预警信息统计

图15.21　预警信息统计

(2) 追溯统计报表

图15.22　追溯统计报表

小　结

通过搭建进出口食品风险监控数据湖,实现了多源信息融合、实时态势理解、食品风险评估、态势分析预测,以及追溯信息管理等功能,进而研发国家级进出口食品风险信息云平台,打造了具有多源采集、追溯管理、快速检索、预警提示、决策技术支持诸多功能的食品安全智慧保障平台,提升了进出口食品安全保障水平,能为进出口食品相关业务部门提供进出口食品追溯和预警数据支持,推进进出口食品的来源可查、去向可追、责任可究。进出口食品风险信息云平台还能完善海关对进出口食品信息化管理体系,与海关最新的管理要求相契合,运用当前IT最新技术手段,实现与海关进出口食品业务数据互通,为食品安全监管提供技术支撑。

第16章　结　　论

进出口国家级食品风险信息云平台研究进展情况良好，已完成规定的各项量化指标。在前期积累的基础上，结合当前主流数据湖技术，优化海关数据湖的构建和应用实践，同时进一步完成了集成多变量时间序列分析、基于众包的真值推理、基于图网络的事件检测等关键数据挖掘方法的食品风险监控数据湖构建工作，适用于诸多科研、生产场景。

1. 结合应用案例分析，成功总结了建设海关数据湖的基本流程

随着大数据、5G、云计算、移动计算、人工智能(AI)、物联网等技术的快速发展，海关数据量日益增加，全国海关各业务系统每天产生海量数据，这些数据都蕴藏着丰富的利用价值，而如何将海关部门的海量数据充分集成，打破部门间的信息壁垒，使数据真正在海关部门内部流动和流转起来，更好地服务上层业务系统并以更少的投入发挥更大的价值，是海关在数据管理方面面临的重大挑战。在此背景下，近年来出现的数据湖技术能同时满足关系型数据和非关系型数据的存储，因此被用于解决大数据问题和数据治理。本书主要工作进展如下：

(1) 详细阐述了数据湖的技术特点及其发展趋势。

(2) 提出了海关数据湖处理构架方案，实现对海关各系统数据全量汇聚入湖存储，消除了“数据烟囱”和“信息孤岛”，使数据真正在海关部门内部流动和流转起来，带动业务和应用的快速创新，有效支持了海关系统的数字化转型和网络重构战略。

(3) 提出了建设海关数据湖的基本流程，给出了应用案例分析，认为海关数据湖的建设过程应与海关业务工作紧密结合，与海关数据仓库以及数据中台有所区别。海关数据湖建设可采用更敏捷的方式——“边建边用，边用边治理”来构建，在积极推进“三智”建设与合作的背景下，为实现海关现代化治理，打造高效协同的智能边境，促进全球供应链互联互通提供了一种数据处理和共享的思路。

2. 成功设计了高精度真值推理方法

在食品风险监控数据湖构建任务中，来自不同数据源的监测数据经常会出现冲突，真值发现是解决多源数据冲突的关键技术之一，它可以迭代地估计数据源的可靠性和数据的可信度。

成功设计了高精度真值推理方法，主要工作进展如下：

(1) 设计了一种基于最优化框架的真值发现方法,它考虑了数据之间的关系,同时具有较强的普适性,相比于其他的真值发现方法,准确率显著提高了。

(2) 将真值发现技术应用到了集成分类过程中,相比于先前的分类工作,取得了更令人满意的分类效果。该成果可以对食品风险监控过程中从多数据源获取的冲突数据进行高精度真值推理,找出更准确的数据,对后续的数据分析有着重要的意义。

众包平台的出现给人们带来了一种新的解决问题的方式,实体解析、情感分析等计算机难以处理的问题由此更容易得到解决,但现有研究表明众包工人的能力差异会影响结果的准确性。在此背景下,面向众包平台的单项选择问题,我们提出了一种基于图嵌入的新型众包真值推理方法,主要工作进展如下:

(1) 基于优化的真值发现方法,从众包数据集中提取众包特征向量。

(2) 根据图自编码器的思想,将获取的众包特征向量嵌入到图中。

(3) 经过一系列图卷积、图池化、边预测过程,高效精确地获得众包标签的预测结果。

实验结果表明,相比其他传统方法,该方法可以有效解决众包领域的单项选择问题。同时,该项成果可以对食品风险监控结构数据进行构图和表示,并应用于食品风险监控数据湖构建工作。

3. 成功形成了多变量时间序列数据研究、分析体系

随着互联网的爆炸式发展,我们日常生活中的各个领域都产生了海量的时间序列数据,这些数据包含着丰富的信息。人们迫切需要挖掘时间序列数据中的有用信息,并能对这些信息进行表示、分类。对变量和样本的相关性进行建模,被认为是数据挖掘中最具挑战性的问题之一。

面向高维度多变量时间序列分类问题,我们提出了一种新的基于模型的分类方法,称为基于Kullback-Leibler发散的高斯模型分类,以处理多变量时间序列(MTS)分类。主要工作进展如下:

(1) 为了提高MTS分类的准确性,我们将原始MTS数据转换为多元高斯模型的两个重要参数:均值和逆协方差,这样可以充分利用变量之间的信息并更好地表征MTS。

(2) 推导了两个多变量高斯模型之间的Kullback-Leibler散度的计算方法,并计算了Kullback-Leibler散度作为样本之间相似性的度量,以对未知样本进行分类。

(3) 与最新研究的对比实验表明,我们的方法提高了多变量MTS分类的性能。该项成果可用于食品风险监控时间序列数据分类,并应用于食品风险监控数据湖构建工作。

面向多变量时间序列间的关系挖掘,提出了一种基于多变量高斯模型的全卷积神经网络分类方法,来进一步挖掘MTS中变量之间的关系。主要工作进展如下:

(1) 多元高斯模型参数可以有效表征原始MTS数据并提取变量之间的相关性。实验验证了使用模型参数作为网络输入的有效性。

(2) 对于高维MTS数据,对比训练模型的耗时,使用模型参数训练神经网络可以显著

加快模型训练过程。

(3) GM-FCN方法结合了模型参数的表示能力和FCN学习深度特征的能力。与最先进的MTS分类方法相比,GM-FCN在四个高维数据集上表现出更好的准确性和更快的训练速度。此项成果可以很好地解决食品风险监控时产生的时间序列数据分类问题。

真实场景下,无标注数据是大量存在的,面对大量未被标注的多变量时间序列数据,时间序列聚类是最广泛有效的分析技术。聚类是一种无监督学习方法,可以在没有数据先验知识的情况下挖掘重要信息,是许多数据分析任务的重要组成部分。针对当前没有一个高效准确的多变量时间序列聚类算法,基于图嵌入的思想,从挖掘多元时间序列样本之间的联系的角度出发,我们提出了一种基于图嵌入的多元时间序列聚类算法(MTSC-GE)。主要工作进展如下:

(1) 通过将原始数据集转化为图进行分析,将图嵌入的思想引入到MTS聚类中,进一步探讨了几个关键要素对图构建的影响。

(2) MTSC-GE在构建图时使用整个数据集,从而构建所有样本之间的连接,并使用语言模型来分析由图获得的"句子"中的"词"之间的关系,从而学习局部结构特征和挖掘MTS样本之间的关系。

(3) 在五个公共MTS数据集上的实验结果证明了MTSC-GE方法的有效性,该方法优于六种基准聚类方法。同时,该项成果可以为食品产品的各项指标的时序类数据进行准确聚类,为后续进一步分析提供有效支持。

4. 成功提出了一种基于路径表示的实体解析模型

随着互联网的发展,实体信息分布式地存储在多个网络资源中,在不同的源中,实体的引用形式多种多样,例如实体"英国"同时存在"UK""Britain"等不同的可交换使用的指代,这使得实体信息不能高效地被利用。识别不同源中的实体指代形式,有利于向搜索引擎、推荐系统等提供不同源中的实体综合信息。针对实体数据的缺失、噪声、错误等特点,我们提出一种基于路径的实体隐显式交互实体解析方法。主要工作进展如下:

(1) 提出了一个新的框架,以路径的形式有效地捕捉与实体名称相关的特征的显式和隐式交互。该方法可以在统一的框架中同时对实体的属性和上下文进行建模并且利用外部知识库构建隐式交互的路径。

(2) 为了计算每一条路径对实体解析的重要程度,设计了一种基于注意力机制的路径判别方法。该方法能有效地识别有意义的实体交互关系,忽略那些无意义和冗余的实体交互。

(3) 我们建立了三个大型真实的中文医疗机构实体数据集,并将数据集应用到所提出的方法。实验结果表明,该方法的性能优于现有的方法。

5. 成功构建了囊括属性值抽取、主题事件抽取、事件检测的事件抽取框架

成功构建一种无结构化文档属性值抽取模型,能够快速、有效地从大数据文本中获取有用信息，实现了高效抽取主题信息且可以自动识别社交网络文本中突发事件的时间信息。主要工作进展如下：

(1) 将触发词引入属性值对的抽取方法中，充分考虑触发词、字符串属性和属性值间的相互依赖关系，基于CRF建立触发词、字符串属性和属性值的联合标记模型用于抽取文本中的字符串属性值对；属性值抽取模型和方法不仅具备二元语义属性的抽取能力，而且提高了字符串属性值对的抽取性能和抽取效率。

(2) 提出一种规则与统计相结合的中文时间表达式识别方法，以时间基元为基本单位制定正则规则，利用制定的正则规则识别训练集中的中文时间表达式，自动对中文时间表达式进行BIO标注，同时，人工标注出事件类中文时间表达式，然后提取特征，构造特征向量，训练条件随机场模型，识别中文时间表达式。该方法不仅降低了规则制定的复杂度，减少了训练集的标注工作量，而且提高了事件类中文时间表达式的识别召回率。上述基于无结构文本的属性值抽取成果可用于食品风险监控中的海量数据信息抽取，并可应用于食品风险监控数据湖构建任务。

随着互联网的爆炸式发展，海量的数据通过文本数字化的形式呈现出来。面对日益增多的文本数据，人们迫切需要一种能自动从海量文本中快速发现有用信息，并能对这些信息进行分类、提取和重构的技术。在此背景下，文本信息抽取成为自然语言处理领域最具挑战性的问题之一。面向篇章级主题事件抽取问题，我们提出了一种基于框架知识表示的主题事件抽取方法，以解决篇章级主题事件抽取的问题。主要工作进展如下：

(1) 结合基于框架的知识表示方法，设计了一种基于元事件的结构化主题事件表示框架，旨在将分散在文档中的元事件片段整合成主题事件。

(2) 依据主题事件表示框架，针对不同类型的元事件构建基于CRF的序列标注模型用于抽取文档中的元事件。

(3) 为了高效精确地抽取各类元事件，我们使用基于熵的特征选择方法构建触发词表，利用触发词定位文档中的候选元事件，进而过滤无关信息提高元事件抽取的效率。实验结果表明，该方法可以有效地解决篇章级主题事件的抽取问题。同时，该项成果可用于食品风险监控文本数据的主题事件表征，并可应用于食品风险监控数据湖构建工作。

为了减少标记样本数量不足、质量参差不齐、类别不平衡等缺陷对模型性能的影响，我们借鉴半监督学习策略，将Tri-training算法引入序列标注过程，设计了一种伪标签样本选择策略：即从大量未标记数据集中选择置信度高的样本加入标记数据集中，使用扩充后的训练集构建序列标注模型抽取文档中的各类元事件。实验结果表明，该方法进一步提高了篇章级主题事件的抽取精度。该项成果可用于食品风险监控文本数据的主题事件表征，可有效应用于食品风险监控数据湖构建工作。

面向篇章级主题事件抽取问题，我们提出了一种基于多层图注意力网络的事件检测方法，以解决传统方法不能同时利用浅层和深层句法信息的问题。主要工作进展如下：

(1) 首次尝试同时结合单词的上下文信息和多阶句法信息，避免使用句法分析工具所导致的错误传播问题。

(2) 在图注意力网络层中,我们结合跳跃连接(Skip-Connection)来实现句法信息的聚合,同时避免短距离句法信息的过度传播。

(3) 大量实验表明此方法在事件检测任务上的实验指标取得了最高值。同时,该项成果可用于食品风险监控文本数据的主题事件表征,并可应用于食品风险监控。

6. 成功实现了国家级食品风险信息云平台部署和应用

采用Java、云服务模式与技术,研发进出口国家级食品风险信息云平台,实现重要食品贸易国(地区)风险监控数据溪流的标准化与智能化采集、汇聚、加工、信息追溯及风险预警等服务,为监管部门开展国家食品风险管理决策提供科学依据和数据支撑。云平台可以满足不同类型用户的个性化或定制化要求,具有数据、功能、界面、流程、安全、性能等方面的可配置性,可实现重要食品贸易国(地区)风险监控数据云服务。

该云平台目前已经在全国海关信息中心、中国海关科学技术研究中心、南京海关、重庆海关、南宁海关、秦皇岛海关、拉萨海关以及深圳海关等进行了应用。相关成果已经登记:计算机软件著作权进出口食品安全风险监控数据采集与清洗工具(2021SR0310923)、国家级进出口食品风险信息云平台(桌面端)(2020SR1259510)、国家级进出口食品风险信息云平台(桌面端)(2020SR1259511)。

课题发表论文汇总:

汪瀛寰,薛婵,包先雨,等. 触发词与属性值对联合抽取方法研究[J]. 计算机工程与应用,2020,56(9):7.

Huang M, Xia J, Bao X, et al. Chinese Temporal Expression Recognition Combining Rules with a Statistical Model[C]//International Conference on Intelligent Computing. Springer, Cham, 2019: 455-467.

Xia J, He Y, Jin Y, et al. An Optimization-Based Truth Discovery Method with Claim Relation[C]//2019 IEEE International Conference on Big Knowledge (ICBK). IEEE, 2019: 289-295.

Wu G, Zhang H, He Y, et al. Learning Kullback-Leibler divergence-based gaussian model for multivariate time series classification[J]. IEEE Access, 2019, 7: 139580-139591.

Wu G, Hu S, Wang Y, et al. Subject Event Extraction from Chinese Court Verdict Case via Frame-filling[C]//2020 IEEE International Conference on Knowledge Graph (ICKG). IEEE, 2020: 12-19.

He Y, Wu G, Cai D, et al. Attentive interaction-driven entity resolution over multi-source web information[J]. Neurocomputing, 2021, 425: 266-277.

章辉诚. 基于模型和深度学习的多变量时间序列分类研究[D]. 合肥工业大学,2020.

夏家铸. 基于信息关系和标签可信度聚类的真值发现方法研究[D]. 合肥工业大学,2020.

胡圣杰. 基于三体训练与预训练模型的事件抽取研究[D]. 合肥工业大学,2021.

参考文献

[1] Abanda A, Mori U, Lozano J A. A review on distance based time series classification[J]. Data Mining and Knowledge Discovery, 2019,33(2): 378-412.

[2] Asuncion A, Newman D. UCI Machine Learning Repository: Japanese Vowels Dataset[DB/OL]. https://archive. ics.uci.edu/ml/datasets.

[3] Cai D, Wu G. Content-aware attributed entity embedding for synonymous named entity discovery[J]. Neurocomputing, 2019(329): 237-247.

[4] 陈永南, 许桂明, 张新建. 一种基于数据湖的大数据处理机制研究[J]. 计算机与数字工程, 2019, 47(10): 2540-2545.

[5] Fawaz H I, Forestier G, Weber J, et al. Deep learning for time series classification: a review[J]. Data mining and knowledge discovery, 2019, 33(4): 917-963.

[6] García-Treviño E S, Barria J A. Structural generative descriptions for time series classification[J]. IEEE transactions on cybernetics, 2014, 44(10): 1978-1991.

[7] Gildea D, Jurafsky D. Automatic labeling of semantic roles[J]. Computational linguistics, 2002, 28(3): 245-288.

[8] 谷洪彬, 杨希, 魏孔鹏. 基于数据湖的高校大数据管理体系和处理机制研究[J]. 计算机时代, 2020(5):4.

[9] 郭文惠. 数据湖:一种更好的大数据存储架构[J]. 电脑知识与技术: 学术交流, 2016(10): 4-6.

[10] 胡军军, 谢晓军, 石彦彬, 等. 电信运营商数据湖技术实施策略[J]. 电信科学, 2019, 35(2): 84-94.

[11] Kalliovirta L, Meitz M, Saikkonen P. A Gaussian mixture autoregressive model for univariate time series[J]. Journal of Time Series Analysis, 2015, 36(2): 247-266.

[12] 李航. 统计学习方法[M]. 北京: 清华大学出版社, 2012.

[13] Li Q, Li Y, Gao J, et al. A confidence-aware approach for truth discovery on long-tail data[J]. Proceedings of the VLDB Endowment, 2014, 8(4): 425-436.

[14] Li Y, Gao J, Meng C, et al. A survey on truth discovery[J]. ACM Sigkdd Explorations Newsletter, 2016, 17(2): 1-16.

[15] Li P, Zhou G, Zhu Q. Minimally supervised Chinese event extraction from multiple views[J]. ACM Transactions on Asian and Low-Resource Language Information Processing, 2016, 16(2): 1-16.

[16] 李曼寻. 数据湖技术在档案信息资源共建中的应用[J]. 山西档案, 2018(2): 18-21.

[17] 李梁必, 陈郁. 数据湖建设与应用,你要知道的都在这里[J]. 智慧的力量, 2019(3):60-63.

[18] 李言飞. 数据湖架构在健康大数据科学计算应用中的构想[J]. 中国卫生信息管理杂志, 2020,17(4): 533-537.

[19] 刘怀军, 车万翔, 刘挺. 中文语义角色标注的特征工程[J]. 中文信息学报, 2007(1): 79-84.

[20] 刘子龙. 数据湖:现代化的数据存储方式[J]. 电子测试, 2019(18):51-62.

[21] 刘志勇, 何忠江, 刘敬龙, 等. 统一数据湖技术研究和建设方案[J]. 电信科学, 2021, 37(1): 121–128.

[22] 马利. 建设政府数据湖技术[N]. 人民政协报, 2017.

[23] Nguyen T H, Cho K, Grishman R. Joint event extraction via recurrent neural networks[C]//Proceedings of the 2016 Conference of the North American Chapter of the Association for Computational Linguistics: Human Language Technologies, 2016: 300-309.

[24] Perozzi B, Al-Rfou R, Skiena S. Deepwalk: Online learning of social representations[C]//Proceedings of the 20th ACM SIGKDD international conference on Knowledge discovery and data mining, 2014: 701-710.

[25] Qiong W, Degen H. Temporal information extraction based on CRF and time thesaurus[J]. Journal of Chinese Information Processing, 2014, 28(6): 169-174.

[26] Shokoohi-Yekta M, Wang J, Keogh E. On the non-trivial generalization of dynamic time warping to the multi-dimensional case[C]//Proceedings of the 2015 SIAM international conference on data mining. Society for Industrial and Applied Mathematics, 2015: 289-297.

[27] Viterbi A. Error bounds for convolutional codes and an asymptotically optimum decoding algorithm[J]. IEEE transactions on Information Theory, 1967, 13(2): 260-269.

[28] Wand Y, Weber R. Thirty years later: some reflections on ontological analysis in conceptual modeling [J]. Journal of Database Management, 2017, 28(1): 1-17.

[29] Weng X, Shen J. Classification of multivariate time series using two-dimensional singular value decomposition[J]. Knowledge-Based Systems, 2008, 21(7): 535-539.

[30] Weng X, Shen J. Classification of multivariate time series using locality preserving projections [J]. Knowledge-Based Systems, 2008, 21(7): 581-587.

[31] Whitehill J, Wu T, Bergsma J, et al. Whose vote should count more: Optimal integration of labels from labelers of unknown expertise[J]. Advances in neural information processing systems, 2009(22): 2035-2043.

[32] Wu G, Zhang H, He Y, et al. Learning Kullback-Leibler divergence-based gaussian model for multivariate time series classification[J]. IEEE Access, 2019(7): 580-591.

[33] Xu Z, Wu G, Hu X. Web information integration based on synonymous entities recognition [J]. Computer system application, 2015, 24(9): 35-42.

[34] Yang Y, Bai Q, Liu Q. A probabilistic model for truth discovery with object correlations[J]. Knowledge-Based Systems, 2019(165): 360-373.

[35] Yin X, Han J, Philip S Y. Truth discovery with multiple conflicting information providers on the web [J]. IEEE Transactions on Knowledge and Data Engineering, 2008, 20(6): 796-808.

[36] Zhang J, Sheng V S, Wu J, et al. Multi-class ground truth inference in crowdsourcing with clustering [J]. IEEE Transactions on Knowledge and Data Engineering, 2016, 28(4): 1080-1085.

[37] Zhao B, Lu H, Chen S, et al. Convolutional neural networks for time series classification[J]. Journal of Systems Engineering and Electronics, 2017, 28(1): 162-169.

[38] Zhou Z H, Li M. Tri-training: Exploiting unlabeled data using three classifiers[J]. IEEE Transactions on knowledge and Data Engineering, 2005, 17(11): 1529-1541.

[39] Zhou Z H, Li M. Semi-supervised learning by disagreement[J]. Knowledge and Information Systems, 2010, 24(3): 415-439.

[40] Zhou J, Cui G, Hu S, et al. Graph neural networks: A review of methods and applications[J]. AI Open, 2020(1): 57-81.

[41] Zhu S, Liu Z, Fu J, et al. Chinese temporal phrase recognition based on conditional random fields[J]. Computer Engineering, 2011, 37(15): 164-167.